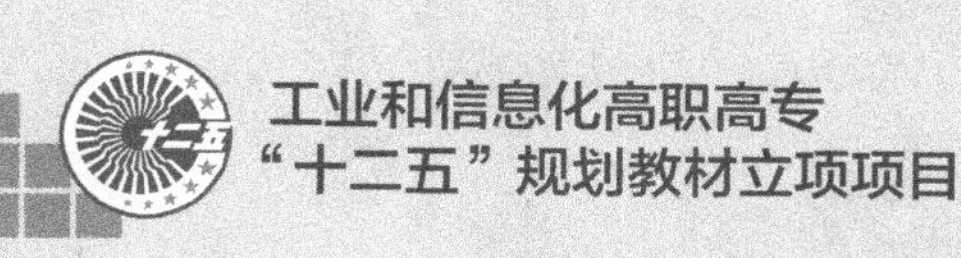

建筑施工安全技术与管理

刘尊明 朱锋／主编
朱晓伟 张朝春 刘永录／副主编
谢东海 叶曙光 张永平／参编
李元美／主审

人民邮电出版社
北京

图书在版编目（CIP）数据

建筑施工安全技术与管理 / 刘尊明，朱锋主编. -- 北京 ：人民邮电出版社，2014.2（2022.6重印）
高等职业教育“十二五”土建类技能型人才培养规划教材
ISBN 978-7-115-33633-0

Ⅰ. ①建… Ⅱ. ①刘… ②朱… Ⅲ. ①建筑工程—工程施工—安全技术—高等职业教育—教材②建筑工程—工程施工—安全管理—高等职业教育—教材 Ⅳ. ①TU714

中国版本图书馆CIP数据核字(2013)第281448号

内容提要

本书为高职高专土建系列高端技能型规划教材。根据现行国家规范，结合职业资格认证特点，以安全管理技能训练为核心，以胜任安全管理岗位为目标，以安全管理流程为导向，本书内容划分为安全管理与文明施工、分部分项工程安全技术、建筑施工专项安全技术 3 个模块。本书内容实用、形式新颖、特色鲜明。

本书可作为高职高专建筑工程技术、建筑工程管理、建筑工程监理等土建类和管理类专业的教材，也可作为电大、函授、远程教育、安全员培训考试、自学考试等教学用书，还可供从事建筑施工、工程监理、安全管理等的工程技术人员和管理人员以及建筑工程类本科学员作参考用书，供建筑工人和社会青年作自学用书。

◆ 主　　编　刘尊明　朱　锋
副 主 编　朱晓伟　张朝春　刘永录
参　　编　谢东海　叶曙光　张永平
主　　审　李元美
责任编辑　李育民
责任印制　杨林杰

◆ 人民邮电出版社出版发行　北京市丰台区成寿寺路 11 号
邮编　100164　电子邮件　315@ptpress.com.cn
网址　http://www.ptpress.com.cn
北京天宇星印刷厂印刷

◆ 开本：787×1092　1/16
印张：13.75　　2014 年 2 月第 1 版
字数：345 千字　　2022 年 6 月北京第 10 次印刷

定价：33.00 元

读者服务热线：(010)81055256　印装质量热线：(010)81055316
反盗版热线：(010)81055315
广告经营许可证：京东市监广登字 20170147 号

前言

长期以来，建筑业一直是危险性高、事故多的行业之一。尽管近年来我国建筑业安全生产呈现总体稳定持续好转的发展态势，但是由于现有安全管理人员和施工队伍素质偏低等原因，建筑施工安全形势依然严峻。作为建筑工程技术、建筑工程管理等土建类专业就业岗位之一的安全员，肩负着施工现场安全管理的重要职责，在建筑安全施工中发挥着至关重要的作用。培养合格的安全员、提高安全员的职业素质和职业技能，是推进建筑施工企业科学化、规范化、系统化安全管理的根本保障。

"建筑施工安全技术与管理"课程是高职高专院校建筑工程技术、建筑工程管理等专业开设的一门专业必修核心课程。通过本课程的教学，能够使学生熟悉现行安全方面的相关标准，掌握建筑施工安全技术和安全管理的知识，具有编制安全专项施工方案、进行安全技术交底、安全教育、安全检查、生产安全事故管理等能力，具备建筑施工企业安全员的职业素质与职业技能，从而为专科毕业后胜任安全员岗位做好充分的准备。不过遗憾的是，目前适合高职高专院校教学用的、包含丰富安全管理实践经验的"建筑施工安全技术与管理"教材比较少。为此，我们特编写本书。

通过对专职安全员典型工作任务进行分析，根据现行国家规范，结合职业资格认证特点，参照相关图书资料，基于建筑施工企业安全员的工作过程和职业资格考试要求，以胜任安全管理岗位为目标，以安全管理技能训练为核心，以安全管理流程为导向，本书将整个内容拆分成安全管理与安全技术两大部分，划分为安全管理与文明施工、分部分项工程安全技术、建筑施工专项安全技术 3 个模块。

本书主要特色如下。

1.以最新的国家标准为基础。

2.内容设置与职业资格认证紧密结合。

3.内容设置紧密围绕技能教育这一思想。

本书的参考学时为 30～60 学时，各模块的参考学时见下面的学时分配表。

学时分配表

项　　目	课 程 内 容	学　　时
绪论		2～4
模块 1	安全管理与文明施工	12～24
模块 2	分部分项工程安全技术	8～16
模块 3	建筑施工专项安全技术	8～16
课时总计		30～60

本书由山东城市建设职业学院刘尊明和济南工程职业技术学院朱锋担任主编，山东城市建设职业学院朱晓伟和张朝春、江苏南道六建建设集团有限公司刘永录担任副主编，刘尊明负责

统稿，山东城市建设职业学院李元美担任主审。参加编写的人员还有谢东海、叶曙光、张永平。具体编写分工为：绪论、模块 1、模块 2 由山东城市建设职业学院刘尊明、朱晓伟、张朝春、谢东海、叶曙光、张永平与江苏南道六建建设集团有限公司刘永录编写，模块 3 由济南工程职业技术学院朱锋编写。

本书在编写过程中，参阅了许多文献和专著，主要参考文献列在书后，在此向文献作者们表示衷心感谢！本书多处引用现行的有关法律、法规、标准、规范，使用过程中应以最新修改的版本为准。本书除参考文献中所列的署名作品之外，部分作品的名称及作者无法详细核实，故没有注明，在此对作者表示深深的歉意和衷心的感谢。

由于编者水平和经验有限，书中难免有欠妥和错误之处，恳请读者批评指正。

编　者

2014 年 1 月

目录

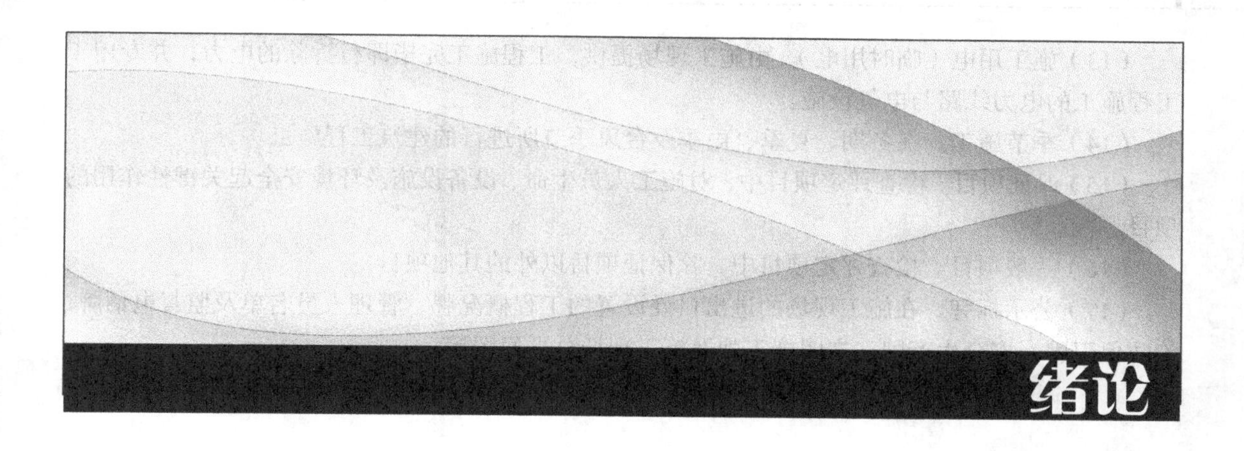

0.1 本课程的基本概念

（1）安全。安全是指在生产系统中人员、财产不受威胁，没有危险，不出事故。

（2）安全生产。安全生产是指采取一系列措施使生产过程在符合规定的物质条件和工作秩序下进行，有效消除或控制危险和有害因素，无人身伤亡和财产损失等生产事故发生，从而保障人员安全与健康、设备和设施免受损坏、环境免遭破坏，使生产经营活动得以顺利进行的一种状态。

（3）生产安全事故，简称事故。事故是指在生产过程中，造成人员伤亡、财产损失或者其他损失的意外事件。

（4）隐患。未被事先识别或未采取必要的风险控制措施，可能直接或间接导致事故的根源。

（5）安全管理。是围绕企业安全业务进行计划、组织、协调和控制等一系列管理活动的总称。

（6）安全技术。是一门为控制或消除生产劳动过程中的危险因素，防止发生人身事故和财产损失而研究与应用的技术。

（7）安全技术措施。以保障职工安全、防止伤亡事故为目的的，在技术上所采取的措施。

（8）安全防护装置。配置在施工现场及生产设备上，起保障人员和设备安全作用的所有附属装置。

（9）安全员。在建筑工程施工现场，协助项目经理，从事施工安全管理、检查、监督和施工安全问题处理等工作的专业人员。

（10）危险性较大的分部分项工程。在施工过程中存在的、可能导致作业人员群死群伤或造成重大不良社会影响的分部分项工程。

（11）高处作业。凡在坠落高度基准面 2m 以上（含 2m）有可能坠落的高处进行的作业。

（12）特种作业。是指容易发生事故，对操作者本人、他人的安全健康及设备、设施的安全可能造成重大危害的作业。

（13）施工用电（临时用电）。由施工现场提供，工程施工完毕即行拆除的电力，并专用于工程施工的电力线路与电气设施。

（14）季节施工。在冬期、夏季、雨季及台风季节所进行的建筑工程施工。

（15）保证项目。检查评定项目中，对施工人员生命、设备设施及环境安全起关键性作用的项目。

（16）一般项目。检查评定项目中，除保证项目以外的其他项目。

（17）公示标牌。在施工现场的进出口处设置的工程概况牌、管理人员名单及监督电话牌、消防保卫牌、安全生产牌、文明施工牌及施工现场总平面图等。

0.2 建筑施工企业的安全责任及安全员的岗位职责

1. 建筑施工企业的安全责任

（1）施工单位从事建设工程的新建、扩建、改建和拆除等活动，应当具备国家规定的注册资本、专业技术人员、技术装备和安全生产等条件，依法取得相应等级的资质证书，并在其资质等级许可的范围内承揽工程。

（2）施工单位主要负责人依法对本单位的安全生产工作全面负责。施工单位应当建立健全安全生产责任制度和安全生产教育培训制度，制定安全生产规章制度和操作规程，保证本单位安全生产条件所需资金的投入，确保安全生产费用的有效使用，设立安全生产管理机构，配备专职安全生产管理人员，对所承担的建设工程进行定期和专项安全检查，并做好安全检查记录。

（3）施工单位应当在施工组织设计中编制安全技术措施和施工现场临时用电方案，对达到一定规模危险性较大的分部分项工程编制专项施工方案，并附具安全验算结果，经施工单位技术负责人、总监理工程师签字后实施，由专职安全生产管理人员进行现场监督。对涉及深基坑、地下暗挖工程、高大模板工程的专项施工方案，施工单位还应当组织专家进行论证、审查。

（4）施工单位应当遵守有关环境保护法律、法规的规定，在施工现场采取措施，防止或者减少粉尘、废气、废水、固体废物、噪声、振动和施工照明对人和环境的危害和污染。在城市市区内的建设工程，施工单位应当对施工现场实行封闭围挡。

（5）施工单位应当在施工现场建立消防安全责任制度，确定消防安全责任人，制定用火、用电、使用易燃易爆材料等各项消防安全管理制度和操作规程，设置消防通道、消防水源，配备消防设施和灭火器材，并在施工现场入口处设置明显标志。

（6）施工单位应当向作业人员提供安全防护用具和安全防护服装，并书面告知危险岗位的操作规程和违章操作的危害。

（7）施工单位采购、租赁的安全防护用具、机械设备、施工机具及配件，应当具有生产（制造）许可证、产品合格证，并在进入施工现场前进行查验。施工现场的安全防护用具、机械设备、施工机具及配件必须由专人管理，定期进行检查、维修和保养，建立相应的资料档案，并按照国家有关规定及时报废。

（8）施工单位在使用施工起重机械和整体提升脚手架、模板等自升式架设设施前，应当组织有关单位进行验收，也可以委托具有相应资质的检验检测机构进行验收；使用承租的机械设备和施工机具及配件的，由施工总承包单位、分包单位、出租单位和安装单位共同进行验收，验收合格后方可使用。

《特种设备安全监察条例》规定的施工起重机械，在验收前应当经有相应资质的检验检测机构监督检验合格。

（9）施工单位应当自施工起重机械和整体提升脚手架、模板等自升式架设设施验收合格之日起30日内，向建设行政主管部门或者其他有关部门登记。登记标志应当置于或者附着于该设备的显著位置。

（10）施工单位的主要负责人、项目负责人、专职安全生产管理人员应当经建设行政主管部门或者其他有关部门考核，合格后方可任职。

（11）施工单位应当对管理人员和作业人员每年至少进行一次安全生产教育培训，其教育培训情况记入个人工作档案。安全生产教育培训考核不合格的人员，不得上岗。

（12）施工单位在采用新技术、新工艺、新设备、新材料时，应当对作业人员进行相应的安全生产教育培训。

（13）施工单位应当制订本单位生产安全事故应急救援预案，建立应急救援组织或者配备应急救援人员，配备必要的应急救援器材、设备，并定期组织演练。

施工单位应当根据建设工程的特点、范围，对施工现场易发生重大事故的部位、环节进行监控，制订施工现场生产安全事故应急救援预案。实行施工总承包的，由总承包单位统一组织编制建设工程生产安全事故应急救援预案，工程总承包单位和分包单位按照应急救援预案，各自建立应急救援组织或者配备应急救援人员，配备救援器材、设备，并定期组织演练。

（14）施工单位发生生产安全事故的，应当按照国家有关伤亡事故报告和调查处理的规定，及时、如实地向负责安全生产监督管理的部门、建设行政主管部门或者其他有关部门报告；特种设备发生事故的，还应当同时向特种设备安全监督管理部门报告。

发生生产安全事故后，施工单位应当采取措施防止事故扩大，保护事故现场。需要移动现场物品时，应当做出标记和书面记录，妥善保管有关证物。

（15）施工单位应当为施工现场从事危险作业的人员办理意外伤害保险。意外伤害保险费由施工单位支付，实行施工总承包的，由总承包单位支付意外伤害保险费。意外伤害保险期限自建设工程开工之日起至竣工验收合格之日止。

（16）施工单位应当在施工现场入口处、施工起重机械、临时用电设施、脚手架、出入通道口、楼梯口、电梯井口、孔洞口、桥梁口、隧道口、基坑边沿、爆破物及有害危险气体和液体存放处等危险部位，设置明显的安全警示标志。安全警示标志必须符合国家标准。

（17）施工单位应当根据不同施工阶段和周围环境及季节、气候的变化，在施工现场采取相应的安全施工措施。施工现场暂时停止施工的，施工单位应当做好现场防护，所需费用由责任方承担，或者按照合同约定执行。

（18）施工单位应当将施工现场的办公区、生活区与作业区分开设置，并保持安全距离；办公、生活区的选址应当符合安全性要求。职工的膳食、饮水、休息场所等应当符合卫生标准。施工单位不得在尚未竣工的建筑物内设置员工集体宿舍。施工现场临时搭建的建筑物应当符合安全使用要求。施工现场使用的装配式活动房屋应当具有产品合格证。

（19）施工单位对因建设工程施工可能造成损害的毗邻建筑物、构筑物和地下管线等，应当采取专项防护措施。

2. 安全员的岗位职责

安全员的工作内容主要包括项目安全策划、资源环境安全检查、作业安全管理、生产安全事故处理、安全资料管理五个方面。安全员的岗位职责主要有以下内容。

（1）认真贯彻并执行有关的建筑工程安全生产法律、法规，坚持安全生产方针，在职权范围内对各项安全生产规章制度的落实，以及环境及安全施工措施费用的合理使用进行组织、指导、督促、监督和检查。

（2）参与制定施工项目的安全管理目标，认真进行日常安全管理，掌控安全动态并做好记录，健全各种安全管理台账，当好项目经理安全生产方面的助手。

（3）协助制定安全与环境计划。

（4）参与建立安全与环境管理机构和制定管理制度。

（5）协助制定施工现场生产安全事故应急救援预案。

（6）参与开工前安全条件自查。

（7）参与材料、机械设备的安全检查，参与安全防护设施、施工用电、特种设备及施工机械的验收工作。

（8）负责防护用品和劳保用品的符合性审查。

（9）负责作业人员的安全教育和特种作业人员资格审查。

（10）参与危险性较大的分部分项工程专项施工方案及一般施工安全技术方案的编制，并对其落实情况进行监督和检查。

（11）参与施工安全技术交底。

（12）负责施工作业安全检查和危险源的防控，对违章作业和安全隐患进行处置。

（13）负责施工现场文明施工管理和环境监督管理。

（14）参与生产安全事故的调查、分析以及应急救援。

（15）负责安全资料的编制、检查、汇总、整理和移交。

（16）有权制止违章作业，有权抵制并向有关部门举报违章指挥行为。

3. 安全员的素质要求

安全是施工生产的基础，是企业取得效益的保证。一个合格的安全员应当具备下列素质。

（1）良好的职业道德素质。

① 树立“安全第一”和“预防为主”的高度责任感，本着“对上级负责、对职工负责、对自己负责”的态度做好每一项工作，为做好安全生产工作尽职尽责。

② 严格遵守职业纪律，以身作则，带头遵章守纪。

③ 实事求是，作风严谨，不弄虚作假，不姑息任何事故隐患的存在。

④ 坚持原则，办事公正，讲究工作方法，严肃对待违章、违纪行为。

⑤ 胸怀宽阔，不怕讽刺中伤，不怕打击报复，不因个人好恶影响工作。

⑥ 按规定接受继续教育，充实、更新知识，提高职业能力。

（2）良好的业务素质。

① 掌握国家有关安全生产的法律、法规、政策及有关安全生产的规章、规程、规范和标准知识；

② 熟悉工程材料、施工图识读、施工工艺、项目管理、建筑构造、建筑力学与结构等专业基础知识。能够对施工材料、设备、防护设施与劳保用品进行安全符合性判断。

③ 熟悉安全专项施工方案的内容和编制方法。能够编制安全专项施工方案。

④ 熟悉职业健康安全与环境计划的内容和编制方法。能够编制项目职业健康安全与环境计划。

⑤ 掌握安全管理、安全技术、心理学、人际关系学等知识，具有一定的写作能力和计算机应用能力。能够编制安全技术交底文件，并实施安全技术交底。

⑥ 能够实施项目作业人员的安全教育培训。

⑦ 能够进行项目文明工地、绿色施工的管理工作。

⑧ 掌握施工现场安全事故产生的原因和防范措施及救援处理知识。能够识别施工现场安全危险源，并对安全隐患和违章作业进行处置。能够编制生产安全事故应急救援预案。能够进行生产安全事故的救援处理、调查分析。

⑨ 能够编制、收集、整理施工安全资料。

（3）良好的身体素质和心理素质。

① 安全管理是一项既要脑勤又要腿勤的管理工作。只要有人上班，安全员就得工作，检查事故隐患，处理违章现象。显而易见，没有良好的身体素质就无法做好安全工作。

② 良好的心理素质包括意志、气质、性格三个方面。安全员在管理中会遇到很多困难，面对困难和挫折不畏惧，不退缩，不赌气撂挑子，需要坚强的意志。气质是一个人的“脾气”和“性情”，安全员应性格外向，具有长期的、稳定的、灵活的气质特点。安全员必须具有豁达的性格特征，工作中做到巧而不滑、智而不奸、踏实肯干、勤劳能干。

（4）正确应对“突发事件”的素质。建筑施工安全生产形势千变万化，即使安全管理再严，手段再到位，网络再健全，也仍然会遭遇不可预测的风险。作为基层安全员，必须具备突发事件发生时临危不乱的应急处理能力，“反应敏捷”，无论在何时、何地，遇到何种情况，事故发生后都能迅速反应，及时妥善处理，把各种损失降到最低。

0.3 本课程的定位、学习目标与任务

1. 本课程的定位

本课程是高职高专院校建筑工程技术、建筑工程管理等专业开设的一门专业必修核心课程。通过本课程的教学，能够使学生熟悉现行安全方面的相关标准，掌握建筑施工安全技术和

安全管理的知识，具有编制安全专项施工方案、进行安全技术交底、安全教育、安全检查、生产安全事故管理等能力，具备建筑施工企业安全员的职业素质与职业技能，为专科毕业后胜任安全员岗位做好准备。

2. 本课程的学习目标

（1）知识目标。

① 熟悉安全生产方针。

② 掌握安全生产相关的法律法规、技术标准与规范。

③ 掌握安全教育的内容和方法。

④ 掌握安全检查的内容、程序和评价方法。

⑤ 掌握事故应急预案的编制内容与方法、应急救援方法与处理程序。

（2）能力目标。

① 具有编制安全生产目标、安全生产管理制度的能力。

② 具有对普通工程项目编制施工安全方案的能力。

③ 具有对危险性较大的分部分项工程编制专项施工方案的能力。

④ 具有对普通工程项目分部分项工程编制安全技术交底的能力。

⑤ 具有开展施工现场安全教育、安全管理的能力。

⑥ 具有指导施工工种安全操作的能力。

⑦ 具有开展施工现场安全检查与评价、对生产安全事故隐患进行整改的能力。

（3）素质目标。

① 培养学生的诚实品质、敬业精神、责任意识和遵纪守法意识。

② 树立学生终身学习理念，具有良好的学习能力，具有拓展延伸知识、迁移知识的能力。

③ 培养学生交流沟通和团体协作的能力。

④ 培养实践能力和创新能力。

3. 本课程的学习任务

（1）学习建筑施工安全管理，掌握施工现场安全管理的内容和方法，掌握施工现场文明施工的基本条件与要求。

（2）学习建筑施工安全技术，掌握建筑施工分部分项工程安全技术与专项安全技术，以便更好地编写施工安全方案、进行安全技术交底。

4. 本课程的学习内容

本课程学习内容大体上可划分为三大模块。

（1）模块 1 为安全管理与文明施工。内容包括：安全管理的目标、任务、内容和要求，安全管理机构设置与人员配备，安全生产责任制，安全技术措施与专项施工方案，安全技术交底与安全标志管理，文明施工，安全教育与安全活动，安全检查与隐患整改，生产安全事故管理与应急救援预案。

（2）模块 2 为分部分项工程安全技术。内容包括：土方及基础工程安全技术、结构工程安全技术、屋面及装饰装修工程安全技术。

（3）模块 3 为安全管理与文明施工。内容包括：高处作业安全技术、季节施工安全技术、脚手架工程安全技术、施工用电安全技术、施工机械安全技术、职业卫生工程安全技术。

0.4 本课程特点与学习方法

1. 本课程特点

（1）高度的政策性。从事建筑施工安全管理，主要依据现行的建筑施工安全法律、法规、标准、规范、规程。学习建筑施工安全技术与管理，同样需要熟悉现行的建筑工程安全生产法律、法规、标准、规范、规程，及时关注与学习更新后的法律、法规、标准、规范、规程，把最新的规定应用到将来的具体工作中去。

（2）复杂的技术性。首先，本课程的知识内容多、涉及专业广，如建筑、安全、机械、电力等等。其次，本课程涉及的专业基础课程较多，如建筑材料、施工图识读、建筑施工工艺、建筑项目管理、建筑构造、建筑力学与结构等。每一个专业、每一门课程都有其个性，都有其复杂的技术性，因此决定了本课程的技术复杂性。

（3）较强的实践性。本课程涉及学生毕业后从事安全员工作所必备的职业素质与职业技能。书本理论与工作实践始终有一定的差距。只有经过不断地实践，才能学好本课程、掌握安全员的职业素质与职业技能。

2. 本课程的学习方法

（1）努力学习理论。理论是实践的基础，实践之前必须学好理论。本课程内容多，涉及面宽，需要的专业基础知识也很多。要学好本课程的理论，必须明确本课程的学习目标与任务，大致了解本课程的基本内容与编排思路，抓住本课程的特点，灵活运用专业基础知识与学习方法，具体分析每一部分内容的要点，先抓重点后抓细节。

（2）理论与实践相结合。在努力学习理论的基础上，要重视所有的实践教学环节。通过课程技能训练、课程实训、生产实习，对比学习，把学到的理论与工程实践相结合。无论是在学校还是在工作岗位上，都要努力做到理论—实践—理论—实践，不断循环往复，才能学好理论，解决实际问题。

0.5 本课程涉及的主要法律、法规、标准、规范及规程

1. 法律

（1）《中华人民共和国安全生产法》（2009 年修订）
（2）《中华人民共和国建筑法》（1997）
（3）《中华人民共和国安全生产法》（2009 年修订）
（4）《中华人民共和国劳动法》（1994）
（5）《中华人民共和国刑法》（2009 年修订）
（6）《中华人民共和国消防法》（2008 年修订）
（7）《中华人民共和国职业病防治法》（2001）

2. 行政法规

（1）《建设工程安全生产管理条例》（2003）
（2）《安全生产许可证条例》（2004）
（3）《生产安全事故报告和调查处理条例》（2007）
（4）《国务院关于进一步加强安全生产工作的决定》（2004）

3. 部门规章

（1）《建筑施工企业安全生产管理机构设置及专职安全生产管理人员配备办法》（2008）（建设部）
（2）《危险性较大的分部分项工程安全管理办法》（2009）（建设部）
（3）《建筑工程安全生产监督管理工作导则》（2005）（建设部）
（4）《建筑施工企业安全生产许可证管理规定》（2004）（建设部）
（5）《建筑起重机械安全监督管理规定》（2008）（建设部）
（6）《实施工程建设强制性标准监督规定》（2000）（建设部）
（7）《建筑施工企业主要负责人、项目负责人和专职安全生产管理人员安全生产考核管理暂行规定》（2004）（建设部）
（8）《生产经营单位安全培训规定》（2005）（安监总局）
（9）《特种作业人员安全技术培训考核管理规定》（2010）（安监总局）
（10）《建筑施工特种作业人员管理规定》（2008）（建设部）
（11）《建筑业企业职工安全培训教育暂行规定》（1997）（建设部）
（12）《生产安全事故应急预案管理办法》（2009）（安监总局）

4. 国家标准

(1)《建筑施工组织设计规范》GB/T 50502—2009
(2)《建设工程施工现场消防安全技术规范》GB 50720—2011
(3)《安全标志及其使用导则》GB 2894—2008
(4)《起重机械安全规程》GB 6067—2010
(5)《塔式起重机安全规程》GB 5144—2006
(6)《建筑施工企业安全生产管理规范》GB 50656—2011
(7)《高处作业分级》GB/T 3608—2008
(8)《高处作业吊篮》GB 19155—2003
(9)《建筑边坡工程技术规范》GB 50330—2002
(10)《建设工程施工现场供用电安全规范》GB 50194—93
(11)《建筑施工安全技术统一规范》GB 50870—2013

5. 行业标准

(1)《建筑施工安全检查标准》JGJ 59—2011
(2)《施工企业安全生产评价标准》JGJ/T 77—2010
(3)《施工现场临时建筑物技术规范》JGJ/T 188—2009
(4)《建筑施工现场环境与卫生标准》JGJ 146—2004
(5)《建筑基坑支护技术规程》JGJ 120—2012
(6)《建筑施工土石方工程安全技术规范》JGJ 180—2009
(7)《建筑施工高处作业安全技术规范》JGJ 80—91
(8)《建筑施工扣件式钢管脚手架安全技术规范》JGJ 130—2011
(9)《建筑施工门式钢管脚手架安全技术规范》JGJ 128—2010
(10)《建筑施工碗扣式钢管脚手架安全技术规范》JGJ 166—2008
(11)《建筑施工承插型盘扣式钢管支架安全技术规程》JGJ 231—2010
(12)《建筑施工工具式脚手架安全技术规范》JGJ 202—2010
(13)《施工现场临时用电安全技术规范》JGJ 46—2005
(14)《建筑施工模板安全技术规范》JGJ 162—2008
(15)《建筑机械使用安全技术规程》JGJ 33—2012
(16)《建筑施工塔式起重机安装、使用、拆卸安全技术规程》JGJ 196—2010
(17)《龙门架及井架物料提升机安全技术规范》 JGJ 88—2010
(18)《建筑施工升降机安装、使用、拆卸安全技术规程》JGJ 215—2010
(19)《施工现场机械设备检查技术规程》JGJ 160—2008
(20)《建筑施工起重吊装工程安全技术规范》JGJ 276—2012
(21)《建筑施工作业劳动保护用品配备及使用标准》JGJ 184—2009

模块1

安全管理与文明施工

【模块概述】

本模块重点讲述安全管理与文明施工，其中包括安全管理概述、安全生产责任制与安全目标管理、专项施工方案与安全技术措施及交底、文明施工与安全标志管理、安全教育与安全活动、安全检查与隐患整改、生产安全事故管理与应急救援等内容。

【学习目标】

1. 掌握安全生产方针，熟悉安全管理的目标、任务、原则、内容、要求及机构设置与人员配备。
2. 掌握安全生产责任制与安全目标管理的内容和要求。
3. 掌握专项施工方案、安全技术措施、安全技术交底的内容和要求。
4. 掌握文明施工的内容和要求，熟悉施工现场环境保护、文明工地创建、安全标志管理的要求。
5. 掌握安全教育的形式和要求，熟悉安全活动的内容。
6. 掌握安全检查的标准，熟悉安全检查的方法。
7. 熟悉生产安全事故报告的要求及生产安全事故调查处理的过程，掌握生产安全事故的预防措施。
8. 熟悉应急救援的任务和内容，掌握应急救援预案的制定要求。

1.1 安全管理概述

1.1.1 安全管理的目标和任务

1. 施工现场的不安全因素

人的不安全行为和物的不安全状态，是造成绝大部分事故的两个潜在的不安全因素，通常也可称作事故隐患，是事故发生的直接原因。

人的不安全因素，是指影响安全的人的因素。人的不安全因素可分为个人的不安全因素和人的不安全行为两个大类。个人的不安全因素是指人员的心理、生理、能力方面所具有不能适应工作、作业岗位要求的影响安全的因素。人的不安全行为是指能造成事故的人为错误，即人为地使系统发生故障或发生性能不良事件，是违背设计和操作规程的错误行为。各种各样的伤亡事故，绝大多数是由人的不安全因素造成的，是在人的能力范围内可以预防的。

物的不安全状态是指能导致事故发生的物质条件，它包括机械设备等物质或环境存在的不安全因素，人们将此称为物的不安全状态或物的不安全条件，也可简称为不安全状态。

管理上的不安全因素，通常也可称为管理上的缺陷，它也是事故潜在的不安全因素，是事故发生的间接原因。

2. 施工项目安全管理的对象

安全管理通常包括安全法规、安全技术、工业卫生三个方面。安全法规侧重于“劳动者”的管理、约束，控制劳动者的不安全行为；安全技术侧重于“劳动对象和劳动手段”的管理，消除或减少物的不安全因素；工业卫生侧重于“环境”的管理，以形成良好的劳动条件，做到文明施工。施工项目安全管理的对象主要是施工活动中的人、物、环境构成的施工生产体系，主要包括劳动者、劳动手段与劳动对象、劳动条件与劳动环境。

3. 安全管理的目标

（1）安全生产管理目标包括如下两方面。

① 事故控制方面。要求杜绝死亡、火灾、管线事故、设备事故等重大事故的发生，即死亡、火灾、管线事故、设备事故发生率为零。

② 创优达标方面。要求达到《建筑施工安全检查标准》（JGJ 59—2011）合格标准要求的同时，达到当地建设工程安全标准化管理的标准。

（2）工程项目安全生产管理目标包括以下内容。

① 伤亡事故控制目标：杜绝死亡、避免重伤，一般事故应有控制指标。

② 安全达标目标：根据项目工程的实际特点，按部位制定安全达标的具体目标值。

③ 文明施工实现目标：根据项目工程施工现场环境及作业条件的要求，制定实现文明工地的目标。

（3）安全生产管理目标，主要体现在"六杜绝"、"三消灭"、"二控制"、"一创建"。

① 六杜绝：杜绝重伤及死亡事故、杜绝坍塌伤害事故、杜绝高处坠落事故、杜绝物体打击事故、杜绝机械伤害事故、杜绝触电事故。

② 三消灭：消灭违章指挥、消灭违章操作、消灭"惯性事故"。

③ 二控制：控制年负伤率、控制年生产安全事故率。

④ 一创建：创建安全文明工地。

4. 安全管理的主要任务

（1）贯彻落实国家安全生产法规，落实"安全第一、预防为主、综合治理"的安全生产方针。

（2）制定安全生产的各种规程、规定和制度，并认真贯彻实施。

（3）制定并落实各级安全生产责任制。

（4）积极采取各项安全生产技术措施，保障职工有一个安全可靠的作业条件，减少和杜绝各类事故。

（5）采取各种劳动卫生措施，不断改善劳动条件和环境，防止和消除职业病及职业危害，做好女工和未成年工的特殊保护，保障劳动者的身心健康。

（6）定期对企业各级领导、特种作业人员和所有职工进行安全教育，强化安全意识。

（7）及时完成各类事故调查、处理和上报。

（8）推动安全生产目标管理，推广和应用现代化安全管理技术与方法，深化企业安全管理。

1.1.2 安全生产方针与安全管理的原则、内容和要求

1. 安全生产方针

《中华人民共和国安全生产法》在总结我国安全生产管理经验的基础上，将"安全第一，预防为主"规定为我国安全生产工作的基本方针。在十六届五中全会上，党和国家坚持以科学发展观为指导，从经济和社会发展的全局出发，不断深化对安全生产规律的认识，提出了"安全第一，预防为主，综合治理"的安全生产方针。

"安全第一"，就是在生产经营活动中，在处理保证安全与生产经营活动的关系上，要始终把安全放在首要位置，优先考虑从业人员和其他人员的人身安全，实行"安全优先"的原则，在确保安全的前提下，努力实现生产的其他目标。

"预防为主"，就是按照系统化、科学化的管理思想，按照事故发生的规律和特点，千方百计预防事故的发生，做到防患于未然，将事故消灭在萌芽状态。虽然人类在生产活动中还不可能完全杜绝事故的发生，但只要思想重视，预防措施得当，事故是可以大大减少的。

"综合治理"，就是标本兼治，重在治本。在采取断然措施遏制重特大事故，实现治标的同时，积极探索和实施治本之策，综合运用科技手段、法律手段、经济手段和必要的行政手段，

从发展规划、行业管理、安全投入、科技进步、经济政策、教育培训、安全立法、激励约束、企业管理、监管体制、社会监督以及追究事故责任、查处违法违纪等方面着手，解决影响安全生产的深层次问题，做到思想认识上警钟长鸣，制度保证上严密有效，技术支撑上坚强有力，监督检查上严格细致，事故处理上严肃认真。

2. 安全管理的原则

（1）坚持管生产必须管安全的原则。

（2）生产部门对安全生产要坚持“五同时”原则，即在计划、布置、检查、总结、评比生产工作的时候，同时计划、布置、检查、总结、评比安全工作。

（3）坚持“三同时”的原则，即安全卫生技术措施及设施应与主体工程同时设计、同时施工、同时投产使用，以确保项目投产后符合安全卫生要求，保障劳动者在生产过程中的安全与健康。

（4）坚持“四不放过”原则。即对发生的事故原因分析不清不放过，事故责任者和群众没受到教育不放过，没有落实防范措施不放过，事故的责任者没有受到处理不放过。

3. 安全管理的主要内容

建筑安全生产管理的主要内容包括以下几个方面。

（1）做好岗位培训和安全教育工作。

（2）建立健全全员性安全生产责任制。

（3）建立健全有效的安全生产管理机构。

（4）认真贯彻施工组织设计或施工方案的安全技术措施。

（5）编制安全技术措施计划。

（6）进行多种形式的安全检查。

（7）对施工现场进行安全管理。

（8）做好伤亡事故的调查和处理等。

4. 安全管理的基本要求

（1）建筑施工企业必须依法取得安全生产许可证，在资质等级许可的范围内承揽工程。

（2）总包单位及分包单位都应持有施工企业安全资格审查认可证，方可组织施工。

（3）建筑施工企业必须建立健全符合国家现行安全生产法律、法规、标准、规范要求，满足安全生产需要的各类规章制度和操作规程。

（4）建筑施工企业主要负责人依法对本单位的安全生产工作全面负责，企业法定代表人为企业安全生产第一责任人。

（5）建筑施工企业应按照有关规定设立独立的安全生产管理机构，足额配备专职安全生产管理人员。

（6）所有施工人员必须经过“公司、项目、班组”三级安全教育。

（7）各类人员必须具备相应的安全生产资格方可上岗。

（8）特殊工种作业人员，必须持有特种作业操作证。

（9）建筑施工企业应依法为从业人员提供合格劳动保护用品，办理相关保险。

（10）建筑施工企业严禁使用国家明令淘汰的安全技术、工艺、设备、设施和材料。

（11）建筑施工企业必须把好安全生产措施关、交底关、教育关、防护关、检查关、改进关。

（12）建筑施工企业必须建立安全生产值班制度，必须有领导带班。

（13）建筑施工企业对查出的事故隐患要做到“定整改责任人、定整改措施、定整改完成时间、定整改完成人、定整改验收人”。

1.1.3 安全管理机构设置与人员配备

1.公司安全管理机构与人员配备

（1）机构设置。建筑公司要设专职安全管理部门（安全部），配备专职人员。公司安全管理部门是公司安全委员会的办事机构，是公司贯彻执行安全施工方针、政策和法规，实行安全目标管理的具体工作部门，是领导的参谋和助手。

（2）人员配备。

① 人数要求。建筑施工企业安全生产管理机构专职安全生产管理人员的配备应满足下列要求，并应根据企业经营规模、设备管理和生产需要予以增加。

Ⅰ. 建筑施工总承包资质序列企业：特级资质不少于6人；一级资质不少于4人；二级和二级以下资质企业不少于3人。

Ⅱ. 建筑施工专业承包资质序列企业：一级资质不少于3人；二级和二级以下资质企业不少于2人。

Ⅲ. 建筑施工劳务分包资质序列企业：安全管理人员不少于2人。

Ⅳ. 建筑施工企业的分公司、区域公司等较大的分支机构（以下简称分支机构）应依据实际生产情况配备不少于2人的专职安全生产管理人员。

② 资格要求。建筑施工企业安全生产管理机构专职安全生产管理人员，必须持有省级住房和城乡建设主管部门颁发的安全员岗位证书（C类）。安全施工管理工作技术性、政策性、群众性很强，因此安全管理人员应挑选责任心强、有一定的经验和相当文化程度的工程技术人员担任，以利促进安全科技活动，进行目标管理。

2. 项目处安全管理机构与人员配备

（1）机构设置。公司下属项目部，是组织和指挥施工的单位，对管施工、管安全有极为重要的影响。项目经理为本项目部安全施工工作第一责任者，根据项目部的施工规模及职工人数设置专职安全管理机构或配备专职安全员，并建立项目处领导干部安全施工值班制度。

① 项目部安全生产委员会（领导小组）。

项目部安全生产委员会（领导小组），是依据工程规模和施工特点建立的项目安全生产最高权力机构。

建筑面积在50 000 m^2（含50 000 m^2）以上或造价在3000万元人民币（含3000万元）以上的工程项目，须设置安全生产委员会；建筑面积在50 000 m^2以下或造价3000万元人民币以下的工程项目，须设置安全领导小组。

安全生产委员会的组织成员包括工程项目经理、主管生产和技术的副经理、安全部负责人、分包单位负责人以及人事、财务、工会等有关部门负责人，人员应为5～7人。安全生产领导小组的成员包括工程项目经理、主管生产和技术的副经理、专职安全管理人员、分包单位负责人以及人事、财务、工会等负责人，人员应为3～5人。

安全生产委员会（或安全生产领导小组）主任（或组长）由工程项目经理担任。

② 项目部专职安全管理机构。项目部专职安全管理机构，是项目部安全生产委员会（领导小组）的办事机构，是项目部贯彻执行安全施工方针、政策和法规，实行安全目标管理的具体工作部门。

（2）人员配备。

① 总承包单位配备项目专职安全生产管理人员应当满足下列要求。

Ⅰ. 建筑工程、装修工程按照建筑面积配备。

a. 10 000m^2以下的工程不少于1人。

b. 10 000～50 000m^2的工程不少于2人。

c. 50 000m^2及以上的工程不少于3人，且按专业配备专职安全生产管理人员。

Ⅱ. 土木工程、线路管道、设备安装工程按照工程合同价配备。

a. 5000万元以下的工程不少于1人。

b. 5000万元～1亿元的工程不少于2人。

c. 1亿元及以上的工程不少于3人，且按专业配备专职安全生产管理人员。

② 分包单位配备项目专职安全生产管理人员应当满足下列要求。

Ⅰ. 专业承包单位应当配置至少1人，并根据所承担的分部分项工程的工程量和施工危险程度增加。

Ⅱ. 劳务分包单位施工人员在50人以下的，应当配备1名专职安全生产管理人员；50～200人的，应当配备2名专职安全生产管理人员；200人及以上的，应当配备3名及以上专职安全生产管理人员，并根据所承担的分部分项工程施工危险实际情况增加，不得少于工程施工人员总人数的5‰。

Ⅲ. 采用新技术、新工艺、新材料或致害因素多、施工作业难度大的工程项目，项目专职安全生产管理人员的数量应当根据施工实际情况，在《建筑施工企业安全生产管理机构设置及专职安全生产管理人员配备方法》第十三条、第十四条规定的配备标准上增加。

3. 班组安全管理组织与人员配备

班组是搞好安全施工的前沿阵地，加强班组安全建设是公司加强安全施工管理的基础。各施工班组要设不脱产安全员，协助班长搞好班组安全管理。各班组要坚持岗位安全检查、安全值日和安全日活动制度，同时要坚持做好班组安全记录。由于建筑施工点多、面广、流动、分散，往往一个班组人员不会集中在一处作业，因此，工人要提高自我保护意识和自我保护能力，在同一作业面的人员要互相关照。

1.2 安全生产责任制与安全目标管理

1.2.1 安全生产责任制

1.安全生产责任制的概念、制定原则与主要内容

（1）安全生产责任制的概念。安全生产责任制是建筑施工企业最基本的安全生产管理制度，是依照“安全第一、预防为主、综合治理”的安全生产方针和“管生产必须管安全”的原则，将企业各级负责人、各职能机构及其工作人员和各岗位作业人员在安全生产方面应做的工作及应负的责任加以明确规定的一种制度。安全生产责任制是建筑施工企业所有安全规章制度的核心。

我国《建设工程安全生产管理条例》规定：施工单位应当建立健全安全生产责任制度。因此，施工单位应当根据有关法律、法规的规定，结合本企业机构设置和人员组成情况，制定本企业的安全生产责任制。通过制定安全生产责任制，建立分工明确、奖罚分明、运行有效、责任落实，能够充分发挥作用的、长效的安全生产机制，把安全生产工作落到实处。

（2）安全生产责任制的制定原则。建筑施工企业制定安全生产责任制应当遵循以下原则。

① 合法性。必须符合国家有关法律、法规和政策、方针的要求，并及时修订。

② 全面性。必须明确每个部门和人员在安全生产方面的权利、责任和义务，做到安全工作层层有人负责。

③ 可操作性。必须建立专门的考核机构，形成监督、检查和考核机制，保证安全生产责任制得到真正落实。

（3）安全生产责任制的主要内容。安全生产责任制主要包括施工单位各级管理人员和作业人员的安全生产责任制以及各职能部门的安全生产责任制。各级管理人员和作业人员包括：企业负责人、分管安全生产负责人、技术负责人、项目负责人和负责项目管理的其他人员、专职安全生产管理人员、施工班组长及各工种作业人员等。各职能部门包括：施工单位的生产计划、技术、安全、设备、材料供应、劳动人事、财务、教育、卫生、保卫消防等部门及工会组织。安全生产责任制主要包括以下内容。

① 部门和人员的安全生产职责。

② 安全生产职责履行情况的检查程序与内容。

③ 安全生产职责的考核办法、程序与标准。

④ 奖惩措施与落实。

2. 各级管理人员和作业人员的安全生产责任制

（1）施工单位主要负责人。《建设工程安全生产管理条例》规定：施工单位主要负责人依法

对本单位的安全生产工作全面负责。施工单位主要负责人安全生产职责主要包括以下内容。

① 认真贯彻、执行国家有关建筑安全生产的方针、政策、法律、法规和标准，贯彻、执行省、市有关建筑安全生产的法规、规章、标准和规范性文件。

② 组织和督促本单位安全生产工作，建立健全本单位安全生产责任制。

③ 组织制定本单位安全生产规章制度和操作规程。

④ 保证本单位安全生产所需资金的投入。

⑤ 组织开展本单位的安全生产教育培训。

⑥ 建立健全安全管理机构，配备专职安全管理人员，组织开展安全检查，及时消除生产安全事故隐患。

⑦ 组织制定本单位生产安全事故应急救援预案，组织、指挥本单位生产安全事故应急救援工作。

⑧ 发生事故后，积极组织抢救，采取措施防止事故扩大，同时保护好事故现场，并按照规定的程序及时如实报告，积极配合事故的调查处理。

（2）施工单位分管安全生产负责人。施工单位分管安全生产负责人的安全生产职责主要包括以下内容。

① 认真贯彻、执行国家有关建筑安全生产的方针、政策、法律、法规和标准，贯彻、执行省、市有关建筑安全生产的法规、规章、标准和规范性文件。

② 协助本单位主要负责人做好并具体负责安全生产管理工作。

③ 组织制定并落实安全生产管理目标。

④ 负责本单位安全管理机构的日常管理工作。

⑤ 负责安全检查工作。落实整改措施，及时消除施工过程中的不安全因素。

⑥ 落实本单位管理人员和作业人员的安全生产教育培训和考核工作。

⑦ 落实本单位生产安全事故应急救援预案和事故应急救援工作。

⑧ 发生事故后，积极组织抢救，采取措施防止事故扩大，同时保护好事故现场，积极配合事故的调查处理。

（3）施工单位技术负责人。施工单位技术负责人的安全生产职责主要包括以下内容。

① 认真贯彻、执行国家有关建筑安全生产的方针、政策、法律、法规和标准，贯彻、执行省、市有关建筑安全生产的法规、规章、标准和规范性文件。

② 协助主要负责人做好并具体负责本单位的安全技术管理工作。

③ 组织编制、审批施工组织设计和专业性较强工程项目的安全施工方案。

④ 负责对本单位使用的新材料、新技术、新设备、新工艺制定相应的安全技术措施和安全操作规程。

⑤ 参与制定本单位的安全操作规程和生产安全事故应急救援预案。

⑥ 参与生产安全事故和未遂事故的调查，从技术上分析事故原因，针对事故原因提出技术措施。

（4）项目负责人。《建设工程安全生产管理条例》规定，“施工单位的项目负责人应当由取得相应执业资格的人员担任，对建设工程项目的安全施工负责，落实安全生产责任制度、安全生产规章制度和操作规程，确保安全生产费用的有效使用，并根据工程的特点组织制定安全施工措施，消除安全事故隐患，及时、如实报告生产安全事故。”施工单位的项目负责人是建设工程项目安全生产的第一责任人，其主要安全生产职责包括以下内容。

① 认真贯彻、执行国家有关建筑安全生产的方针、政策、法律、法规和标准，贯彻、执行省、市有关建筑安全生产的法规、规章、标准和规范性文件。

② 落实本单位安全生产责任制和安全生产规章制度。

③ 建立工程项目安全生产保证体系，配备与工程项目相适应的安全管理人员。

④ 保证安全防护和文明施工资金的投入，为作业人员提供必要的个人劳动防护用具和符合安全、卫生标准的生产、生活环境。

⑤ 落实本单位安全生产检查制度，对违反安全技术标准、规范和操作规程的行为及时予以制止或纠正。

⑥ 落实本单位施工现场的消防安全制度，确定消防责任人，按照规定配备消防器材和设施。

⑦ 落实本单位安全教育培训制度，组织岗前和班前安全生产教育。

⑧ 根据施工进度，落实本单位制定的安全技术措施，按规定程序进行安全技术“交底”。

⑨ 使用符合要求的安全防护用具及机械设备，定期组织检查、维修、保养，保证安全防护设施有效，机械设备安全使用。

⑩ 根据工程特点，组织对施工现场易发生重大事故的部位、环节进行监控。

⑪ 按照本单位或总承包单位制定的施工现场生产安全事故应急救援预案，建立应急救援组织或者配备应急救援人员、器材、设备等，并组织演练。

⑫ 发生事故后，积极组织抢救，采取措施防止事故扩大，同时保护好事故现场，按照规定的程序及时如实报告，积极配合事故的调查处理。

（5）专职安全生产管理人员。专职安全生产管理人员负责对安全生产进行现场监督检查，其主要安全生产职责包括：

① 认真贯彻、执行国家有关建筑安全生产的方针、政策、法律、法规和标准，贯彻、执行省、市有关建筑安全生产的法规、规章、标准和规范性文件。

② 监督专项安全施工方案和安全技术措施的执行，对施工现场安全生产进行监督检查。

③ 发现生产安全事故隐患，及时向项目负责人和安全生产管理机构报告，并监督检查整改情况。

④ 及时制止施工现场的违章指挥、违章作业行为。

⑤ 发生事故后，应积极参加抢救和救护，并按照规定的程序及时如实报告，积极配合事故的调查处理。

（6）施工班组长。施工班组长的主要安全生产职责包括以下内容。

① 认真贯彻、执行国家和省、市有关建筑安全生产的方针、政策、法律、法规、规章、标准和规范性文件。

② 具体负责本班组在施工过程中的安全管理工作。

③ 组织本班组的班前安全学习。

④ 严格执行各项安全生产规章制度和安全操作规程。

⑤ 严格执行安全技术“交底”。

⑥ 不违章指挥和冒险作业，严禁班组成员违章作业，对违章指挥提出意见，并有权拒绝执行。

⑦ 发生生产安全事故后，应积极参加抢救和救护，保护好事故现场，并按照规定的程序及

时、如实报告。

（7）作业人员。作业人员的主要安全生产职责包括以下内容。

① 认真贯彻、执行国家和省、市有关建筑安全生产的方针、政策、法律、法规、规章、标准和规范性文件。

② 认真学习、掌握本岗位的安全操作技能，提高安全意识和自我保护能力。

③ 积极参加本班组的班前安全活动。

④ 严格遵守工程建设强制性标准以及本单位的各项安全生产规章制度和安全操作规程。

⑤ 正确使用安全防护用具和机械设备。

⑥ 严格按照安全技术“交底”进行作业。

⑦ 遵守劳动纪律，不违章作业，有权拒绝违章指挥。

⑧ 发生生产安全事故后，保护好事故现场，并按照规定的程序及时如实报告。

3. 各职能部门的安全生产责任制

（1）生产计划部门。生产计划部门的主要安全生产职责包括以下内容。

① 严格按照安全生产和施工组织设计的要求组织生产。

② 在布置、检查生产的同时，布置、检查安全生产措施。

③ 加强施工现场管理，建立安全生产、文明施工秩序，并进行监督检查。

（2）技术部门。技术部门的主要安全生产职责包括以下内容。

① 认真贯彻、执行国家、行业和省、市有关安全技术规程和标准。

② 制定本单位的安全技术标准和安全操作规程。

③ 负责编制施工组织设计和专项安全施工方案。

④ 编制安全技术措施并进行安全技术“交底”。

⑤ 制定本单位使用新材料、新技术、新设备、新工艺的安全技术措施和安全操作规程。

⑥ 会同劳动人事、教育和安全管理等职能部门编制安全技术教育计划，进行安全技术教育。

⑦ 参与生产安全事故和未遂事故的调查，从技术上分析事故原因，针对事故原因提出技术措施。

（3）安全管理部门。安全管理部门的主要安全生产职责包括以下内容。

① 认真贯彻、执行国家和省、市有关建筑安全生产的方针、政策、法律、法规、规章、标准和规范性文件。

② 负责本单位和工程项目的安全生产、文明施工检查，监督检查安全事故隐患整改情况。

③ 参加审查施工组织设计，专项安全施工方案和安全技术措施，并对贯彻执行情况进行监督检查。

④ 掌握安全生产情况，调查研究生产过程中的不安全问题，提出改进意见，制定相应措施。

⑤ 负责安全生产宣传教育工作，会同教育、劳动人事等有关职能部门对管理人员、作业人员进行安全技术和安全知识教育培训。

⑥ 参与制定本单位的安全操作规程和生产安全事故应急救援预案。

⑦ 制止违章指挥和违章作业行为，依照本单位的规定对违反安全生产规章制度和安全操作规程的行为实施处罚。

⑧ 负责生产安全事故的统计报告工作，参与本单位生产安全事故的调查和处理。

（4）设备管理部门。设备管理部门的主要安全生产职责包括以下内容。

① 负责本单位施工机械设备管理工作，参与制定设备管理的规章制度和施工机械设备的安全操作规程，并监督实施。

② 负责新购进和租赁施工机械设备的生产制造许可证、合格证和安全技术资料的审查工作。

③ 监督管理施工机械设备的安全使用、维修、保养和改造工作，并参与定期检查和巡查。

④ 负责施工机械设备的租赁、安装、验收以及淘汰、报废的管理工作。

⑤ 参与施工组织设计和专项施工方案的编制和审批工作，并监督实施。

⑥ 参与组织对施工机械设备操作人员的培训工作，并监督检查持证上岗情况。

⑦ 参与施工机械设备事故的调查、处理工作，制定防范措施并督促落实。

（5）材料供应部门。材料供应部门的主要安全生产职责包括以下内容。

① 负责采购安全生产所需的安全防护用具、劳动防护用品和材料、设施。

② 购买的安全防护用具、劳动防护用品和材料等必须符合国家、行业标准的要求。

（6）劳动人事部门。劳动人事部门的主要安全生产职责包括以下内容。

① 认真贯彻落实国家、行业有关安全生产、劳动保护的法律、法规和政策。

② 负责劳动防护用品和安全防护服装的发放工作。

③ 会同教育、安全管理等职能部门对管理人员和作业人员进行安全教育培训。

④ 对违反安全生产管理制度和劳动纪律的人员，提出处理建议和意见。

（7）财务部门。财务部门的主要安全生产职责包括以下内容。

① 按照国家有关规定和实际需要，提供安全技术措施费用和劳动保护费用。

② 按照国家有关规定和实际需要，提供安全教育培训经费。

③ 对安全生产所需费用的合理使用实施监督。

（8）教育部门。教育部门的主要安全生产职责包括以下内容。

① 负责编制安全教育培训计划，制定安全生产考核标准。

② 组织实施安全教育培训。

③ 组织培训效果考核。

④ 建立安全教育培训档案。

（9）卫生部门。卫生部门的主要安全生产职责包括以下内容。

① 负责卫生防病宣传教育工作。

② 负责对从事砂尘、粉尘、有毒、有害和高温、高处条件下作业人员以及特种作业人员进行健康检查，并制定落实预防职业病和改善卫生条件的措施。

③ 发生安全事故后，对伤员采取抢救、治疗措施。

（10）保卫消防部门。保卫消防部门的主要安全生产职责包括以下内容。

① 认真贯彻、落实国家、行业有关消防保卫的法律、法规和规定。

② 参与制定消防安全管理制度并监督执行。

③ 严格执行动火审批制度。

④ 会同教育、安全管理等部门对管理人员和作业人员进行消防安全教育。

（11）工会组织。工会组织的主要安全生产职责包括以下内容。

① 维护职工在安全、健康等方面的合法权益，积极反映职工对安全生产工作的意见和要求。

② 组织开展安全生产宣传教育。

③ 参与生产安全事故的调查、处理和善后工作。

4. 总承包单位和分包单位的安全生产责任制

（1）工程项目实行施工总承包的，由总承包单位对施工现场的安全生产负总责。

（2）工程项目依法实行分包的，总承包单位应当审查分包单位的安全生产条件与安全保证体系，对不具备安全生产条件的不予发包。

（3）总承包单位应当和各分包单位签订分包合同，分包合同中应当明确各自安全生产方面的责任、权利和义务，总承包单位和分包单位各自承担相应的安全生产责任，并对分包工程的安全生产承担连带责任。

（4）总承包单位负责编制整个工程项目的施工组织设计和安全技术措施，并向分包单位进行安全技术“交底”，分包单位应当服从总承包单位的安全生产管理，按照总承包单位编制的施工组织设计和施工总平面布置图进行施工。

（5）分包单位应当执行总承包单位的安全生产规章制度，分包单位不服从总承包单位管理导致生产安全事故的，由分包单位承担主要责任。

（6）施工现场发生生产安全事故，由总承包单位负责统计上报。

5. 交叉施工（作业）的安全生产责任制

（1）总包单位和分包单位的工程项目负责人，对工程项目中的交叉施工（作业）负总的指挥、领导责任。总包单位对分包单位、分包单位对分项承包单位或施工队伍，要加强安全消防管理，科学组织交叉施工。在没有针对性的书面技术交底、方案和可靠防护措施的情况下，禁止上下交叉施工作业，防止发生事故。

① 经营部门签订的总分包合同或协议书中应有安全消防责任划分内容，明确各方的安全责任。

② 计划部门在制定施工计划时，将交叉施工问题纳入施工计划，应优先考虑。

③ 工程调度部门应掌握交叉施工情况，加强各分包单位之间交叉施工的调度管理，确保安全的情况下协调交叉施工中的有关问题。

④ 安全部门对各分包单位实行监督、检查，要求各分包单位在施工中必须严格执行总包方的有关规定、标准、措施等，协助领导与分包单位签订安全消防责任状，并提出奖罚意见，同时对违章进行交叉作业的施工单位给予经济处罚。

（2）总包与分包、分包与分项外包的项目工程负责人，除在签署合同或协议中明确交叉施工（作业）各方的责任外，还应签订安全消防协议书或责任状，划分交叉施工中各方的责任区和各方的安全消防责任，同时应建立责任区及安全设施的交接和验收手续。

（3）交叉施工作业上部施工单位应为下部施工人员提供可靠的隔离防护措施，确保下部施工作业人员的安全。在隔离防护设施未完善之前，下部施工作业人员不得进行施工。隔离防护设施完善后，经过上下方责任人和有关人员进行验收合格后才能施工作业。

（4）工程项目或分包单位的施工管理人员在交叉施工之前对交叉施工的各方做出明确的安

全责任交底，各方必须在交底后组织施工作业。安全责任交底中应对各方的安全消防责任，安全责任区的划分，安全防护设施的标准、维护等内容做出明确要求，并经常检查执行情况。

（5）交叉施工作业中的隔离防护设施及其他安全防护设施由安全责任方提供。当安全责任方因故无法提供防护设施时，可由非责任方提供，责任方负责日常维护和支付租赁费用。

（6）交叉施工作业中的隔离防护设施及其他安全防护设施的完善和可靠性由责任方负责。由于隔离防护设施或安全防护存在缺陷而导致的人身伤害及设备、设施、料具的损失责任，由责任方承担。

（7）工程项目或施工区域出现交叉施工作业安全责任不清或安全责任区划分不明确时，总包单位和分包单位应积极主动地进行协调和管理。各分包单位之间进行交叉施工，其各方应积极主动配合，在责任不清、意见不统一时由总包单位的工程项目负责人或工程调度部门出面协调、管理。

（8）在交叉施工作业中防护设施完成验收后，非责任方不经总包、分包或有关责任方同意不准任意改动（如电梯井门、护栏、安全网、坑洞口盖板等）。因施工作业必须改动时，写出书面报告，需经总、分包和有关责任方同意，才准改动，但必须采取相应的防护措施。工作完成或下班后必须恢复原状，否则非责任方负一切后果责任。

（9）电气焊割作业严禁与油漆、喷漆、防水、木工等进行交叉作业，在工序上应先安排焊割等明火作业。如果必须先进行油漆、防水作业，施工管理人员在确认排除有燃爆可能的情况下，再安排电气焊割作业。

（10）凡进总包单位施工现场的各分包单位或施工队伍，必须严格执行总包单位所执行的标准、规定、条例、办法。对于不按总包单位要求组织施工，现场管理混乱、隐患严重、影响文明安全工地整体达标的或给交叉施工作业的其他单位造成不安全问题的分包单位或施工队伍，总包单位有权终止合同或给予经济处罚。

6. 安全生产责任制的考核

为了确保安全生产责任制落到实处，施工单位应当制定安全生产责任考核办法并予以实施。考核办法主要包括下列内容。

（1）组织领导。施工单位和工程项目部建立安全生产责任制考核机构。

（2）考核范围。施工单位各级管理人员、工程项目管理人员和作业人员，以及施工单位各职能部门、分支机构和项目部。

（3）考核内容。各项安全生产责任制确定的安全生产目标，为实现安全生产目标所采取措施和安全生产业绩等情况。

（4）考核时间。主要是考核的时间周期，考核周期可根据企业具体情况而定。

（5）考核方法。考核方法可采取百分制或扣分制。实行分级考核，即施工单位各职能部门、分支机构、项目部和管理人员以及工程项目负责人由施工单位考核机构进行考核，项目管理人员、作业人员由工程项目部考核机构进行考核。

（6）考核结果。考核结果可分为优秀、合格和不合格。

（7）奖惩措施。对考核优秀的，给予奖励；对考核不合格的，给予处罚。奖罚必须兑现。

1.2.2 安全目标管理

1. 安全目标管理的概念和意义

安全目标管理是依据行为科学的原理，以系统工程理论为指导，以科学方法为手段，围绕企业生产经营总目标和上级对安全生产的考核指标及要求，结合本企业中长期安全管理规划和近期安全管理状况，制定出一个时期（一般为 1 年）的安全工作目标，并为这个目标的实现而建立安全保证体系，制定行之有效的保证措施。安全目标管理的要素包括目标确定、目标分解、目标实施和检查考核四部分。

施工单位实行安全目标管理，有利于激发人在安全生产工作中的责任感，提高职工安全技术素质，促进科学安全管理方式的推行，充分体现了“安全生产，人人有责”的原则，使安全管理工作科学化、系统化、标准化和制度化，实现安全管理全面达标。

2. 安全管理目标的确定

（1）安全管理目标确定的依据。确定安全管理目标的依据主要包括以下内容。

① 国家的安全生产方针、政策和法律、法规的规定。

② 行业主管部门和地方政府签订的安全生产管理目标和有关规定、要求。

③ 企业的基本情况，包括技术装备、人员素质、管理体制和施工任务等。

④ 企业的中长期规划及近期的安全管理状况。

⑤ 上年度伤亡事故情况及事故分析。

（2）安全管理目标的主要内容。施工单位安全管理目标的内容主要包括以下内容。

① 生产安全事故控制目标。施工单位可根据本单位生产经营目标和上级有关安全生产指标确定事故控制目标，包括确定死亡、重伤、轻伤事故的控制指标。

② 安全达标目标。施工单位应当根据年度在建工程项目情况，确定安全达标的具体目标。

③ 文明施工实现目标。施工单位应当根据当地主管部门的工作部署，制定创建省级、市级安全文明工地的总体目标。

④ 其他管理目标。如企业安全教育培训目标、行业主管部门要求达到的其他管理目标等。

3. 安全管理目标确定的原则

制定安全管理目标，要根据施工单位的实际情况科学分析，综合各方面的因素，做到重点突出、方向明确、措施对应、先进可行。目标确定应遵循以下原则。

（1）重点性。制定目标要主次分明、重点突出、按职定责。安全管理目标要突出生产安全事故、安全达标等方面的指标。

（2）先进性。目标的先进性即它的适用性和挑战性。确定的目标略高于实施者的能力和水平，使之经过努力可以完成。

（3）可比性。尽量使目标的预期成果做到具体化、定量化。如负伤频率不能笼统地提出比去年有所下降，而应当提出具体的降低百分比。

（4）综合性。制定目标既要保证上级下达指标的完成，又要兼顾企业各个环节、各个部门和每个职工的能力。

（5）对应性。每个目标、每个环节要有针对性措施，保证目标的实现。

4. 安全管理目标体系与分解

施工单位应当建立安全目标管理体系，将安全管理目标分解到各个部门、工程项目和人员。安全目标管理体系由目标体系和措施体系组成。

（1）目标体系。目标体系就是将安全目标网络化、细分化。目标体系是安全目标管理的核心，由总目标、分目标和子目标组成。安全总目标是施工单位所需要达到的目标，为完成安全总目标，部门和各项目部要根据自身的具体情况，提出部门、项目部的分目标、子目标。目标分解要做到横向到边，纵向到底，纵横连锁，形成网络。横向到边就是把施工单位的安全总目标分解到各个职能部门、科室；纵向到底就是把安全总目标由上而下一层一层分解，明确责任，使责任落实到人，形成个人保班组、班组保项目部、项目部保公司的多层管理安全目标连锁体系。

（2）措施体系。措施体系是安全目标实现的保证。措施体系就是安全措施（包括组织保证、技术保证和管理保证措施等）的具体化、系统化，是安全目标管理的关键。

根据目标层层分解的原则，保证措施也要层层落实，做到目标和保证措施相对应，使每个目标值都有具体保证措施。

5. 安全管理目标的实施

安全管理目标的实施阶段是安全目标管理取得成效的关键环节。安全管理目标的实施就是执行者根据安全管理目标的要求、措施、手段和进度将安全管理目标进行落实，保证按照目标要求完成。在安全管理目标的实施阶段应做好以下几方面的工作。

（1）建立分级负责的安全责任制。制定各个部门、人员的责任制，明确各个部门、人员的权利和责任。

（2）建立安全保证体系。通过安全保证体系，形成网络，使各层次互相配合、互相促进，推进目标管理顺利开展。

（3）建立各级目标管理组织，加强对安全目标管理的组织领导工作。

（4）建立危险性较大的分部分项工程跟踪监控体系。发现事故隐患，及时进行整改，保证施工安全。

6. 安全管理目标的检查考核

安全管理目标的检查考核是在目标实施阶段之后，通过检查，对成果做出评价并进行奖惩，总结经验，为下一个目标管理循环做好准备。进行安全管理目标的检查考核应做好以下几个方面的工作。

（1）建立检查考核机构。施工单位和工程项目部应当建立安全目标管理考核机构。考核机构负责对施工单位各部门、项目部和有关人员进行检查考核。

（2）制定检查考核办法。施工单位制定的安全目标管理检查考核办法应包括以下内容。

① 考核机构和人员组成。

② 被考核部门和人员。

③ 考核内容。

④ 考核时间。

⑤ 考核方法和奖惩办法。

（3）实施检查考核的要求。

① 检查考核应严格按考核办法进行，防止流于形式。

② 实行逐级考核制度。施工单位考核机构对各职能部门和项目负责人进行检查考核，项目部考核机构对项目部管理人员和施工班组进行考核。

③ 根据考核结果实施奖惩。对考核优良的按规定给予奖励，对考核不合格的给予处罚。

④ 做好考核总结工作。每次考核结束，被考核单位和部门要认真总结目标完成情况，并制定整改措施，认真落实整改。

1.3 专项施工方案与安全技术措施及交底

1.3.1 专项施工方案

对于达到一定规模的危险性较大的分部分项工程，以及涉及新技术、新工艺、新材料的工程，因其复杂性和危险性，在施工过程中易发生人身伤亡事故，施工单位应当根据各分部分项工程的特点，有针对性地编制专项施工方案。

1. 专项施工方案的概念

建筑工程安全专项施工方案，简称专项施工方案，是指在建筑施工过程中，施工单位在编制施工组织（总）设计的基础上，对危险性较大的分部分项工程，依据有关工程建设标准、规范和规程的要求制定具有针对性的安全技术措施文件。

建设、施工、监理等工程建设安全生产责任主体应按照各自的职责建立健全建筑工程专项方案的编制、审查、论证和审批制度，保证方案的针对性、可行性和可靠性按照方案组织施工。

2. 专项施工方案的编制范围

下列危险性较大的分部分项工程以及临时用电设备在 5 台及以上或设备总容量达到 50 kW 及以上的施工现场临时用电工程施工前，施工单位应编制安全专项施工方案。

（1）土石方开挖工程。

① 开挖深度超过 5 m（含 5 m）的基坑（槽、沟）等的土石方开挖工程。

② 开挖深度虽未超过 5 m，但地质条件和周围环境复杂的基坑（槽、沟）等的土石方开挖工程。

③ 凿岩、爆破工程。

（2）基坑支护工程。基坑支护工程是指采用支护结构对基坑进行加固的工程。

（3）基坑降水工程。基坑降水工程是指地下水位在坑底以上，需要采取人工降低水位的工程。

（4）模板工程。

① 工具式模板工程，包括滑模、爬模、大模板等。

② 混凝土构件模板工程。

③ 特殊结构支撑系统工程。

（5）起重吊装工程。

（6）脚手架工程。

① 落地式钢管脚手架。

② 附着式升降脚手架。

③ 悬挑式脚手架。

④ 门型脚手架。

⑤ 高处作业吊篮。

⑥ 卸料平台。

⑦ 其他临时设置的作业平台。

（7）起重机械设备拆装工程。

① 塔式起重机的安装、拆卸、顶升。

② 施工升降机的安装、拆卸。

③ 物料提升机的安装、拆卸。

（8）拆除、爆破工程。采用人工、机械拆除或爆破拆除的工程。

（9）其他危险性较大的工程。

① 建筑幕墙的安装施工。

② 预应力结构张拉施工。

③ 钢结构工程施工。

④ 索膜结构施工。

⑤ 高度 6 m 以上的边坡施工。

⑥ 地下暗挖与隧道工程。

⑦ 水上桩基施工。

⑧ 人工挖孔桩施工。

⑨ 采用新技术、新工艺、新材料，可能影响工程质量安全，已经省级以上建设行政主管部门批准，尚无技术标准的施工等。

3. 专家论证的专项施工方案范围

对下列危险性较大的分部分项工程，应经由工程技术人员组成的专家组对安全专项施工方案进行论证、审查。

（1）深基坑工程。

① 开挖深度超过 5 m（含 5 m）的深基坑（槽、沟）工程。

② 地质条件，周围环境或地下管线较复杂的基坑（槽、沟）工程。

③ 可能影响毗邻建筑物、构筑物的结构和使用安全的基坑（槽、沟）开挖及降水工程。

（2）高大模板工程。

① 高度超过 8 m 的现浇混凝土梁板构件模板支撑系统。

② 跨度超过 18 m，施工总荷载大于 10 kN/m^2 的现浇混凝土梁板构件模板支撑系统。

③ 集中线荷载大于 15 kN/m^2 的现浇混凝土梁板构件模板支撑系统。

④ 滑模模板系统。

（3）脚手架工程。

①搭设高度超过 50 m 的落地式脚手架。

②悬挑高度超过 20 m 的悬挑式脚手架。

（4）起重吊装工程。

① 起重量超过 200 t 的单机起重吊装工程。

② 2 台以上起重机抬吊作业工程。

③ 跨度 30 m 以上的结构吊装工程。

（5）地下暗挖及遇有溶洞、暗河、瓦斯、岩爆、涌泥、断层等地质复杂的隧道工程。

（6）采用新技术、新工艺、新材料而容易造成质量安全事故的工程以及其他需要专家论证的工程。

4. 专项施工方案的编制与审批

（1）专项施工方案的编制。

① 编制要求。

Ⅰ. 安全专项施工方案应由施工总承包单位组织编制，编制人员应具有本专业中级以上技术职称。

Ⅱ. 起重机械设备安装拆卸、深基坑、附着升降脚手架等专业工程的安全专项施工方案应由专业承包企业负责编制，其他分包的专业工程安全专项施工方案，原则上也应当由专业承包单位负责编制。

Ⅲ. 安全专项施工方案的编制应由编制者本人在安全专项施工方案上签名并注明技术职称。

Ⅳ. 安全专项施工方案应根据工程建设标准和勘察设计文件，并结合工程项目和分部分项工程的具体特点进行编制。

② 编制内容。除工程建设标准有明确规定外，安全专项施工方案应主要包括工程概况、周边环境、理论计算（包括简图、详图）、施工工序、施工工艺、安全措施、劳动力组织以及使用的设备、器具和材料等内容。

（2）专项施工方案的审批。

① 安全专项施工方案的审核。安全专项施工方案编制后，施工单位技术负责人应组织施工、技术、设备、安全、质量等部门的专业技术人员进行审核。

在安全专项施工方案审核环节，一般应由法人单位的技术负责人负责组织有关人员进行审核，对于分支机构较多的大企业，也可由法人单位所属分支机构的技术负责人组织。审核人员中至少应有 2 人具有本专业中级以上技术职称，其中需专家论证的，审核人员中至少应有 2 人具有本专业高级以上技术职称。

② 安全专项施工方案的审批。安全专项施工方案审核合格，报施工单位技术负责人审批。由于审批是使安全专项施工方案成为有效可执行文件的最后一关，必须慎重，因此该施工单位

技术负责人应为法人单位的技术负责人,法人单位所属分支机构的技术负责人不具备审批资格。实行施工总承包的，还应报总承包单位技术负责人审批。

工程监理单位应组织本专业监理工程师对施工单位提报的安全专项施工方案进行审核，审核合格，报监理单位总监理工程师和建设单位审批。

③ 安全专项施工方案的审核、审批人应当书面或以会议纪要形式提出审查意见，方案编制人应根据审查意见对方案进行修改完善。审核、审批人应在安全专项施工方案审批表上签名并注明技术职称。

5. 专项施工方案的专家论证

（1）专家论证的组织。需要专家论证审查的工程，在安全专项施工方案审核通过后，施工单位应组织专家对方案进行论证审查，或者委托具有相应资格的勘察、设计、科研、大专院校和工程咨询等第三方组织专家进行论证审查。对于岩土、大型结构吊装和采用新技术、新工艺、新材料等的工程，由于技术难度大、施工工艺复杂、理论计算要求高，一些技术力量比较薄弱的中小型企业虽具备相应的施工能力，但方案编制技术力量不足，因此，提倡由技术力量较强的第三方提供专家论证服务。

安全专项施工方案论证审查专家组成员不得少于 5 人，其中具有本专业或相关专业高级技术职称人员不得少于 3 人，且方案编制单位和论证组织单位的人员不得超过半数（为了保证论证质量，避免流于形式，对方案编制单位和论证组织单位的参加人数进行了限制）。

（2）专家组人员的条件。

专家组人员应具备下列条件之一。

① 具有本专业或相关专业高级技术职称，并具有 5 年以上专业工作经历；

② 具有本专业或相关专业中级技术职称，并具有 10 年以上专业工作经历；

③ 具有高级技师职业资格，并具有 10 年以上工作经历；

④ 具有技师职业资格，并具有 15 年以上工作经历。

（3）论证审查方式和程序。专家论证审查宜采用会审的方式，与会专家组人员不得少于 5 人。下列人员应列席论证会。

① 施工单位的技术负责人和安全管理机构负责人；

② 实行专业工程分包和施工总承包单位的相应人员；

③ 方案编制人员；

④ 工程项目总监理工程师。

专家组应对安全专项施工方案的内容是否完整，数学模型、验算依据、计算数据是否准确，以及是否符合有关工程建设标准等进行论证审查，形成一致意见后，提出书面论证审查报告。专家组成员本人应在论证审查报告上签字并注明技术职称，且对审查结论负责。其论证审查报告应作为安全专项施工方案的附件。

（4）审批程序。施工单位应按照专家组提出的论证审查报告对安全专项施工方案进行修改完善，经施工单位技术负责人、工程项目总监理工程师和建设单位签字后，方可实施。实行施工总承包的，还应经施工总承包单位技术负责人审核签字。

如果专家组认为安全专项施工方案需做重大修改的,方案编制单位应重新组织专家论证审查。

6. 专项施工方案的实施

（1）专项施工方案的修订。施工单位必须严格执行安全专项施工方案，不得擅自修改经过审批的安全专项施工方案。如因设计、结构等因素发生变化确需修订的，应重新履行审核、审批程序；需经专家论证的专项施工方案，修订后应重新经专家论证。

（2）专项施工方案的交底。方案在实施前，应由方案编制人员或技术负责人向工程项目的施工、技术、安全管理人员和作业人员进行安全技术交底。施工作业人员应严格按照安全专项施工方案和安全技术交底进行施工。在专项施工方案的实施过程中，施工单位或工程项目的施工、技术、安全、设备等有关部门应对专项施工方案的实施情况进行检查，专职安全生产管理人员应对方案的实施情况进行现场监督，发现不按照专项施工方案施工的行为要予以制止。

（3）专项施工方案实施情况的验收。施工单位应建立健全安全专项施工方案实施情况的验收制度。在方案实施过程中，施工单位或工程项目的施工、技术、安全、设备等有关部门应对专项施工方案的实施情况进行验收。验收不合格的，不得进行下一道工序。对于需经专家论证的危险性较大的分部分项工程的验收，必须由施工单位组织。

（4）需编制专项施工方案工程的监理。工程监理单位应将需编制安全专项方案的工程列入监理规划和监理实施细则。对需经专家论证的危险性较大的分部分项工程，应针对工程特点、周边环境和施工工艺等制定详细具体的安全生产监理工作流程、方法和措施，并实施旁站监理。同时，工程监理单位应加强对方案实施情况的监理。对不按专项施工方案实施的，应及时要求施工单位改正；情况严重的，由总监理工程师签发工程暂停令，并报告建设单位；施工单位拒不整改或不停止施工的，要及时向当地建筑工程管理部门、建筑安全监督机构报告。

1.3.2 安全技术措施

1. 施工安全技术措施的基本概念

安全技术措施是指为防止工伤事故和职业病危害的发生，从技术上采取的措施。在工程施工中，是指针对工程特点、环境条件、劳动组织、作业方法、施工机械、供电设施等方面制定确保安全施工的措施，安全技术措施也是建设工程项目管理实施规划或施工组织设计的重要组成部分。

2. 施工安全技术措施的编制依据

建设工程项目施工组织或专项施工方案中，必须有针对性的安全技术措施，特殊性和危险性大的工程必须编制专项施工方案或安全技术措施，安全技术措施或专项施工方案的编制依据如下。

（1）国家和地方有关安全生产、劳动保护、环境保护和消防安全等的法律法规和有关规定。

（2）建设工程安全生产的法律和标准规程。

（3）安全技术标准、规范和规程。

（4）企业的安全管理规章制度。

3. 施工安全技术措施的编制要求

（1）及时性。

① 安全技术措施在施工前必须编制好，并且审核审批后正式下达项目经理部以指导施工。

② 在施工过程中，发生设计变更时，安全技术措施必须及时变更或做补充，否则不能施工。施工条件发生变化时，必须变更安全技术措施内容，并及时经原编制、审批人员办理变更手续，不得擅自变更。

（2）针对性。

① 针对工程项目的结构特点，凡在施工生产中可能出现的危险源，必须从技术上采取措施，消除危险，保证施工安全。

② 针对不同的施工方法和施工工艺制定相应的安全技术措施。不同的施工方法要有不同的安全技术措施，技术措施要有设计、有安全验算结果、有详图、有文字说明。

根据不同分部分项工程的施工工艺可能给施工带来的不安全因素，从技术上采取措施保证其安全实施。按《建设工程安全生产管理条例》规定，土方工程、基坑支护、模板工程、起重吊装工程、脚手架工程及拆除、爆破工程等必须编制专项施工方案，深基坑、地下暗挖工程、高大模板工程的专项施工方案，还应当组织专家进行论证审查。

在使用新技术、新工艺、新设备、新材料时，编制施工组织设计或施工方案必须制定相应的安全技术措施。

③ 针对使用的各种机械设备、用电设备可能给施工人员带来的危险，从安全保险装置、限位装置等方面采取安全技术措施。

④ 针对施工中有毒、有害、易燃、易爆等作业可能给施工人员造成的危害，制定相应的防范措施。

⑤ 针对施工现场及周围环境中可能给施工人员及周围居民带来的危险，以及材料、设备运输的困难和不安全因素，制定相应的安全技术措施。

⑥ 针对季节性、特殊气候条件施工的特点，编制施工安全措施，如雨期施工安全措施、冬季施工安全措施、夏季施工安全措施等。

（3）可操作性、具体性。

① 安全技术措施及方案必须明确具体、有可操作性，能具体指导施工，绝不能一般化和形式化。

② 安全技术措施及方案中必须有施工总平面图，在图中必须对危险的油库、易燃材料库、变电设备以及材料、构件的堆放位置，塔式起重机、井字架或龙门架、搅拌机的位置等按照施工需要和安全堆放的要求明确定位，并提出具体要求。

③ 参与安全技术措施编制的劳动保护、环保、消防等管理人员必须掌握工程项目概况、施工方法、场地环境等第一手资料，并熟悉有关安全生产法规和标准，具有一定的专业水平和施工经验。

4. 安全技术措施的主要内容

施工安全技术措施包括安全防护设施的设置和安全预防措施，主要包括以下内容。

（1）进入施工现场安全方面的规定。

（2）地基与深基坑的安全防护。

（3）高处作业与立体交叉作业的安全防护。

（4）施工现场临时用电工程的设置和使用。

（5）施工机械设备和起重机械设备的安装、拆卸和使用。

（6）采用新技术、新工艺、新设备、新材料时的安全技术。

（7）预防台风、地震、洪水等自然灾害的措施。

（8）防冻、防滑、防寒、防中暑、防雷击等季节性施工措施。

（9）防火、防爆措施。

（10）易燃易爆物品仓库、配电室、外电线路、起重机械的平面布置和大模板、构件等物料堆放。

（11）对施工现场毗邻的建筑物、构筑物以及施工现场内的各类地下管线的保护。

（12）施工作业区与生活区的安全距离。

（13）施工现场临时设施（包括办公、生活设施等）的设置和使用。

（14）施工作业人员的个人安全防护措施。

5. 安全技术措施资金投入

在建筑施工中，安全防护设施不设置或不到位，是造成事故的主要原因之一。安全防护设施不设置或不到位，往往是由于建设单位和施工单位未按照国家法律、法规的有关规定，未保证安全技术措施资金的投入。为保证安全生产，建设单位和施工单位应当确保安全技术措施资金的投入。

安全技术措施资金投入包括以下内容。

（1）建设单位在编制工程概算时，应当考虑到建设工程安全作业环境及安全施工措施所需费用。建设单位应当按照有关法律、法规的规定，保证安全生产资金的投入。

（2）对于有特殊安全防护要求的工程，建设单位和施工单位应当根据工程实际需要，在合同中约定安全措施所需费用。施工单位在动力设备、输电线路、地下管道、密封防震车间、易燃易爆地段以及在交通要道附近施工时，施工开始前应向监理工程师提出安全防护措施，经监理工程师认可后实施，防护措施费用由建设单位承担。实施爆破作业，在有放射性、毒害性环境（含储存、运输、使用等）中施工及使用毒害性、腐蚀性物品施工时，施工单位应在施工前以书面形式通知监理工程师，并提出相应的安全防护措施，经监理工程师认可后实施，由建设单位承担安全防护措施费用。

（3）施工单位应当保证本单位的安全生产投入。施工单位应当制订安全生产投入的计划和措施。企业负责人和工程项目负责人应当采取措施确保安全投入的有效落实，保证工程项目实施过程中用于安全生产的人力、财力、物力到位，满足安全生产和文明施工的需要。

（4）对列入建设工程概算的安全作业环境及安全施工措施所需费用，应当用于施工安全防护用具及设施的采购和更新、安全施工措施的落实和安全生产条件的改善，不得挪作他用。

6. 安全技术措施及方案审批、变更管理

（1）安全技术措施及方案审批管理。

① 一般工程安全技术措施及方案由项目经理部项目工程师审核，项目经理部技术负责人审

批，报公司管理部、安全部备案。

② 重要工程安全技术措施及方案由项目经理部技术负责人审批，公司管理部、安全部复核，由公司技术发展部或公司工程师部委托技术人员审批，并在公司管理部、安全部备案。

③ 大型、特大工程安全技术措施及方案，由项目经理部技术负责人组织编制，报公司技术发展部、管理部、安全部审核。按《建设工程安全生产管理条例》规定，深基坑、高大模板工程、地下暗挖工程等必须进行专家论证审查，经同意后方可实施。

（2）安全技术措施及方案变更管理。

① 施工过程中如发生设计变更，原定的安全技术措施也必须随着变更，否则不准施工。

② 施工过程中确实需要修改拟定的安全技术措施时，必须经编制人同意，并办理修改审批手续。

1.3.3 安全技术交底

1. 安全技术交底的概念

安全技术交底是指将预防和控制安全事故发生，减少其危害的安全技术措施以及工程项目、分部分项工程概况向作业班组、作业人员所做的说明。安全技术交底制度是施工单位有效预防违章指挥、违章作业和伤亡事故发生的一种有效措施。

2. 安全技术交底的一般规定

（1）安全技术交底实行分级交底制度。开工前，项目技术负责人要将工程概况、施工方法、安全技术措施等情况向工地负责人、工长交底，必要时向全体职工进行交底。工长安排班组长工作前，必须进行书面的安全技术交底。两个以上施工队和工种配合时，工长应按工程进度定期或不定期向有关班组长进行交叉作业的安全交底。班组长应每天对工人进行施工要求、作业环境等全方面交底。

（2）结构复杂的分部分项工程施工前，项目经理、技术负责人应有针对性地进行全面、详细的安全技术交底。

3. 安全技术交底的基本要求

（1）项目经理部必须实行逐级安全技术交底制度，纵向延伸到班组全体作业人员。

（2）交底必须具体、明确、针对性强。

（3）应将工程概况、施工方法、施工程序、安全技术措施等向工长、班组长、作业人员进行详细交底。

（4）交底要依据施工组织设计和分部分项安全施工方案安全技术措施的内容，以及分部分项工程施工给作业人员带来的潜在危险因素，就作业要求和施工中应注意的安全事项有针对性地进行交底。

（5）各工种的安全技术交底一般与分部分项工程安全技术交底同步进行。对施工工艺复杂、施工难度较大或作业条件危险的，应当单独进行各工种的安全技术交底。

（6）定期向由两个以上作业队伍和多工种进行交叉施工的作业队伍进行书面交底。

（7）交底应当采用书面形式。
（8）交底双方应当签字确认。

4. 安全技术交底的主要内容

（1）工程项目和分部分项工程的概况。
（2）工程项目和分部分项工程的危险部位。
（3）针对危险部位采取的具体防范措施。
（4）作业中应注意的安全事项。
（5）作业人员应遵守的安全操作规程和规范。
（6）作业人员发现事故隐患后应采取的措施。
（7）发生事故后应及时采取的避险和急救措施。

1.4 文明施工与安全标志管理

1.4.1 文明施工的基本条件与要求

1. 文明施工的概念

文明施工是指工程建设实施过程中，保持施工现场良好的作业环境、卫生环境和工作秩序。施工现场文明施工的管理范围既包括施工作业区的管理，也包括办公区和生活区的管理。

文明施工主要包括以下几个方面的内容。

（1）规范施工现场的场容，保持作业环境的整洁卫生。
（2）科学组织施工，使生产有序进行。
（3）减少施工对周围居民和环境的影响。
（4）保证职工的安全和身体健康。

2. 文明施工的基本条件

（1）有整套的施工组织设计（或施工方案）。
（2）有健全的施工指挥系统及岗位责任制度。
（3）工序衔接交叉合理，交接责任明确。
（4）有严格的成品保护措施和制度。
（5）大小临时设施和各种材料、构件、半成品按平面布置堆放整齐。
（6）施工场地平整，道路畅通，排水设施得当，水电线路整齐。
（7）机具设备状况良好，使用合理，施工作业符合消防和安全要求。

3. 文明施工基本要求

（1）工地主要入口要设置简朴规整的大门，门旁必须设立明显的标牌，标明工程名称、施工单位及工程负责人姓名等内容。

（2）施工现场建立文明施工责任制，划分区域，明确管理负责人，实行挂牌制度，做到现场清洁整齐。

（3）施工现场场地平整，道路坚实畅通，有排水措施，基础、地下管道施工完后应及时回填平整，清除积土。

（4）现场施工临时水电要有专人管理，不得有长流水、长明灯。

（5）施工现场的临时设施，包括生产、办公、生活用房、料场、仓库、临时上下水管道以及照明、动力线路，要严格按照施工组织设计确定的施工平面图布置、搭设或埋设整齐。

（6）工人操作地点及周围必须清洁整齐，做到工完场地清，及时清除在楼梯、楼板上的杂物。

（7）砂浆、混凝土在搅拌、运输、使用过程中，要做到不洒、不漏、不剩，使用地点盛放砂浆、混凝土应有容器或垫板。

（8）要有严格的成品保护措施，禁止损坏污染成品，堵塞管道。高层建筑要设置临时便桶，禁止在建筑物内大小便。

（9）建筑物内清除的垃圾渣土，要通过临时搭设的竖井或利用电梯井或采取其他措施稳妥下卸，禁止从门窗向外抛掷。

（10）施工现场不准乱堆垃圾及余物，应在适当地点设置临时堆放点，并定期外运。清运渣土垃圾及流体物品，要采取遮盖防漏措施，运送途中不得遗撒。

（11）根据工程性质和所在地区的不同情况，采取必要的围护和遮挡措施，并保持外观整齐清洁。

（12）针对施工现场情况，设置宣传标语和黑板报，并适时更换内容，切实起到表扬先进、促进后进的作用。

（13）施工现场禁止居住家属，严禁居民、家属、小孩在施工现场穿行、玩耍。

（14）现场使用的机械设备，要按平面布置规划固定点存放，遵守机械安全规程，经常保持机身及周围环境的清洁，机械的标记、编号明显，安全装置可靠。

（15）清洗机械排出的污水要有排放措施，不得随地排放。

（16）在用的搅拌机、砂浆机旁必须设有沉淀池，不得将浆水直接排放到下水道及河流等处。

（17）塔机轨道按规定铺设整齐稳固，塔边要封闭，道渣不外溢，路基内外排水畅通。

（18）施工现场应建立不扰民措施，针对施工特点设置防尘和防噪声设施，夜间施工必须有当地主管部门的批准。

1.4.2 文明施工管理的内容

1. 现场围挡

（1）施工现场必须采用封闭围挡，并根据地质、气候、围挡材料进行设计与计算，确保围挡的稳定性、安全性。

（2）围挡高度不得小于 1.8 m，建造多层、高层建筑的，还应设置安全防护设施。在市区主要路段和市容景观道路及机场、码头、车站广场设置的围挡高度不得低于 2.5 m，在其他路段设置的围挡高度不得低于 1.8 m。

（3）施工现场的施工区域应与办公、生活区划分清晰，并应采取相应的隔离措施。

（4）围挡使用的材料应保证围挡坚固、整洁、美观，不宜使用彩布条、竹笆或安全网等。

（5）市政工程现场，可按工程进度分段设置围栏，或按规定使用统一的连续性围挡设施。

（6）施工单位不得在现场围挡内侧堆放泥土、砂石、建筑材料、垃圾和废弃物等，严禁将围挡做挡土墙使用。

（7）在经批准临时占用的区域，应严格按批准的占地范围和使用性质存放、堆卸建筑材料或机具设备等，临时区域四周应设置高于 1 m 的围挡。

（8）在有条件的工地，四周围墙、宿舍外墙等地方，应张挂、书写反映企业精神、时代风貌及人性化的醒目宣传标语或绘画。

（9）雨后、大风后以及冻融季节应及时检查围挡的稳定性，发现问题及时处理。

2. 封闭管理

（1）施工现场进出口应设置固定的大门，且要求牢固、美观，门斗按规定设置企业名称或标志（施工现场的门斗、大门，各企业应统一标准，施工企业可根据各自的特色，标明集团、企业的规范简称）。

（2）门口要设置专职门卫或保安人员，并制定门卫管理制度，来访人员应进行登记，禁止外来人员随意出入，所有进出材料或机具要有相应的手续。

（3）进入施工现场的各类工作人员应按规定佩戴工作胸卡和安全帽。

3. 施工场地

（1）施工现场的主要道路必须进行硬化处理，土方应集中堆放。集中堆放的土方和裸露的场地应采取覆盖、固化或绿化等措施。

（2）现场内各类道路应保持畅通。

（3）施工现场地面应平整，且应有良好的排水系统，保持排水畅通。

（4）制定防止泥浆、污水、废水外流以及堵塞排水管沟和河道的措施，实行三级沉淀、二级排放。

（5）工地应按要求设置吸烟处，有烟缸或水盆，禁止流动吸烟。

（6）现场存放的油料、化学溶剂等易燃易爆物品，应按分类要求放置于专门的库房内，地面应进行防渗漏处理。

（7）施工现场地面应经常洒水，对粉尘源进行覆盖或其他有效遮挡。

（8）施工现场长期裸露的土质区域，应进行力所能及的绿化布置，以美化环境，并防止扬尘现象。

4. 材料堆放

（1）施工现场各种建筑材料、构件、机具应按施工总平面布置图的要求堆放。

（2）材料堆放要按照品种、规格堆放整齐，并按规定挂置名称、品种、产地、规格、数量、进货日期等内容及状态（已检合格、待检、不合格等）的标牌。

（3）工作面每日应做到工完料清、场地净。

（4）建筑垃圾应在指定场所堆放整齐并标出名称、品种，并做到及时清运。

5. 职工宿舍

（1）职工宿舍要符合文明施工的要求，在建建筑物内不得兼作员工宿舍。

（2）生活区应保持整齐、整洁、有序、文明，并符合安全、消防、防台风、防汛、卫生防疫、环境保护等方面的要求。

（3）宿舍应设置在通风、干燥、地势较高的位置，防止污水、雨水流入。

（4）宿舍内应保证有必要的生活空间，室内净高不得小于2.4 m，通道宽度不得小于0.9 m，每间宿舍居住人员不得超过16人。

（5）施工现场宿舍必须设置可开启式窗户，宿舍内的床铺不得超过2层，严禁使用通铺。

（6）宿舍内应设置生活用品专柜，有条件的宿舍宜设置生活用品储藏室。

（7）宿舍内严禁存放施工材料、施工机具和其他杂物。

（8）宿舍周围应当搞好环境卫生，按要求设置垃圾桶、鞋柜或鞋架，生活区内应提供为作业人员晾晒衣物的场地。

（9）宿舍外道路应平整，并尽可能地使夜间有足够的照明。

（10）冬季，北方严寒地区的宿舍应有保暖和防止煤气中毒措施；夏季，宿舍应有消暑和防蚊虫叮咬措施。

（11）宿舍不得留宿外来人员，特殊情况必须经有关领导及行政主管部门批准方可留宿，并报保卫人员备查。

（12）考虑到员工家属的来访，宜在宿舍区设置适量固定的亲属探亲宿舍。

（13）应当制定职工宿舍管理责任制，安排人员轮流负责生活区的环境卫生和管理，或安排专人管理。

6. 现场防火

（1）施工现场应建立消防安全管理制度、制定消防措施，施工现场临时用房和作业场所的防火设计应符合规范要求。

（2）根据消防要求，在不同场所合理配置种类合适的灭火器材；严格管理易燃、易爆物品，设置专门仓库存放。

（3）施工现场主要道路必须符合消防要求，并时刻保持畅通。

（4）高层建筑应按规定设置消防水源，并能满足消防要求，坚持安全生产的“三同时”。

（5）施工现场防火必须建立防火安全组织机构、义务消防队，明确项目负责人、其他管理人员及各操作人员的防火安全职责，落实防火制度和措施。

（6）施工现场需动用明火作业的，如电焊、气焊、气割、黏结防水卷材等，必须严格执行三级动火审批手续，并落实动火监护和防范措施。

（7）应按施工区域或施工层合理划分动火级别，动火必须具有“二证一器一监护”（焊工证、动火证、灭火器、监护人）。

（8）建立现场防火档案，并纳入施工资料管理。

7. 现场治安综合治理

（1）生活区应按精神文明建设的要求设置学习和娱乐场所，如电视机室、阅览室和其他文体活动场所，并配备相应器具。

（2）建立健全现场治安保卫制度，责任落实到人。

（3）落实现场治安防范措施，杜绝盗窃、斗殴、赌博等违法乱纪事件发生。

（4）加强现场治安综合治理，做到目标管理、职责分明，治安防范措施有力，重点要害部位防范措施到位。

（5）与施工现场的分包队伍须签订治安综合治理协议书，并加强法制教育。

8. 施工现场标牌

（1）施工现场入口处的醒目位置，应当公示“五牌一图”（工程概况牌、管理人员名单及监督电话牌、消防保卫牌、安全生产牌、文明施工牌、施工现场总平面布置图），标牌书写字迹要工整规范，内容要简明实用。标志牌规格：宽 1.2 m、高 0.9 m，标牌底边距地高为 1.2 m。

（2）《建筑施工安全检查标准》对“五牌”的具体内容未作具体规定，各企业可结合本地区、本工程的特点进行设置，也可以增加应急程序牌、卫生须知牌、卫生包干图、管理程序图、施工的安民告示牌等内容。

（3）在施工现场的明显处，应有必要的安全内容的标语，标语尽可能地考虑使用人性化的语言。

（4）施工现场应设置“两栏一报”（即宣传栏、读报栏和黑板报），应及时反映工地内外各类动态。

（5）按文明施工的要求，宣传教育用字须规范，不使用繁体字和不规范的词句。

9. 生活设施

（1）卫生设施。

① 施工现场应设置水冲式或移动式卫生间。卫生间地面应作硬化和防滑处理，门窗应齐全，蹲位之间宜设置隔板，隔板高度不宜低于 0.9 m。

② 卫生间大小应根据作业人员的数量设置。高层建筑施工超过 8 层以后，每隔 4 层宜设置临时卫生间，卫生间应设专人负责清扫、消毒，防止蚊蝇孳生，化粪池应及时清理。

③ 淋浴间内应设置满足需要的淋浴喷头，可设置储衣柜或挂衣架，并保证 24 h 的热水供应。

④ 盥洗设施设置应满足作业人员使用要求，并应使用节水用具。

（2）现场食堂。

① 现场食堂必须有卫生许可证，炊事人员必须持身体健康证上岗。

② 现场食堂应设置独立的制作间、储藏间，门扇下方应设不低于 0.2 m 的防鼠挡板。

③ 现场食堂应设在远离卫生间、垃圾站、有毒有害场所等污染源的地方。

④ 制作间灶台及其周边应贴瓷砖，所贴瓷砖高度不宜低于 1.5 m，地面应作硬化和防滑处理。

⑤ 粮食存放台与墙和地面的距离不得小于0.2 m。

⑥ 现场食堂应配备必要的排风和冷藏设施。

⑦ 现场食堂的燃气罐应单独设置存放间，存放间应通风良好并严禁存放其他物品。

⑧ 现场食堂制作间的炊具宜存放在封闭的橱柜内，刀、盆、案板等炊具应生熟分开，食品应有遮盖，遮盖物品正面应有标识。

⑨ 各种食用调料和副食应存放在密闭器皿内，并应有标识。

⑩ 现场食堂外应设置密闭式泔水桶，并应及时清运。

（3）其他要求。

① 落实卫生责任制及各项卫生管理制度。

② 生活区应设置开水炉、电热水器或饮用水保温桶，施工区应配备流动保温水桶。

③ 生活垃圾应有专人管理，分类盛放于有盖的容器内，并及时清运，严禁与建筑垃圾混放。

10. 保健急救

（1）施工现场应按规定设置医务室或配备符合要求的急救箱，医务人员对现场卫生要起到监督作用，定期检查食堂饮食卫生情况。

（2）落实急救措施和急救器材（如担架、绷带、夹板等）。

（3）培训急救人员，掌握急救知识，进行现场急救演练。

（4）适时开展卫生防病和健康宣传教育，保障施工人员身心健康。

11. 社区服务

（1）制定并落实防止粉尘飞扬和降低噪声的方案或措施。

（2）夜间施工除应按当地有关部门的规定执行许可证制度外，还应张挂安民告示牌。

（3）严禁现场焚烧有毒、有害物质。

（4）切实落实各类施工不扰民措施，消除泥浆、噪声、粉尘等影响周边环境的因素。

1.4.3 施工现场环境保护

环境保护也是文明施工的主要内容之一，是按照法律法规、各级主管部门和企业的要求，采取措施保护和改善作业现场的环境，控制现场的各种粉尘、废水、废气、固体废弃物、噪声、振动等对环境的污染和危害。

1. 大气污染的防治

（1）产生大气污染的施工环节。

① 引起扬尘污染的施工环节。

Ⅰ. 土方施工及土方堆放过程中的扬尘。

Ⅱ. 搅拌桩、灌注桩施工过程中的水泥扬尘。

Ⅲ. 建筑材料（砂、石、水泥等）堆场的扬尘。

Ⅳ. 混凝土、砂浆拌制过程中的扬尘。

Ⅴ. 脚手架和模板安装、清理和拆除过程中的扬尘。

Ⅵ．木工机械作业的扬尘。

Ⅶ．钢筋加工、除锈过程中的扬尘。

Ⅷ．运输车辆造成的扬尘。

Ⅸ．砖、砌块、石等切割加工作业的扬尘。

Ⅹ．道路清扫的扬尘。

Ⅺ．建筑材料装卸过程中的扬尘。

Ⅻ．建筑和生活垃圾清扫的扬尘等。

② 引起空气污染的施工环节。

Ⅰ．某些防水涂料施工过程中的污染。

Ⅱ．有毒化工原料使用过程中的污染。

Ⅲ．油漆涂料施工过程中的污染。

Ⅳ．施工现场的机械设备、车辆的尾气排放的污染。

Ⅴ．工地擅自焚烧废弃物对空气的污染等。

（2）防止大气污染的主要措施。

① 施工现场的渣土要及时清理出现场。

② 施工现场作业场所内建筑垃圾的清理，必须采用相应容器、管道运输或采用其他有效措施。严禁凌空抛掷。

③ 施工现场的主要道路必须进行硬化处理，并指定专人定期洒水清扫，防止道路扬尘，并形成制度。

④ 土方应集中堆放。裸露的场地和集中堆放的土方应采取覆盖、固化或绿化等措施。

⑤ 渣土和施工垃圾运输时，应采用密闭式运输车辆或采取有效的覆盖措施。施工现场出入口处应采取保证车辆清洁的措施。

⑥ 施工现场应使用密目式安全网对施工现场进行封闭，防止施工过程扬尘。

⑦ 对细粒散状材料（如水泥、粉煤灰等）应采用遮盖、密闭措施，防止和减少尘土飞扬。

⑧ 对进出现场的车辆应采取必要的措施，消除扬尘、抛撒和夹带现象。

⑨ 许多城市已不允许现场搅拌混凝土。在允许搅拌混凝土或砂浆的现场，应将搅拌站封闭严密，并在进料仓上方安装除尘装置，采取可靠措施控制现场粉尘污染。

⑩ 拆除既有建筑物时，应采用隔离、洒水等措施防止扬尘，并应在规定期限内将废弃物清理完毕。

⑪ 施工现场应根据风力和大气湿度的具体情况，确定合适的作业时间及内容。

⑫ 施工现场应设置密闭式垃圾站。施工垃圾、生活垃圾应分类存放，并及时清运。

⑬ 施工现场的机械设备、车辆的尾气排放应符合国家环保排放标准要求。

⑭ 城区、旅游景点、疗养区、重点文物保护地及人口密集区的施工现场应使用清洁的能源。

⑮ 施工时遇到有毒化工原料，除施工人员做好安全防护外，应按相关要求做好环境保护。

⑯ 除设有符合要求的装置外，严禁在施工现场焚烧各类废弃物以及其他会产生有毒、有害烟尘和恶臭的物质。

2. 噪声污染的防治

（1）引起噪声污染的施工环节。

① 施工现场人员大声的喧哗。

② 各种施工机具的运行和使用。

③ 安装及拆卸脚手架、钢筋、模板等。

④ 爆破作业。

⑤ 运输车辆的往返及装卸。

（2）防治噪声污染的措施。施工现场噪声的控制技术可从声源、传播途径、接收者防护等方面考虑。

① 声源控制。从声源上降低噪声，这是防止噪声污染的根本措施。具体措施是：

Ⅰ. 尽量采用低噪声设备和工艺替代高噪声设备和工艺，如低噪声振动器、电动空压机、电锯等。

Ⅱ. 在声源处安装消声器消声，如在通风机、鼓风机、压缩机以及各类排气装置等进出风管的适当位置安装消声器。

② 传播途径控制。在传播途径上控制噪声的方法主要有：

Ⅰ. 吸声。利用吸声材料或吸声结构形成的共振结构吸收声能，降低噪声。

Ⅱ. 隔声。应用隔声结构，阻止噪声向空间传播，将接收者与噪声声源分隔。隔声结构包括隔声室、隔声罩、隔声屏障、隔声墙等。

Ⅲ. 消声。利用消声器阻止传播，如对空气压缩机、内燃机等。

Ⅳ. 减振降噪。对来自振动引起的噪声，通过降低机械振动减少噪声，如将阻尼材料涂在制动源上，或改变振动源与其他刚性结构的连接方式等。

Ⅴ. 严格控制人为噪声。进入施工现场不得高声叫喊、无故敲打模板、乱吹口哨，限制高音喇叭的使用，最大限度地减少噪声扰民。

③ 接收者防护。让处于噪声环境下的人员使用耳塞、耳罩等防护用品，减少相关人员在噪声环境中的暴露时间，以减轻噪声对人体的危害。

④ 控制强噪声作业时间。凡在人口稠密区进行强噪声作业时，必须严格控制作用时间，一般在22时至次日6时期间（夜间）停止打桩作业等强噪声作业。确系特殊情况必须昼夜施工时，建设单位和施工单位应于15日前，到环境保护和建设行政主管等部门提出申请，经批准后方可进行夜间施工，并会同居委会或村委会，公告附近居民，并做好周围群众的安抚工作。

⑤ 施工现场噪声的限值。施工现场的噪声不得超过国家标准《建筑施工场界噪声限值》的规定。

⑥ 施工单位应对施工现场的噪声值进行监控和记录。

3. 水污染的防治

（1）引起水污染的施工环节。

① 桩基础施工、基坑护壁施工过程的泥浆。

② 混凝土（砂浆）搅拌机械、模板、工具的清洗产生的泥浆污水。

③ 现场制作水磨石施工的泥浆。

④ 油料、化学溶剂泄漏。

⑤ 生活污水。

⑥ 将有毒废弃物掩埋于土中等。

（2）防治水污染的主要措施。

① 回填土应过筛处理。严禁将有害物质掩埋于土中。

② 施工现场应设置排水沟和沉淀池。现场废水严禁直接排入市政污水管网和河流。

③ 现场存放的油料、化学溶剂等应设有专门的库房。库房地面应进行防渗漏处理。使用时，还应采取防止油料和化学溶剂跑、冒、滴、漏的措施。

④ 卫生间的地面、化粪池等应进行抗渗处理。

⑤ 食堂、盥洗室、淋浴间的下水管线应设置隔离网，并应与市政污水管线连接，保证排水通畅。

⑥ 食堂应设置隔油池，并应及时清理。

4. 固体废弃物污染的防治

固体废弃物是指生产、日常生活和其他活动中产生的固态、半固态废弃物质。固体废弃物是一个极其复杂的废物体系。按其化学组成可分为有机废弃物和无机废弃物，按其对环境和人类的危害程度可分为一般废弃物和危险废弃物。固体废弃物对环境的危害是全方位的，主要会侵占土地、污染土壤、污染水体、污染大气、影响环境卫生等。

（1）建筑施工现场常见的固体废弃物。

① 建筑渣土，包括砖瓦、碎石、混凝土碎块、废钢铁、废屑、废弃装饰材料等。

② 废弃材料，包括废弃的水泥、石灰等。

③ 生活垃圾，包括炊厨废物、丢弃食品、废纸、废弃生活用品等。

④ 设备、材料等的废弃包装材料等。

（2）固体废弃物的处置。固体废弃物处理的基本原则是采取资源化、减量化和无害化处理，对固体废弃物产生的全过程进行控制。固体废弃物的主要处理方法有：

① 回收利用。回收利用是对固体废弃物进行资源化、减量化的重要手段之一。对建筑渣土可视具体情况加以利用；废钢铁可按需要用做金属原材料；对废电池等废弃物应分散回收，集中处理。

② 减量化处理。减量化处理是对已经产生的固体废弃物进行分选、破碎、压实浓缩、脱水等减少其最终处置量，降低处理成本，减少对环境的污染。在减量化处理的过程中，也包括和其他处理技术相关的工艺方法，如焚烧、解热、堆肥等。

③ 焚烧技术。焚烧用于不适合再利用且不宜直接予以填埋处置的固体废弃物，尤其是对受到病菌、病毒污染的物品，可以用焚烧进行无害化处理。焚烧处理应使用符合环境要求的处理装置，注意避免对大气的二次污染。

④ 稳定和固化技术。稳定和固化技术是指利用水泥、沥青等胶结材料，将松散的固体废弃物包裹起来，减小废弃物的毒性和可迁移性，使得污染减少的技术。

⑤ 填埋。填埋是固体废弃物处理的最终补救措施，经过无害化、减量化处理的固体废弃物残渣集中到填埋场进行处置。填埋场应利用天然或人工屏障，尽量使需处理的废物与周围的生态环境隔离，并注意废物的稳定性和长期安全性。

5. 照明污染的防治

夜间施工应当严格按照建设行政主管部门和有关部门的规定，对施工照明器具的种类、灯光亮度加以严格控制，特别是在城市市区、居民居住区内，必须采取有效的措施，减少施工照明对附近城市居民的危害。

1.4.4 文明工地的创建

1. 确定文明工地管理目标

创建文明工地是建筑施工企业提高企业形象，深入贯彻以人为本、构建和谐社会的重要举措，确定文明工地管理目标又是实现文明工地的先决条件。

（1）确定文明工地管理目标时，应考虑的因素。

① 工程项目自身的危险源与不利环境因素识别、评价和防范措施。

② 适用法规、标准、规范和其他要求的选择和确定。

③ 可供选择的技术和组织方案。

④ 生产经营管理上的要求。

⑤ 社会相关方（社区居委会或村民委员会、居民、毗邻单位等）的意见和要求。

（2）文明工地管理目标。工程项目部创建文明工地，管理目标一般应包括：

① 安全管理目标。

Ⅰ. 伤、亡事故控制目标。

Ⅱ. 火灾、设备事故、管线事故以及传染病传播、食物中毒等重大事故控制目标。

Ⅲ. 标准化管理目标。

② 环境管理目标。

Ⅰ. 文明工地管理目标。

Ⅱ. 重大环境污染事件控制目标。

Ⅲ. 扬尘污染物控制目标。

Ⅳ. 废水排放控制目标。

Ⅴ. 噪声控制目标。

Ⅵ. 固体废弃物处置目标。

Ⅶ. 社会相关方投诉的处理情况。

2. 建立创建文明工地的组织机构

工程项目经理部要建立以项目经理为第一责任人的创建文明工地责任体系，建立健全文明工地管理组织机构。

（1）工程项目部文明工地领导小组，由项目经理、项目副经理、项目技术负责人以及安全、技术、施工等主要部门（岗位）负责人组成。

（2）文明工地工作小组主要包括以下工作小组。

① 综合管理工作小组。

② 安全管理工作小组。

③ 质量管理工作小组。

④ 环境保护工作小组。

⑤ 卫生防疫工作小组。

⑥ 季节性灾害防范工作小组等。

各地还可以根据当地气候、环境、工程特点等因素建立相关工作小组。

3. 制定创建文明工地的规划措施及实施要求

（1）规划措施。文明施工规划措施应与施工规划设计同时按规定进行审批。主要包括以下规划措施。

① 施工现场平面划分与布置。

② 环境保护方案。

③ 现场预防安全事故措施。

④ 卫生防疫措施。

⑤ 现场保安措施。

⑥ 现场防火措施。

⑦ 交通组织方案。

⑧ 综合管理措施。

⑨ 社区服务。

⑩ 应急救援预案等。

（2）实施要求。工程项目部在开工后，应严格按照文明施工方案（措施）组织施工，并对施工现场管理实施控制。

工程项目部应将有关文明施工的规划，向社会张榜公示，告知开、竣工日期、投诉和监督电话，自觉接受社会各界的监督。

工程项目部要强化全体员工教育，提高全员安全生产和文明施工的素质。工程项目部可利用横幅、标语、黑板报等形式，加强有关文明施工的法律、法规、规程、标准的宣传工作，使得文明施工深入人心。

工程项目部在对施工人员进行安全技术交底时，必须将文明施工的有关要求同时进行交底，并在施工作业时督促其遵守相关规定，高标准、严要求地做好文明工地创建工作。

4. 加强创建过程的控制与检查

对创建文明工地规划措施的执行情况，工程项目部要严格执行日常巡查和定期检查制度，检查工作要从工程开工做起，直至竣工交验为止。

工程项目部每月检查应不少于四次。检查应依据国家、行业、地方和企业等有关规定，对施工现场的安全防护措施、环境保护措施、文明施工责任制以及各项管理制度等落实情况进行重点检查。

在检查中发现的一般安全隐患和违反文明施工的现象，要按“三定”（定人、定期限、定措施）原则予以整改；对各类重大安全隐患和严重违反文明施工的现象，项目部必须认真地进行原因分析，制订纠正和预防措施，并对实施情况进行跟踪检查。

5. 文明工地的评选

施工企业内部的文明工地评选，应参照有关文明工地检查评分标准以及本企业有关文明工地评选规定进行。

参加省、市级文明工地的评选，应按照本行政区域内建设行政主管部门的有关规定，实行预申报与推荐相结合、定期检查与不定期抽查相结合的方式进行评选。

（1）申报文明工地的工程，应提交的书面资料包括以下内容。

① 工程中标通知书。

② 施工现场安全生产保证体系审核认证通过证书。

③ 安全标准化管理工地结构阶段复验合格审批单。

④ 文明工地推荐表。

⑤ 设区市建筑安全监督机构检查评分资料一式一份。

⑥ 省级建筑施工文明工地申报表一式两份。

⑦ 工程所在地建设行政主管部门规定的其他资料。

（2）在创建省级文明工地项目过程中，在建项目有下列情况之一的，取消省级文明工地评选资格。

① 发生重大安全责任事故的。

② 省、市建设行政主管部门随机抽查分数低于70分的。

③ 连续两次考评分数低于85分的。

④ 有违法违纪行为的。

1.4.5 安全标志的管理

1. 安全色与安全标志的规定

（1）安全色。安全色是传递安全信息含义的颜色，用来表示禁止、警告、指令、指示等，其作用在于使人们能迅速发现或分辨安全标志，提醒人们注意，预防事故发生。安全色包括红、蓝、黄、绿四种颜色。

① 红色表示禁止、停止、消防和危险。

② 蓝色表示指令必须遵守。

③ 黄色表示注意、警告。

④ 绿色表示通行、安全和提供信息。

（2）安全标志。安全标志是用以表达特定安全信息的标志，由图形符号、安全色、几何形状（边框）或文字构成。安全标志的作用，主要在于引起人们对不安全因素的注意，预防事故发生，但不能代替安全操作规程和防护措施。

安全标志分禁止标志、警告标志、指令标志和提示标志四大类型。

① 禁止标志。

Ⅰ. 禁止标志是禁止人们不安全行为的图形标志。

Ⅱ. 禁止标志的基本形式是红色的带斜杠的圆边框，圆边框内的图形或文字为黑色，如禁止烟火标志（见图1-1）。

Ⅲ. 文字辅助标志横写时应写在禁止标志的下方。禁止标志文字为白色字红色底。

② 警告标志。

Ⅰ. 警告标志是提醒人们对周围环境引起注意，以避免可能发生危险的图形标志。

Ⅱ. 警告标志的基本形式是黑色的正三角形边框。正三角形边框内的图形为黑色图黄色底，如当心坠落标志（见图 1-2）。

Ⅲ. 文字辅助标志横写时应写在警告标志的下方。警告标志文字为黑色字黄色底。

③ 指令标志。

Ⅰ. 指令标志是强制人们必须做出某种动作或采用防范措施的图形标志。

Ⅱ. 指令标志的基本形式是蓝色的圆形边框，框内图形为白色图蓝色底，如必须戴安全帽标志（见图 1-3）。

Ⅲ. 文字辅助标志横写时应写在标志的下方。指令标志文字为白色字蓝色底。

④ 提示标志。

Ⅰ. 提示标志是向人们提供某种信息（如标明安全设施或场所等）的图形标志。

Ⅱ. 提示标志的基本形式是正方形边框，如当心坠落标志（见图 1-4）。

图 1-1 禁止烟火标志

图 1-2 当心坠落标志

图 1-3 必须戴安全帽标志

图 1-4 当心坠落标志

Ⅲ. 提示标志提示目标的位置时要加方向辅助标志。按实际需要指示左向或下向时，辅助标志应放在图形标志的左方；指示右向时，则应放在图形标志的右方，如应用方向辅助标志示例（见图 1-5）。

图 1-5 应用方向辅助标志示例

2. 安全标志的设置要求

（1）根据工程特点及施工不同阶段，有针对性的设置安全标志。

（2）必须使用国家或省市统一的安全标志（符合《安全标志及其使用守则》GB 2894—2008 规定）。补充标志是安全标志的文字说明，必须与安全标志同时使用。

（3）各施工阶段的安全标志应是根据工程施工的具体情况进行增补或删减，其变动情况可在安全标志登记表中注明。

（4）标志牌应设在与安全有关的醒目地方，并使大家看见后，有足够的时间来注意它所表示的内容。

（5）施工现场安全标志的设置应按表 1-1 所示位置设置，并绘制安全标志设置位置平面图。

（6）标志牌不应设在门、窗、架等可移动的物体上，以免标志牌随母体物体相应移动，影响认读。

（7）标志牌应设置在明亮的环境中，牌前不得放置妨碍认读的障碍物。

表 1-1　　施工现场安全标志的设置

类别		位置
禁止类（红色）	禁止吸烟	材料库房、成品库、油料堆放处、易燃易爆场所、材料场地、木工棚、施工现场、打字复印室
	禁止通行	外架拆除、坑、沟、洞、槽、吊钩下方、危险部位
	禁止攀登	外用电梯出口、通道口、马道出入口
	禁止跨越	首层外架四面、栏杆、未验收的外架
指令类（蓝色）	必须戴安全帽	外用电梯出入口、现场大门口、吊钩下方、危险部位、马道出入口、通道口、上下交叉作业
	必须系安全带	现场大门口、马道出入口、外用电梯出入口、高处作业场所、特种作业场所
	必须穿防护服	通道口、马道出入口、外用电梯出入口、电焊作业场所、油漆防水施工场所
	必须戴防护眼镜	马道出入口、外用电梯出入口、通道出入口、车工操作间、焊工操作场所、抹灰操作场所、机械喷漆场所、修理间、电镀车间、钢筋加工场所
警告类（黄色）	当心弧光	焊工操作场所
	当心塌方	坑下作业场所、土方开挖
	机械伤人	机械操作场所、电锯、电钻、电刨、钢筋加工现场、机械修理场所
提示类（绿色）	安全状态通行	安全通道、行人车辆通道、外架施工层防护、人行通道、防护棚

（8）多个标志牌在一起设置时，应按警告、禁止、指令、提示类型的顺序，先左后右、先上后下地排列。

（9）标志牌设置的高度，应尽量与人眼的视线高度相一致。悬挂式和柱式的环境信息标志牌的下边缘距地面的高度不宜小于 2 m；局部信息标志的设置高度应视具体情况确定，一般为 1.6～1.8 m。

（10）安全标志牌应经常检查，至少每半年检查一次，如发现有破损、变形、褪色等不符合要求时应及时修整或更换。

1.5 安全教育与安全活动

1.5.1 安全教育

1. 安全生产教育培训制度

施工单位应当建立健全安全生产教育培训制度。安全生产教育培训制度的主要内容包括：

意义和目的、种类和对象、内容和要求、培训大纲、教材、学时、形式和方法、师资、教学设备、教具、实践教学、登记、考核和教育培训档案等。

（1）意义和目的。

① 安全教育的意义。

Ⅰ．安全教育是掌握各种安全知识、避免职业危害的主要途径。

Ⅱ．安全教育是企业发展的需要。

Ⅲ．安全教育是适应企业人员结构变化的需要。

Ⅳ．安全教育是搞好安全管理的基础性工作。

Ⅴ．安全教育是发展、弘扬企业安全文化的需要。

Ⅵ．安全教育是安全生产向广度和深度发展的需要。

② 安全教育的目的。

Ⅰ．提高全员安全素质。

Ⅱ．提高企业安全管理水平。

Ⅲ．防止事故发生，实现安全生产。

（2）安全教育的对象。

按照《建筑业企业职工安全培训教育暂行规定》（建教【1997】83 号）要求，建筑业企业职工每年必须接受一次专门的安全培训。

① 企业法定代表人、项目经理。每年接受安全培训的时间，不得少于 30 学时。

② 企业专职安全管理人员。取得岗位合格证书并持证上岗后，每年必须接受安全专业技术业务培训，时间不得少于 40 学时。

③ 企业其他管理人员和技术人员。每年接受安全培训的时间，不得少于 20 学时。

④ 企业特殊工种（包括电工、焊工、架子工、司炉工、爆破工、机械操作工、起重工、塔机司机及指挥人员、人货两用电梯司机等）。在通过专业技术培训并取得岗位操作证后，每年必须接受有针对性的安全培训，时间不得少于 20 学时。

⑤ 企业其他职工。每年接受安全培训的时间，不得少于 15 学时。

⑥ 企业待岗、转岗、换岗的职工。在重新上岗前，必须接受一次安全培训，时间不得少于 20 学时。

⑦ 建筑业企业新进场的工人（包括合同工、临时工、学徒工、实习人员、代培人员等）必须接受公司、项目部（或工区、工程处、施工队）、班组的“三级”安全培训教育，培训分别不得少于 15 学时、15 学时和 20 学时，并经考核合格后，方能上岗。

（3）安全教育的种类。

① 按教育的内容分类。安全教育主要有五个方面的内容，即安全法制教育、安全思想教育、安全知识教育、安全技能教育和事故案例教育，这些内容是互相结合、互相穿插、各有侧重的，形成安全教育生动、触动、感动和带动的连锁效应。

② 按教育的时间分类。可以分为采用“五新”（新技术、新工艺、新产品、新设备、新材料）时的安全教育、经常性的安全教育、季节性施工的安全教育和节假日加班的安全教育等。

（4）安全教育的形式。

① 召开会议。如安全培训、安全讲座、报告会、先进经验交流、安全现场会、展览会、知识竞赛等。

② 报刊宣传。订阅或编制安全生产方面的书报或刊物，也可编制一些安全宣传的小册子等。

③ 音像制品。如电影、电视、VCD 片、音像等。

④ 文艺演出。如小品、相声、短剧、快板、评书等。

⑤ 图片展览。如安全专题展览、板报等。

⑥ 悬挂标牌或标语。如悬挂安全警示标牌、标语、宣传横幅等。

⑦ 现场观摩。如现场观摩安全操作方法、应急演练等。

安全教育的形式应当结合建筑生产的特点和员工的文化水平而定，尽可能采取丰富多彩、行之有效的教育形式，使安全教育深入每个员工的内心。

2. 建筑施工企业管理人员安全生产考核

（1）企业管理人员安全生产考核管理的相关规定

① 主要考核对象。建筑施工企业（含独立法人子公司）的主要负责人、项目负责人和专职安全生产管理人员。

② 考核管理机关。国务院建设行政主管部门负责全国建筑施工企业管理人员安全生产的考核工作，并负责中央管理的建筑施工企业管理人员安全生产考核和发证工作。

省、自治区、直辖市人民政府建设行政主管部门负责本行政区域内中央管理以外的建筑施工企业管理人员安全生产考核和发证工作。

③ 申请条件。建筑施工企业管理人员应当具备相应的文化程度、专业技术职称和一定的安全生产工作经历，并经企业年度安全生产教育培训合格后，方可参加建设行政主管部门组织的安全生产考核。

④ 考核内容。建筑施工企业管理人员安全生产考核内容包括安全生产知识考试和管理能力考核。

⑤ 有效期。安全生产考核合格证书有效期 3 年。有效期满需要延期的，应当于期满前 3 个月内向原发证机关申请办理延期手续。

⑥ 监督管理。建设行政主管部门对建筑施工企业管理人员履行安全生产管理职责情况进行监督检查，发现有违反安全生产法律法规、未履行安全生产管理职责、不按规定接受年度安全生产教育培训、发生死亡事故，情节严重的，收回安全生产考核合格证书，并限期改正，重新考核。

（2）企业管理人员安全知识考试的主要内容

企业管理人员安全知识考试主要考查安全生产法律法规、安全生产管理和安全技术等三个方面的知识，主要包括以下内容。

① 国家有关建筑安全生产的方针政策、法律、法规、部门规章、标准及有关规范性文件，省、市有关建筑安全生产的法规、规章、标准及规范性文件。

② 建筑施工企业管理人员的安全生产职责。

③ 建筑安全生产管理的基本制度，包括安全生产责任制、安全教育培训制度、安全检查制度、安全资金保障制度、专项安全施工方案的审批和论证制度、消防安全制度、意外伤害保险制度、事故应急救援预案制度、安全事故统计上报制度、安全生产许可制度和安全评价制度等。

④ 建筑施工企业安全生产管理基本理论、基本知识以及国内外建筑安全生产的发展历程、特点和管理经验。

⑤ 企业安全生产责任制和安全生产规章制度的内容及制定方法，施工现场安全监督检查的基本知识、内容和方法。

⑥ 重、特大事故应急救援预案和现场救援。

⑦ 生产安全事故报告、调查和处理。

⑧ 建筑施工安全专业知识和施工安全技术。

⑨ 典型事故案例分析。

（3）建筑施工企业专职安全生产管理人员安全生产管理能力考核的主要内容

① 贯彻执行国家有关建筑安全生产方针、政策、法律、法规和标准，以及省、市有关建筑安全生产的法规、规章、标准、规范和规范性文件情况。

② 企业安全生产管理机构负责人是否能够依据企业安全生产实际，适时修订企业安全生产规章制度，调配各级安全生产管理人员，监督、指导并评价企业各部门或分支机构的安全生产管理工作，配合有关部门进行事故的调查处理。

③ 企业安全生产管理机构工作人员是否能够做好安全生产相关数据统计、安全防护和劳动保护用品的配备及检查、施工现场安全督查等工作。

④ 施工现场专职安全生产管理人员是否能够认真负责施工现场的安全生产巡视督查，做好检查记录，发现现场存在安全隐患时，是否能够及时向企业安全生产管理机构和工程项目经理报告，对违章指挥、违章操作是否能够立即制止。

⑤ 事故发生后，是否能够积极参加抢救和救护，及时如实地报告，积极配合事故的调查处理。

⑥ 安全生产业绩。

3. 新工人“三级”安全教育培训

（1）新工人“三级”安全教育培训的主要内容。

① 公司级安全教育培训主要有以下内容。

Ⅰ. 安全生产的意义和基础知识。

Ⅱ. 国家安全生产方针、政策、法律法规。

Ⅲ. 国家、行业安全技术标准、规范、规程。

Ⅳ. 地方有关安全生产的规定和安全技术标准、规范、规程。

Ⅴ. 企业安全生产规章制度等。

Ⅵ. 企业历史上发生的重大安全事故和应吸取的教训。

② 项目级安全教育培训主要有以下内容。

Ⅰ. 施工现场安全管理规章、制度及有关规定。

Ⅱ. 各工种的安全技术操作规程。

Ⅲ. 安全生产、文明施工的基本要求和劳动纪律。

Ⅳ. 工程项目基本情况，包括现场环境、施工特点、危险作业部位及安全注意事项。

Ⅴ. 安全防护设施的位置、性能和作用。

③ 班组级安全教育培训主要有以下内容。

Ⅰ. 本班组从事作业的基本情况，包括现场环境、施工特点、危险作业部位及安全注意事项。

Ⅱ. 本班组使用的机具设备及安全装置的安全使用要求。

Ⅲ. 个人安全防护用品的安全使用规则和维护知识。

Ⅳ. 班组的安全要求及班组安全活动等。

（2）新工人“三级”安全教育培训的要求。

① 公司级安全教育培训一般由企业的教育、劳动人事、安全、技术等部门配合进行，项目级安全教育培训一般由项目负责人和负责项目安全、技术管理工作的人员组织，班组级安全教育培训一般由班组长组织。

② 受教育者必须经过教育培训考核合格后方可上岗。

③ 要将“三级”安全教育培训和考核等情况记入职工安全教育档案。

4. 建筑施工特种作业人员管理

建筑施工特种作业人员是指在房屋建筑和市政工程施工活动中，从事可能对本人、他人及周围设备设施的安全造成重大危害作业的人员，如建筑电工、建筑架子工、高处作业吊篮安装拆卸工、建筑起重机械安装拆卸工、建筑起重机械司机、建筑起重信号司索工、经省级以上人民政府建设主管部门认定的其他特种作业。建筑施工特种作业人员必须按照国家有关规定参加专门的安全作业培训，必须经建设行政主管部门考核合格，取得特种作业操作资格证书，方可上岗从事相应作业。特种作业操作资格证书在全国范围内均有效，离开特种作业岗位一定时间后，须重新进行实际操作考核，考核合格后方可上岗作业。

（1）建筑施工特种作业人员的培训。

① 培训内容。特种作业人员的培训内容包括安全技术理论和实际操作技能。其中，安全技术理论包括安全生产基本知识、专业基础知识和专业技术理论等内容；实际操作技能主要包括安全操作要领，常用工具的使用，主要材料、元配件、隐患的辨识，安全装置调试，故障排除，紧急情况处理等技能。培训教学采用全省统一的大纲和教材。

② 培训机构。从事特种作业人员培训的机构，由省、市建设行政主管部门统一布点。培训机构除应具备有关部门颁发的相应资质外，还应具备培训建筑施工特种作业人员的下列条件。

Ⅰ. 与所从事培训工种相适应的安全技术理论、实际操作师资力量。

Ⅱ. 有固定和相对集中的校舍、场地及实习操作场所。

Ⅲ. 有与从事培训工种相适应的教学仪器、图书、资料以及实习操作仪器、设施、设备、器材、工具等。

Ⅳ. 有健全的教学、实习管理制度。

（2）建筑施工特种作业人员的考核和发证。建筑施工特种作业人员的考核和发证工作，由省、市建设行政主管部门负责组织实施，一般包括申请、受理、审查、考核、发证等程序。

① 考核申请。通常情况下，在培训合格后由培训机构集中向考核机关提出考核申请。培训机构除向考核机关提交培训合格人员名单外，还应提供申请人的个人资料。

② 考核受理。考核机构应当自收到申请人提交的申请材料之日起5个工作日内依法作出受理或者不予受理的决定。不予受理的，应当当场或书面通知申请人并说明理由。对于受理的申请，考核发证机关应当及时向申请人核发准考证。

③ 考核审查。对已经受理的申请，考核机构应当在5个工作日内完成对申请材料的审查，并作出是否准予考核的决定，书面通知申请人。不准予考核的，也应当书面通知申请人并说明理由。

④ 考核内容。特种作业人员的考核内容包括安全技术理论考试和实际操作技能考核。安全技术理论考试，一般采取闭卷考试的方式；实际操作技能考核，一般采取现场模拟操作和口试方式。

对于考核不合格的，允许补考一次；补考仍不合格的，应当重新接受专门培训。

⑤ 证书颁发。对于考核合格的，由市建设行政主管部门向省建设行政主管部门申请核发证书。经省建设行政主管部门审核符合条件的，由省建设行政主管部门统一颁发资格证书，并定期公布证书核发情况。资格证书采用国务院建设行政主管部门规定的统一样式，全省统一编号。

⑥ 证书延期复核。

Ⅰ. 有效期。特种作业人员操作资格证书有效期为 2 年。有效期满需要延期的，应当于期满前 3 个月内向原考核发证机关申请办理延期复核手续。延期复核合格的，资格证书有效期延期 2 年。

Ⅱ. 延期复核内容。特种作业人员操作资格证书延期复核的内容主要包括：身体状况，年度安全教育培训和继续教育情况，责任事故和违法违章情况等。

（3）证书管理。

① 证书的保管。特种作业人员应妥善保管好自己的特种作业人员操作资格证书。任何单位和个人不得非法涂改、非法扣押、倒卖、出租、出借或者以其他形式转让资格证书。

② 证书的补发。资格证书遗失、损毁的，持证人应当在公共媒体上声明作废，并在 1 个月内持声明作废材料向原考核发证机关申请办理补证手续。

③ 证书的撤销。有下列情形之一的，考核发证机关依据职权撤销资格证书。

Ⅰ. 考核发证机关工作人员违法核发资格证书的。

Ⅱ. 考核发证机关工作人员对不具备申请资格或者不符合规定条件的申请人核发资格证书的。

Ⅲ. 持证人弄虚作假骗取资格证书或者办理延期复核手续的。

Ⅳ. 考核发证机关规定应当撤销资格证书的其他情形。

④ 证书的注销。有下列情形之一的，考核发证机关依据职权注销资格证书。

Ⅰ. 按规定不予延期的。

Ⅱ. 持证人逾期未申请办理延期复核手续的。

Ⅲ. 持证人死亡或者不具有完全民事行为能力的。

Ⅳ. 考核发证机关规定应当注销的其他情形。

⑤ 证书的吊销。有下列情形之一的，考核发证机关依据职权吊销资格证书。

Ⅰ. 持证人违章作业造成生产安全事故或者其他严重后果的。

Ⅱ. 持证人发现事故隐患或者其他不安全因素未立即报告而造成严重后果的。

违反上述规定造成生产安全事故的，持证人 3 年内不得再次申请资格证书；造成较大事故的，终身不得申请资格证书。

5. 采用新技术、新工艺、新材料和新设备时的安全教育培训

施工单位在采用新技术、新工艺、新材料和新设备前，必须对其进行充分的了解与研究，掌握其安全技术特性，有针对性地采取有效的安全防护措施，并对作业人员进行相应的安全生产教育培训。

采用新技术、新工艺、新材料、新设备时的安全教育培训由施工单位技术部门和安全部门负责进行，其内容主要有：

（1）新技术、新工艺、新材料、新设备的特点、特性和使用方法；

（2）新技术、新工艺、新材料、新设备投产使用后可能导致的新的危害因素及其防护方法；

（3）新设备的安全防护装置的特点和使用；

（4）新技术、新工艺、新材料、新设备的安全管理制度及安全操作规程；

（5）采用新技术、新工艺、新材料、新设备应特别注意的事项。

6. 季节性安全教育

季节性施工主要是指夏季与冬季施工。季节性安全教育是针对气候特点（如冬季、夏季、雨期等）可能给施工安全带来危害而组织的安全教育。

（1）夏季施工安全教育。夏季施工安全教育主要包括以下内容。

① 安全用电知识。常见触电事故发生的原理，预防触电事故发生的常识，触电事故的一般解救方法等。

② 预防雷击知识。雷击发生的原因，避雷装置的避雷原理，预防雷击的常识等。

③ 防坍塌安全知识。包括基坑开挖、坑壁支护、临时设施设置和使用的安全知识等。

④ 预防台风、暴风雨、泥石流等自然灾害的安全知识。

⑤ 防暑降温、饮食卫生和卫生防疫等知识。

（2）冬季施工安全教育。冬季施工安全教育主要包括以下内容。

① 防冻、防滑知识。如施工作业面防结冰、防滑安全作业知识等。

② 防火安全知识。施工现场常见火灾事故发生的原因分析、预防火灾事故的措施、消防器材的正确使用、扑救火灾的方法等。

③ 安全用电知识。冬季电取暖设备的安全使用知识等。

④ 防中毒知识。固态、液态及气态有毒有害物质的特性，中毒症状的识别，救护中毒人员的安全常识以及预防中毒的知识等。重点要加强预防取暖一氧化碳或煤气中毒、亚硝酸盐类混凝土添加剂误食中毒的知识。

7. 节假日安全教育

节假日安全教育是节假日期间及其前、后，为防止职工纪律松懈、思想麻痹等进行的安全教育。

节假日期间及前、后，职工的思想和工作情绪不稳定，思想不集中，注意力易分散，给安全生产带来不利影响。此时加强对职工的安全教育，是非常必要的。根据施工队伍的人员组成特点，在农作物收割长假前后，也应当对职工进行有针对性的安全教育。节假日安全教育的内容有：

（1）加强对管理人员和作业人员的思想教育，稳定职工工作情绪；

（2）加强劳动纪律和安全规章制度的教育；

（3）班组长要做好上岗前的安全教育，可以结合安全技术交底内容进行；

（4）对较易发生事故的薄弱环节进行专门的安全教育。

1.5.2 安全活动

1. 日常安全会议

（1）公司安全例会每季度一次，由公司质安部主持，公司安全主管经理、有关科室负责人、项目经理、分公司经理及其职能部门（岗位）安全负责人参加，总结一季度的安全生产情况，分析存在的问题，对下季度的安全工作重点作出布置。

（2）公司每年末召开一次安全工作会议，总结一年来安全生产上取得的成绩和存在的不足，对本年度的安全生产先进集体和个人进行表彰，并布置下一年度的安全工作任务。

（3）各项目部每月召开安全例会，由其安全部门（岗位）主持，安全分管领导、有关部门（岗位）负责人及外包单位负责人参加。传达上级安全生产文件、信息；对上月安全工作进行总结，提出存在问题；对当月安全工作重点进行布置，提出相应的预防措施。推广施工中的典型经验和先进事迹，以施工中发生的事故教育班组干部和施工人员，从中吸取教育。由安全部门做好会议记录。

（4）各项目部必须开展以项目全体、职能岗位、班组为单位的每周安全日活动，每次时间不得少于 2 h，不得挪作他用。

（5）各班组在班前会上要进行安全讲话，预想当前不安全因素，分析班组安全情况，研究布置措施。做到“三交一清”（即交施工任务、交施工环境、交安全措施和清楚本班职工的思想及身体情况）。

（6）班前安全讲话和每周安全活动日的活动要做到有领导、有计划、有内容、有记录，防止走过场。

（7）工人必须参加每周的安全活动日活动。各级领导及科室有关人员需定期参加基层班 组的安全日活动，及时了解安全生产中存在的问题。

2. 每周的安全日活动内容

（1）检查安全规章制度执行情况和消除事故隐患。

（2）结合本单位安全生产情况，积极提出安全合理化建议。

（3）学习安全生产文件、通报，安全规程及安全技术知识。

（4）开展反事故演习和岗位练兵，组织各类安全技术表演。

（5）针对本单位安全生产中存在的问题，展开安全技术座谈和攻关。

（6）讲座分析典型事故，总结经验、吸取教训，找出事故原因，制订预防措施。

（7）总结上周安全生产情况，布置本周安全生产要求，表扬安全生产中的好人好事。

（8）参加公司和本单位组织的各项安全活动。

3. 班前安全活动

班前安全活动是班组安全管理的一个重要环节，是提高班组安全意识，做到遵章守纪，实现安全生产的途径。建筑工程安全生产管理过程中必须做好此项活动。

（1）每个班组每天上班前 15 min，由班长认真组织全班人员进行安全活动，总结前一天安全施工情况，结合当天任务，进行分部分项的安全交底，并做好交底记录。

（2）对班前使用的机械设备、施工机具、安全防护用品、设施、周围环境等要认真进行检查，确认安全完好，才能使用和进行作业。

（3）对新工艺、新技术、新设备或特殊部位的施工，应组织作业人员对安全技术操作规程及有关资料的学习。

（4）班组长每月25日前要将上个月安全活动记录交给安全员，安全员检查登记并提出改进意见之后交资料员保管。

1.6 安全检查与隐患整改

1.6.1 安全检查

安全检查是指对企业执行国家安全生产法规政策的情况、安全生产状况、劳动纪律、劳动条件、事故隐患等进行的检查。安全检查包括预知危险和消除危险，两者缺一不可。安全检查是施工现场安全工作的一项重要内容，是保护施工人员的人身安全，保护国家和集体财产不受损失，杜绝各类伤亡事故发生的一项主要安全施工措施。各施工现场，工程不论大小，都要建立安全检查制度，并将检查情况予以记录、整改。

安全检查制度的主要内容一般包括以下几个方面。

（1）安全检查的目的。

（2）安全检查的组织。

（3）安全检查的内容、形式与方法、时间或周期。

（4）隐患整改与复查。

（5）总结、评比与奖惩。

1. 安全检查的目的

（1）通过检查，可以发现施工中的人的不安全行为和物的不安全状态、环境不卫生问题，从而采取对策，消除不安全因素，保障安全生产。

（2）利用安全生产检查，进一步宣传、贯彻、落实国家安全生产方针、政策和各项安全生产规章制度。

（3）安全检查实质上也是群众性的安全教育。通过检查，增强领导和群众的安全意识，纠正违章指挥、违章作业，提高做好安全生产的自觉性和责任感。

（4）通过检查可以互相学习、总结经验、吸取教训、取长补短，有利于进一步促进安全生产工作。

（5）通过安全生产检查，了解安全生产状态，为分析安全生产形势，研究如何加强安全管理提供信息和依据。

2. 安全检查的程序分为以下步骤

（1）确定检查对象、目的和任务。

（2）制订检查计划，确定检查内容、方法和步骤。

（3）组织检查人员（配备专业人员），成立检查组织。

（4）进入被检查单位进行实地检查和必要的仪器测量。

（5）查阅有关安全生产的文件和资料并进行检查访谈。

（6）做出安全检查结论，根据检查情况指出事故隐患和存在问题，提出整改建议和意见。

（7）被检查单位按照“三定”（定人、定时间、定措施）原则进行整改。

（8）被检查单位将整改情况报告检查组织，检查组织进行复查。

（9）总结检查情况。

3. 安全检查的内容

建筑工程施工安全检查主要是以查安全思想、查安全责任、查安全制度、查安全措施、查安全防护、查设备设施、查教育培训、查操作行为、查劳动防护用品使用和查伤亡事故处理等为主要内容。

（1）查安全思想。主要检查以项目经理为首的项目全体员工（包括分包作业人员）的安全生产意识和对安全生产工作的重视程度。

（2）查安全责任。主要检查现场安全生产责任制度的建立；安全生产责任目标的分解与考核情况；安全生产责任制与责任目标是否已落实到了每一个岗位和每一个人员，并得到了确认。

（3）查安全制度。主要检查现场各项安全生产规章制度和安全技术操作规程的建立和执行情况。

（4）查安全措施。主要检查现场安全措施计划及各项安全专项施工方案的编制、审核、审批及实施情况；重点检查方案的内容是否全面、措施是否具体并有针对性，现场的实施运行是否与方案规定的内容相符。

（5）查安全防护。主要检查现场临边、洞口等各项安全防护设施是否到位，有无安全隐患。

（6）查设备设施。主要检查现场投入使用的设备设施的购置、租赁、安装、验收、使用、过程维护保养等各个环节是否符合要求；设备设施的安全装置是否齐全、灵敏、可靠，有无安全隐患。

（7）查教育培训。主要检查现场教育培训岗位、教育培训人员、教育培训内容是否明确、具体、有针对性；三级安全教育制度和特种作业人员持证上岗制度的落实情况是否到位；教育培训档案资料是否真实、齐全。

（8）查操作行为。主要检查现场施工作业过程中有无违章指挥、违章作业、违反劳动纪律的行为发生。

（9）查劳动防护用品的使用。主要检查现场劳动防护用品、用具的购置、产品质量、配备数量和使用情况是否符合安全与职业卫生的要求。

（10）查伤亡事故处理。主要检查现场是否发生伤亡事故：对发生的伤亡事故是否已按照“四不放过”的原则进行调查处理，是否已针对性地制定了纠正与预防措施；制定的纠正与预防措施是否已得到落实并取得实效。

4. 安全检查的主要形式

建筑工程施工安全检查的主要形式一般可分为日常巡查，专项检查，定期安全检查，经常性安全检查，季节性安全检查，节假日安全检查，开工，复工安全检查，专业性安全检查和设备设施安全验收检查等。

（1）定期安全检查。建筑施工企业应建立定期分级安全检查制度。定期安全检查属全面性和考核性的检查。建筑工程施工现场应至少每旬开展一次安全检查工作。施工现场的定期安全检查应由项目经理亲自组织。

（2）经常性安全检查。建筑工程施工应经常开展预防性的安全检查工作，以便于及时发现并消除事故隐患，保证施工生产正常进行。施工现场经常性的安全检查方式主要有以下内容。

① 现场专职安全生产管理人员及安全值班人员每天例行开展的安全巡视、巡查。

② 现场项目经理、责任工程师及相关专业技术管理人员在检查生产工作的同时进行的安全检查。

③ 作业班组在班前、班中、班后进行的安全检查。

（3）季节性安全检查。季节性安全检查主要是针对气候特点（如暑季、雨季、风季、冬季等）可能给安全生产造成的不利影响或带来的危害而组织的安全检查。

（4）节假日安全检查。在节假日、特别是重大或传统节假日（如春节、“十一”等）前后和节日期间，为防止现场管理人员和作业人员思想麻痹、纪律松懈等进行的安全检查。节假日加班，更要认真检查各项安全防范措施的落实情况。

（5）开工、复工安全检查。针对工程项目开工、复工之前进行的安全检查，主要是检查现场是否具备保障安全生产的条件。

（6）专业性安全检查。由有关专业人员对现场某项专业安全问题或在施工生产过程中存在的比较系统性的安全问题进行的单项检查。这类检查专业性强，主要应由专业工程技术人员、专业安全管理人员参加。

（7）设备设施安全验收检查。针对现场塔吊等起重设备、外用施工电梯、龙门架及井架物料提升机、电气设备、脚手架、现浇混凝土模板支撑系统等设备设施在安装、搭设过程中或完成后进行的安全验收、检查。

5. 安全检查的组织

（1）公司级安全检查。公司负责按月或按季节、节假日组织的安全检查。由公司各部门（处、科）协助公司安全主管经理组织成立检查组，对公司安全管理情况进行检查。

（2）项目部级安全检查。项目部负责按月或按季节、节假日组织的安全检查。由项目部安全管理部门协助项目经理组织成立检查组，对本项目工程的安全管理情况进行检查。

（3）班组级安全检查。班组各岗位的安全检查及日常管理，应由各班组长按照作业分工组织实施。

6. 安全检查的要求

（1）根据检查内容配备力量，抽调专业人员，确定检查负责人，明确分工。

（2）应有明确的检查目的和检查项目、内容及检查标准、重点、关键部位。对大面积或数量多的项目可采取系统的观感和一定数量的测点相结合的检查方法。检查时尽量采用检测工具，用数据说话。

（3）对现场管理人员和操作工人不仅要检查是否有违章指挥和违章作业行为，还应进行“应知应会”的抽查，以便了解管理人员及操作工人的安全素质。对于违章指挥、违章作业行为，检查人员应当场指出、进行纠正。

（4）认真、详细进行检查记录，特别是对隐患的记录必须具体，如隐患的部位、危险性程度及处理意见等。采用安全检查评分表的，应记录每项扣分的原因。

（5）检查中发现的隐患应该进行登记，并发出隐患整改通知书，引起整改单位的重视，并作为整改的备查依据。对凡是有即发型事故危险的隐患，检查人员应责令其停工、被查单位必须立即整改。

（6）尽可能系统、定量地做出检查结论，进行安全评价。以利受检单位根据安全评价研究对策、进行整改、加强管理。

（7）检查后应对隐患整改情况进行跟踪复查，查被检单位是否按“三定”原则（定人、定期限、定措施）落实整改，经复查整改合格后，进行销案。

7. 安全检查的方法

建筑工程安全检查在正确使用安全检查表的基础上，可以采用“听”、“问”、“看”、“量”、“测”、“运转试验”等方法进行。

（1）“听”。听取基层管理人员或施工现场安全员汇报安全生产情况，介绍现场安全工作经验、存在的问题、今后的发展方向。

（2）“问”。主要是指通过询问、提问，对以项目经理为首的现场管理人员和操作工人进行的应知应会安全知识抽查，以便了解现场管理人员和操作工人的安全意识和安全素质。

（3）“看”。主要是指查看施工现场安全管理资料和对施工现场进行巡视。例如：查看项目负责人、专职安全管理人员、特种作业人员等的持证上岗情况；现场安全标志设置情况；劳动防护用品使用情况；现场安全防护情况；现场安全设施及机械设备安全装置配置情况等。现场查看，下述四句话往往能解决较多安全问题。

① 有洞必有盖。有孔洞的地方必须设有安全盖板或其他防护设施，以保护作业人员安全。

② 有轴必有套。有轴承处必须按要求装设轴套，以保护机械的运行安全。

③ 有轮必有罩。转动轮必须设有防护罩进行隔离，以保护人员的安全。

④ 有台必有栏。工地的施工操作平台，只要与坠落基准面高差在2 m及2 m以上，就必须安装防护栏杆，以免发生高处坠落伤害事故。

（4）“量”。主要是指使用测量工具对施工现场的一些设施、装置进行实测实量。例如：对脚手架各种杆件间距的测量；对现场安全防护栏杆高度的测量；对电气开关箱安装高度的测量；对在建工程与外电边线安全距离的测量等。

（5）“测”。主要是指使用专用仪器、仪表等监测器具对特定对象关键特性技术参数的测试。例如：使用漏电保护器测试仪对漏电保护器漏电动作电流、漏电动作时间的测试；使用地阻仪对现场各种接地装置接地电阻的测试；使用兆欧表对电机绝缘电阻的测试；使用经纬仪对塔吊、外用电梯安装垂直度的测试等。

（6）“运转试验”。主要是指由具有专业资格的人员对机械设备进行实际操作、试验，检验其运转的可靠性或安全限位装置的灵敏性。例如：对塔吊力矩限制器、变幅限位器、起重限位器等安全装置的试验；对施工电梯制动器、限速器、上下极限限位器、门连锁装置等安全装置的试验；对龙门架超高限位器、断绳保护器等安全装置的试验等。

8. 安全检查的标准

房屋建筑工程施工现场安全生产的检查评定标准，应采用住房和城乡建设部发布的《建筑施工安全检查标准》（JGJ 59—2011）。

（1）《建筑施工安全检查标准》中各检查表的项目构成。《建筑施工安全检查标准》（JGJ 59—2011）包括1张建筑施工安全检查评分汇总表，19张建筑施工安全分项检查评分表，190项安全检查内容（其中保证项目96项、一般项目94项）。分项检查评分表和检查评分汇总表中的分项内容相对应，但由于检查评分汇总表中的一些分项内容对应的分项检查评分表不止一张，所以有19张分项检查评分表。分项检查评分表的结构形式分为两类：一类是自成体系的系统，如脚手架、施工用电等检查评分表，规定的各检查项目之间存在内在的联系，因此按结构重要程度的大小，把影响安全的关键项目列为保证项目，其他项目列为一般项目；另一类是各检查项目之间没有相互联系的逻辑关系，因此没有列出保证项目，如“三宝”、“四口”防护和施工机具2张检查表。

① 建筑施工安全检查评分汇总表，满分为100分，主要内容包括：安全管理（10分）、文明施工（15分）、脚手架（10分）、基坑工程（10分）、模板支架（10分）、高处作业（10分）、施工用电（10分）、物料提升机与施工升降机（10分）、塔式起重机与起重吊装（10分）、施工机具（5分）10项。

② 安全管理检查评分表，满分为100分，主要内容包括：安全生产责任制、施工组织设计及专项施工方案、安全技术交底、安全检查、安全教育、应急预案、分包单位安全管理、持证上岗、生产安全事故处理、安全标志10项内容，其中前6项为保证项目（各10分），后4项为一般项目（各10分）。

③ 文明施工检查评分表，满分为100分，主要内容包括：现场围挡、封闭管理、施工场地、材料管理、现场办公与住宿、现场防火、综合治理、公示标牌、生活设施、社区服务10项内容，其中前6项为保证项目（各10分），后4项为一般项目（各10分）。

④ 扣件式钢管脚手架检查评分表，满分为100分，主要内容包括：施工方案（10分）、立杆基础（10分）、架体与建筑结构拉结（10分）、杆件间距与剪刀撑（10分）、脚手板与防护栏杆（10分）、交底与验收（10分）、横向水平杆设置（10分）、杆件连接（10分）、层间防护（10分）、构配件材质（5分）、通道（5分）11项内容，其中前6项为保证项目，后5项为一般项目。

⑤ 门式钢管脚手架检查评分表，满分为100分，主要内容包括：施工方案、架体基础、架体稳定、杆件锁臂、脚手板、交底与验收、架体防护、构配件材质、荷载、通道10项内容，其中前6项为保证项目（各10分），后4项为一般项目（各10分）。

⑥ 碗扣式钢管脚手架检查评分表，满分为100分，主要内容包括：施工方案、架体基础、架体稳定、杆件锁件、脚手板、交底与验收、架体防护、杆件连接、构配件材质、通道10项内

容，其中前 6 项为保证项目（各 10 分），后 4 项为一般项目（各 10 分）。

⑦ 承插型盘扣式钢管支架检查评分表，满分为 100 分，主要内容包括：施工方案、架体基础、架体稳定、杆件设置、脚手板、交底与验收、架体防护、杆件连接、构配件材质、通道 10 项内容，其中前 6 项为保证项目（各 10 分），后 4 项为一般项目（各 10 分）。

⑧ 满堂脚手架检查评分表，满分为 100 分，主要内容包括：施工方案、架体基础、架体稳定、杆件锁件、脚手板、交底与验收、架体防护、构配件材质、荷载、通道 10 项内容，其中前 6 项为保证项目（各 10 分），后 4 项为一般项目（各 10 分）。

⑨ 悬挑式脚手架检查评分表，满分为 100 分，主要内容包括：施工方案、悬挑钢梁、架体稳定、脚手板、荷载、交底与验收、杆件间距、架体防护、层间防护、构配件材质 10 项内容，其中前 6 项为保证项目（各 10 分），后 4 项为一般项目（各 10 分）。

⑩ 附着式升降脚手架检查评分表，满分为 100 分，主要内容包括：施工方案、安全装置、架体构造、附着支座、架体安装、架体升降、检查验收、脚手板、架体防护、安全作业 10 项内容，其中前 6 项为保证项目（各 10 分），后 4 项为一般项目（各 10 分）。

⑪ 高处作业吊篮检查评分表，满分为 100 分，主要内容包括：施工方案、安全装置、悬挂机构、钢丝绳、安装作业、升降操作、交底与验收、防护、吊篮稳定、荷载 10 项内容，其中前 6 项为保证项目（各 10 分），后 4 项为一般项目（各 10 分）。

⑫ 基坑工程作业检查评分表，满分为 100 分，主要内容包括：施工方案、基坑支护、降排水、基坑开挖、坑边荷载、安全防护、基坑监测、支撑拆除、作业环境应急预案 10 项内容，其中前 6 项为保证项目（各 10 分），后 4 项为一般项目（各 10 分）。

⑬ 模板支架检查评分表，满分为 100 分，主要内容包括：施工方案、支架基础、支架构造、支架稳定、施工荷载、交底与验收、杆件连接、底座与托撑、构配件材质、支架拆除 10 项内容，其中前 6 项为保证项目（各 10 分），后 4 项为一般项目（各 10 分）。

⑭ 高处作业检查评分表，满分为 100 分，主要内容包括：安全帽、安全网、安全带、临边防护、洞口防护、通道口防护、攀登作业、悬空作业、移动式操作平台、悬挑式物料钢平台 10 项内容（各 10 分），该检查表中没有保证项目。

⑮ 施工用电检查评分表，满分为 100 分，主要内容包括：外电防护（10 分）、接地与接零保护系统（20 分）、配电线路（10 分）、配电箱与开关箱（10 分）、配电室与配电装置（15 分）、现场照明（15 分）、用电档案（10 分）7 项内容，其中前 4 项为保证项目，后 3 项为一般项目。

⑯ 物料提升机检查评分表，满分为 100 分，主要内容包括：安全装置（15 分）、防护设施（15 分）、附墙架与缆风绳、钢丝绳、安装与验收、导轨架、动力与传动、通信装置（5 分）、卷扬机操作棚、避雷装置（5 分）10 项内容，其中前 5 项为保证项目，后 5 项为一般项目。

⑰ 施工升降机检查评分表，满分为 100 分，主要内容包括：安全装置、限位装置、防护设施、附着、钢丝绳、滑轮与对重、安装、拆卸与验收、导轨架、基础、电气安全、通信装置 10 项内容，其中前 6 项为保证项目（各 10 分），后 4 项为一般项目（10 分）。

⑱ 塔式起重机检查评分表，满分为 100 分，主要内容包括：载荷限制装置、行程限位装置、保护装置、吊钩、滑轮、卷筒与钢丝绳、多塔作业、安装、拆卸与验收、附着、基础与轨道、结构设施、电气安全 10 项内容，其中前 6 项为保证项目（各 10 分），后 4 项为一般项目（各 10 分）。

⑲ 起重吊装检查评分表，满分为 100 分，主要内容包括：施工方案、起重机械、钢丝绳与地锚、索具、作业环境、作业人员、起重吊装、高处作业、构件码放、警戒监护 9 项内容，其

中前6项为保证项目（各10分），后4项为一般项目（各10分）。

⑳ 施工机具检查评分表，满分为100分，主要内容包括：平刨（10分）、圆盘锯（10分）、手持电动工具（8分）、钢筋机械（10分）、电焊机（10分）、搅拌机（10分）、气瓶（8分）、翻斗车（8分）、潜水泵（6分）、振捣器（8分）、桩工机械（12分）12项内容，该检查表中没有保证项目。

（2）检查评分方法。

① 建筑施工安全检查评定中，保证项目应全数检查。建筑施工安全检查评定应符合《建筑施工安全检查标准》（JGJ 59—2011）第3章中各检查评定项目的有关规定，并应按该标准附录A、B的评分表进行评分。检查评分表应分为安全管理、文明施工、脚手架、基坑工程、模板支架、高处作业、施工用电、物料提升机与施工升降机、塔式起重机与起重吊装、施工机具分项检查评分表和检查评分汇总表。

② 各评分表的评分应符合下列规定。

Ⅰ. 分项检查评分表和检查评分汇总表的满分分值均应为100分，评分表的实得分值应为各检查项目所得分值之和；

Ⅱ. 评分应采用扣减分值的方法，扣减分值总和不得超过该检查项目的应得分值；

Ⅲ. 当按分项检查评分表评分时，保证项目中有一项未得分或保证项目小计得分不足40分，此分项检查评分表不应得分；

Ⅳ. 检查评分汇总表中各分项项目实得分值应按公式（1-1）计算：

$$A_1 = \frac{B \times C}{100} \qquad \text{（式 1-1）}$$

式中 A_1——汇总表各分项项目实得分值；

B——汇总表中该项应得满分值；

C——该项检查评分表实得分值。

【例1】“安全管理检查评分表”实得85分，换算在汇总表中“安全管理”分项实得分为多少？

【解】分项实得分=（10×85）/100=8.5（分）

Ⅴ. 当评分遇有缺项时，分项检查评分表或检查评分汇总表的总得分值应按公式（1-2）计算：

$$A_2 = \frac{D}{E} \times 100 \qquad \text{（式 1-2）}$$

式中 A_2——遇有缺项时总得分值；

D——实查项目在该表的实得分值之和；

E——实查项目在该表的应得满分值之和。

【例2】如工地没有塔吊，则塔吊在汇总表中有缺项，其他各分项检查在汇总表实得分82分，计算该工地汇总表实得分为多少？

【解】该工地汇总表实得分=（82/90）×100=91.1（分）

【例3】“施工用电检查评分表”中，“外电防护”缺项（该项应得分值为20分），其他各项检查实得分为60分，计算该分表实得多少分？换算到汇总表中应为多少分？

【解】该分表实得分=60/（100-20）×100=75（分）

汇总表中施工用电分项实得分=10×75/100=7.5（分）

Ⅵ. 脚手架、物料提升机与施工升降机、塔式起重机与起重吊装项目的实得分值，应为所对应专业的分项检查评分表实得分值的算术平均值。

【例 4】某工地多种脚手架和多台塔吊，落地式脚手架实得分为 86 分、悬挑脚手架实得分为 80 分；甲塔吊实得分为 90 分、乙塔吊实得分为 85 分。计算汇总表中脚手架、塔吊实得分值为少？

【解】脚手架实得分=（86+80）/2=83（分）

换算到汇总表中分值=10×83/100=8.3（分）

塔吊实得分=（90+85）/2=87.5（分）

换算到汇总表中分值=10×87.5/100=8.75（分）

（3）检查评定等级

① 应按汇总表的总得分和分项检查评分表的得分，对建筑施工安全检查评定划分为优良、合格、不合格三个等级。

② 建筑施工安全检查评定的等级划分应符合下列规定。

Ⅰ. 优良：分项检查评分表无零分，汇总表得分值应在 80 分及以上。

Ⅱ. 合格：分项检查评分表无零分，汇总表得分值应在 80 分以下，70 分及以上。

Ⅲ. 不合格：当汇总表得分值不足 70 分时，或者当有一分项检查评分表得零分时。

③ 当建筑施工安全检查评定的等级为不合格时，必须限期整改达到合格。

1.6.2 隐患整改复查与奖惩

1. 隐患整改与复查

（1）隐患登记。对检查出来的隐患和问题，检查组应分门别类地逐项进行登记。登记的目的是积累信息资料，并作为整改的备查依据，以便对施工安全进行动态管理。

（2）隐患分析。将隐患信息进行分级，然后从管理上、安全防护技术措施上进行动态分析，对各个项目工程施工存在的问题进行横向和纵向的比较，找出“通病”和个例，发现“顽固症”，具体问题具体对待，查清产生安全隐患的原因，并分析原因，制订对策。

（3）隐患整改。

① 针对安全检查过程发现的安全隐患，检查组应签发安全检查隐患整改通知单（见表 1-2），由受检单位及时组织整改。

表 1-2　安全检查隐患整改通知单

项目名称				检查时间	年　月　日	
序号	查出的隐患	整改措施	整改人	整改日期	复查人	复查结果及时间
签发部门及签发人： 年　月　日				整改单位及签认人： 年　月　日		

② 整改时，要做到“四定”，即定整改责任人、定整改措施、定整改完成时间、定整改验收人。

③ 对检查中发现的违章指挥、违章作业行为，应立即制止，并报告有关人员予以纠正。

④ 对有即发性事故危险的隐患，检查组、检查人员应责令停工，立即整改。

⑤ 对客观条件限制暂时不能整改的隐患，应采取相应的临时防护措施，并报公司安全部门备案，制订整改计划或列入公司隐患治理整改项目，按照相应的规定进行治理。

（4）复查。受检单位收到隐患整改通知书或停工指令书应立即进行整改，隐患进行整改后，受检单位应填写隐患整改回执单，按规定的期限上报隐患整改结果，由检查负责人派专人进行隐患整改情况的验收。

（5）销案。检查单位针对相关复查部位确认合格后，在原隐患整改通知书及停工指令书上签署复查意见，复查人签名，即行销案。

2. 奖励与处罚

（1）依据检查结果，对安全生产取得良好成绩和避免重大事故的有关人员给予表扬和奖励。

（2）对安全体系不能正常运行，存在诸多事故隐患，危及安全生产的单位和个人按规定予以批评和处罚；对违章指挥、违章作业、违反劳动纪律的单位和个人按照公司奖惩规定予以处罚。

1.7 生产安全事故管理与应急救援

1.7.1 生产安全事故管理

1. 生产安全事故的概念、等级和类型

（1）生产安全事故的概念。生产安全事故（以下简称事故）是指生产经营单位在生产经营活动中突然发生的，伤害人身安全和健康、或者损坏设备设施、或者造成经济损失的，导致原生产经营活动暂时中止或永远终止的意外事件，也就是生产经营单位在生产经营活动中发生的造成人身伤亡或者直接经济损失的事故。

（2）事故的等级。根据生产安全事故造成的人员伤亡或者直接经济损失，事故一般分为以下等级。

① 特别重大事故，是指造成 30 人以上死亡，或者 100 人以上重伤（包括急性工业中毒，下同），或者 1 亿元以上直接经济损失的事故；

② 重大事故，是指造成 10 人以上 30 人以下死亡，或者 50 人以上 100 人以下重伤，或者 5 000 万元以上 1 亿元以下直接经济损失的事故；

③ 较大事故，是指造成 3 人以上 10 人以下死亡，或者 10 人以上 50 人以下重伤，或者 1 000 万元以上 5 000 万元以下直接经济损失的事故；

④ 一般事故，是指造成 3 人以下死亡，或者 10 人以下重伤，或者 1 000 万元以下直接经济损失的事故。

上述所称的“以上”包括本数，所称的“以下”不包括本数；所称的“死亡”是指事故发生后当即死亡或负伤后在 30 天以内死亡的事故；所称的“重伤”是指造成职工肢体残缺或视觉、听觉等器官受到严重损伤，一般能引起人体长期存在功能障碍，劳动能力有重大损失；所称的“轻伤”是指造成职工肢体伤残，或某器官功能性或器质性轻度损伤，表现为劳动能力轻度或暂时丧失的伤害；所称的“直接经济损失”是指因事故造成人身伤亡及善后处理支出的费用和毁坏财产的价值。

（3）事故的类型。按照事故原因划分，事故分为物体打击事故、车辆伤害事故、机械伤害事故、起重伤害事故、触电事故、火灾事故、灼烫事故、淹溺事故、高处坠落事故、坍塌事故、冒顶片帮事故、透水事故、放炮事故、火药爆炸事故、瓦斯爆炸事故、锅炉爆炸事故、容器爆炸事故、其他爆炸事故、中毒和窒息事故、其他伤害事故 20 种。

常见的建筑生产安全事故，有高处坠落事故、机械伤害事故、触电事故、坍塌事故、物体打击事故 5 种。

① 物体打击事故。物体打击事故是指失控物体的惯性力造成的人身伤害事故。如施工人员在操作过程中受到各种工具、材料、机械零部件等从高空下落造成的伤害，以及各种崩块、碎片、锤击、滚石等对人体造成的伤害，器具飞击、料具反弹等对人体造成的伤害等。物体打击事故不包括因爆炸引起的物体打击。

常见的物体打击事故形式有以下几种。

Ⅰ. 由于空中落物对人体造成的砸伤。

Ⅱ. 反弹物体对人体造成的撞击。

Ⅲ. 材料、器具等硬物对人体造成的碰撞。

Ⅳ. 各种碎屑、碎片飞溅对人体造成的伤害。

Ⅴ. 各种崩块和滚动物体对人体造成的砸伤。

Ⅵ. 器具部件飞出对人体造成的伤害。

② 高处坠落事故。高处坠落事故是指操作人员在高处作业中临边、洞口、攀登、悬空、操作平台及交叉作业区的坠落事故。既包括脚手架、平台、陡壁施工等高于地面的坠落，也包括由地面踏空失足坠入洞、坑、沟等情况，但排除以其他类别为诱发条件的坠落。如高处作业时，因触电失足坠落应定为触电事故，不能定为高处坠落事故。

常见的高处坠落事故形式有以下几种。

Ⅰ. 从脚手架及操作平台上坠落。

Ⅱ. 从平地坠落入沟槽、基坑、井孔。

Ⅲ. 从机械设备上坠落。

Ⅳ. 从楼面、屋顶、高台等临边坠落。

Ⅴ. 滑跌、踩空、拖带、碰撞等引起坠落。

Ⅵ. 从“四口”坠落。

③ 触电事故。触电事故指电流流经人体，造成生理伤害的事故。触电事故分电击和电伤两

种。电击是指直接接触带电部分，使人体通过一定的电流，是有致命危险的触电伤害；电伤是指皮肤局部的创伤，如灼伤、烙印等。触电事故，包括人体接触带电的设备金属外壳或裸露的临时线，漏电的手持电动手工工具；起重设备误触高压线或感应带电；雷击伤害；触电坠落等事故。

常见的触电事故形式有以下几种。

Ⅰ. 带电电线、电缆破口、断头。

Ⅱ. 电动设备漏电。

Ⅲ. 起重机部件等触碰高压线。

Ⅳ. 挖掘机损坏地下电缆。

Ⅴ. 移动电线、机具，电线被拉断、破皮。

Ⅵ. 电闸箱、控制箱漏电或误触碰。

Ⅶ. 强力自然因素导致电线断裂。

Ⅷ. 雷击。

④ 机械伤害事故。机械伤害是指机械设备与机具对操作人员砸、撞、绞、碾、碰、割、戳等造成的伤害。如手或身体被卷入，手或其他部位被刀具碰伤、被转动的机构缠压住等，但属于车辆、起重设备造成伤害的情况除外。

常见的机械伤害事故形式有以下几种。

Ⅰ. 机械转动部分的绞、碾和拖带造成的伤害。

Ⅱ. 机械部件飞出造成的伤害。

Ⅲ. 机械工作部分的钻、刨、削、砸、割、扎、撞、锯、戳、绞、碾造成的伤害。

Ⅳ. 进入机械容器或运转部分导致受伤。

Ⅴ. 机械失稳、倾覆造成的伤害。

⑤ 坍塌事故。坍塌事故是指建筑物、构筑物、堆置物等的倒塌以及土石塌方引起的事故。坍塌事故与高处坠落事故、触电事故、物体打击事故、机械伤害事故被列为“五大伤害”。如建筑物倒塌，脚手架倒塌，挖掘沟、坑、洞时土石的塌方等情况。不适用于因爆炸、爆破引起的坍塌事故。

常见的坍塌事故形式有以下几种。

Ⅰ. 基槽或基坑壁、边坡、洞室等土石方坍塌。

Ⅱ. 地基基础悬空、失稳、滑移等导致上部结构坍塌。

Ⅲ. 工程施工质量极度低劣造成建筑物倒塌。

Ⅳ. 塔吊、脚手架、井架等设施倒塌。

Ⅴ. 施工现场临时建筑物倒塌。

Ⅵ. 现场材料等堆置物倒塌。

Ⅶ. 大风等强力自然因素造成的倒塌。

2. 事故的预防

（1）事故的预防原则。

① 灾害预防的原则。

Ⅰ. 消除潜在危险的原则。这项原则在本质上是积极的、进步的，它是以新的方式、新的成果或改良的措施，消除操作对象和作业环境的危险因素，从而最大可能地保证安全。

Ⅱ. 控制潜在危险数值的原则。比如采用双层绝缘工具、安全阀、泄压阀、控制安全指标等，均属此类。这些方法只能保证提高安全水平，但不能达到最大限度地防止危险和有害因素。在这项原则下，一般只能得到折中的解决方案。

Ⅲ. 坚固原则。以安全为目的，采取提高安全系数、增加安全余量等措施，如提高钢丝绳的安全系数等。

Ⅳ. 自动防止故障的互锁原则。在不可消除或控制有害因素的条件下，以机器、机械手、自动控制器或机器人等，代替人或人体的某些操作，摆脱危险和有害因素对人体的危害。

② 控制受害程度的原则。

Ⅰ. 屏障。在危险和有害因素的作用范围内，设置障碍，以保证对人体的防护。

Ⅱ. 距离防护原则。当危险和有害因素的作用随着距离增加而减弱时，可采用这个原则，达到控制伤害程度的目的。

Ⅲ. 时间防护原则。将受害因素或危险时间缩短至安全限度之内。

Ⅳ. 薄弱环节原则（亦称损失最小原则）。设置薄弱环节，使之在危险和有毒因素还未达到危险值之前发生损坏，以最小损失换取整个系统的安全。如电路中的熔丝、锅炉上的安全阀、压力容器用的防爆片等。

Ⅴ. 警告和禁止的信息原则。以光、声、色或标志等，传递技术信息，以保证安全。

Ⅵ. 个人防护原则。根据不同作业性质和使用条件（如经常使用或急救使用），配备相应的防护用品和器具。

Ⅶ. 避难、生存和救护原则

离开危险场所，或发生伤害时组织积极抢救，这也是控制受害程度的一项重要内容，不可忽视。

（2）事故的预防措施。

① 消除人的不安全行为，实现作业行为安全化。

Ⅰ. 开展安全思想教育和安全规章制度教育，提高职工的安全意识。

Ⅱ. 进行安全知识岗位培训，提高职工的安全技术素质。

Ⅲ. 推广安全标准操作和安全确认制活动，严格按照安全操作规程和程序进行作业。

Ⅳ. 搞好均衡生产，注意劳逸结合，使作业人员保持充沛的精力。

② 消除物的不安全状态，实现作业条件安全化。

Ⅰ. 采用新工艺、新技术、新设备，改善劳动条件。如实现机械化、自动化操作，建立流水作业线，使用机械手和机器人等。

Ⅱ. 加强安全技术的研究，采用安全防护装置，隔离危险部分。采用安全适用的个人防护用具。

Ⅲ. 开展安全检查，及时发现和整改安全隐患。对于较大的安全隐患，要列入企业的安全技术措施计划，限期予以排除。

Ⅳ. 定期对作业条件（环境）进行安全评价，以便采取安全措施，保证符合作业的安全要求。

加强安全管理是实现上述安全措施的重要保证。建立健全和严格执行安全生产规章制度，开展经常性的安全教育、岗位培训和安全竞赛活动。通过安全检查、落实预防措施等安全管理工作，是消除事故隐患、搞好事故预防的基础工作，因此，企业应采取有力措施，加强安全施工管理，保障安全生产。

3. 事故报告

（1）施工单位事故报告的时限。

① 事故发生后，事故现场有关人员应当立即向施工单位负责人报告。施工单位负责人接到报告后，应当于1小时内向事故发生地县级以上人民政府建设主管部门和有关部门报告。

② 情况紧急时，事故现场有关人员可以直接向事故发生地县级以上人民政府建设主管部门和有关部门报告。

③ 实行施工总承包的建设工程，由总承包单位负责上报事故。

④ 事故报告应当及时、准确、完整，不得迟报、漏报、谎报或者瞒报。

⑤ 事故报告后出现新情况，以及事故发生之日起30日内伤亡人数发生变化的，应当及时补报。

（2）事故报告的内容。

① 事故发生的时间、地点和工程项目、有关单位名称。

② 事故的简要经过。

③ 事故已经造成或者可能造成的伤亡人数（包括下落不明的人数）和初步估计的直接经济损失。

④ 事故的初步原因。

⑤ 事故发生后采取的措施及事故控制情况。

⑥ 事故报告单位或报告人员。

⑦ 其他应当报告的情况。

（3）事故发生后采取的措施。

① 事故发生单位负责人接到事故报告后，应当立即启动事故相应应急预案，或者采取有效措施，组织抢救，排除险情，防止事故蔓延扩大，减少人员伤亡和财产损失。

② 应当妥善保护事故现场以及相关证据，任何单位和个人不得破坏事故现场、毁灭相关证据。

③ 因抢救人员，防止事故扩大以及疏通交通等原因，需要移动事故现场物件的，应当做出标志，绘制现场简图并做出书面记录，妥善保存现场重要痕迹、物证，有条件的可以拍照或录像。

4. 事故的调查、分析与处理

（1）组建事故调查组。

特别重大事故由国务院或者国务院授权有关部门组织事故调查组进行调查。

重大事故、较大事故、一般事故分别由事故发生地省级人民政府、设区的市级人民政府、县级人民政府负责调查。省级人民政府、设区的市级人民政府、县级人民政府可以直接组织事故调查组进行调查，也可以授权或者委托有关部门组织事故调查组进行调查。

未造成人员伤亡的一般事故，县级人民政府也可以委托事故发生单位组织事故调查组进行调查。

（2）现场勘查。

事故发生后，调查组必须尽早到现场进行勘察。现场勘察是技术性很强的工作，涉及广泛的科技知识和实践经验，对事故现场的勘察应该做到及时、全面、细致、客观。现场勘察的主要内容有：作出笔录、现场拍照或摄像、绘制事故图、搜集事故事实材料和证人材料。

事故发生的项目部应积极配合事故调查组调查、取证，为调查组提供一切便利，不得拒绝调查、不得拒绝提供有关情况和资料。若发现有上述违规现象，除对责任者视其情节给予通报批评和罚款外，责任者还必须承担由此产生的一切后果。

（3）事故分析。

事故分析的主要任务是：查清事故发生经过；找出事故原因；分清事故责任；吸取事故教训，提出预防措施。

事故分析的流程是：通过整理和仔细阅读调查材料，按事故分析流程图（图 1-6）中所列的七项内容进行分析，确定事故的直接原因、间接原因和事故责任者。

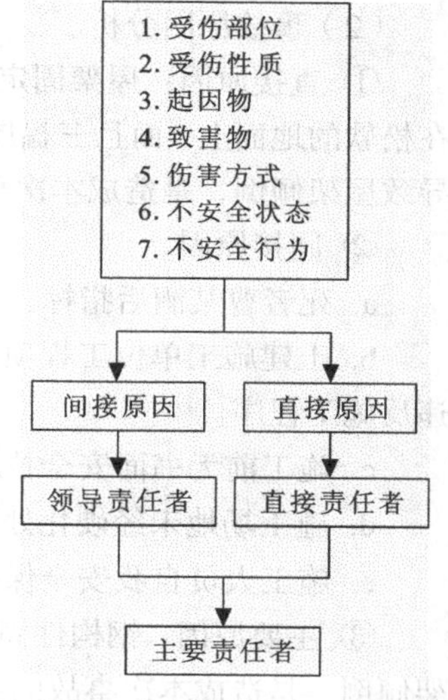

图 1-6　事故分析流程图

① 事故原因分析。

Ⅰ. 直接原因。根据《企业职工伤亡事故分类标准》（GB 6441—1986）附录 A，直接导致伤亡事故发生的机械、物质和环境的不安全状态，以及人的不安全行为，是事故的直接原因。

Ⅱ. 间接原因。事故中属于技术和设计上的缺陷，教育培训不够、未经培训、缺乏或不懂安全操作技术知识，劳动组织不合理，对现场工作缺乏检查或指导错误，没有安全操作规程或不健全，没有或不认真实施事故防范措施，对事故隐患整改不利等原因，是事故的间接原因。

Ⅲ. 主要原因。导致事故发生的主要因素，是事故的主要原因。

② 事故责任认定。

Ⅰ. 事故性质通常分为以下三类。

a. 责任事故，即由于人的过失造成的事故。

b. 非责任事故，即由于人们不能预见或不可抗力的自然条件变化所造成的事故，或是在技术改造、发明创造、科学试验活动中，由于科学技术条件的限制而发生的无法预料的事故。但是，对于能够预见并可以采取措施加以避免的伤亡事故，或没有经过认真研究解决技术问题而造成的事故，不能包括在内。

c. 破坏性事故，是指为达到既定目的而故意制造的事故。对已确定为破坏性事故的，由公安机关认真追查破案，依法处理。

Ⅱ. 根据对事故应负责任的程度不同，事故责任者分为直接责任者和领导责任者。

因为违章操作，违章指挥，违反劳动纪律；发现事故危险征兆，不立即报告，不采取措施；私自拆除、毁坏、挪用安全设施；设计、施工、安装、检修、检验、试验错误等造成事故者为直接责任者。

因为指令错误；规章制度错误、没有或不健全；承包、租赁合同中无安全卫生内容和措施；

不进行安全教育、安全资格认证；机械设备超负荷、带病运转；劳动条件、作业环境不良；新、改、扩建项目不执行“三同时”制度；发现隐患不治理；发生事故不积极抢救；发生事故后不及时报告或故意隐瞒；发生事故后不采取防范措施，致使一年内重复发生同类事故；违章指挥等造成事故者为为领导责任者。

【事故分析案例】

（1）事故概况。2003 年 1 月 20 日下午，上海某建筑安装工程有限公司分包的某汽修车间工程，钢结构屋架地面拼装基本结束。13 时 20 分左右，专业吊装负责人曹某酒后来到车间西北侧东西向并排停放的三榀长 21 m，高 0.9 m，重约 1.5 t 的钢屋架前，弯腰在最南边的一榀屋架下查看拼装质量，发现北边第三榀屋架略向北倾斜，即指挥两名工人用钢管撬平并加固。由于两工人用力不匀，使得该榀屋架反过来向南倾倒，导致三榀屋架连锁一起向南倒下。当时曹某还蹲在构件下，没来得及反应，整个身子被压在构件下，待现场人员搬开三榀屋架，曹某已七孔出血，经医护人员现场抢救无效而死亡。

（2）事故原因分析。

① 直接原因：屋架固定不符合要求，南边只用三根直径 4.5 cm 的短钢管作为支撑，且支在松软的地面上，而且三榀屋架并排放在一起；曹某指挥站立位置不当；工人撬动时用力不匀，导致屋架倾倒，是造成本次事故的直接原因。

② 间接原因。

a. 死者曹某酒后指挥，为事故发生埋下了极大的隐患。

b. 土建施工单位工程项目部在未完备吊装分包合同的情况下，盲目同意吊装队进场施工，违反施工程序。

c. 施工前无书面安全技术交底，违反操作程序。

d. 施工场地未经硬化处理，给构件固定支撑带来松动余地。

e. 施工人员自我安全保护意识差，没有切实有效的安全防护措施。

③ 主要原因：钢构件固定不规范，曹某指挥站立位置不当，工人撬动时用力不匀，导致屋架倾倒，是造成本次事故的主要原因。

（3）事故责任认定。

① 公司法定代表严某，对项目部安全生产工作管理不严，对本次事故负有领导责任。

② 现场管理经理朱某，在未完备吊装分包合同的情况下，盲目同意吊装队进场施工，对专业分包单位安全技术、操作规程交底不够，对本次事故负有主要责任。

③ 项目部安全员虞某、技术员李某、施工员叶某，对分包队伍的安全检查、监督、安全技术措施的落实等工作管理力度不够，对本次事故均负有一定的责任。

④ 吊装单位负责人曹某酒后指挥，对本次事故负有重要责任。

（4）撰写事故调查报告。事故调查组应当自事故发生之日起 60 日内提交事故调查报告；特殊情况下，经负责事故调查的人民政府批准，提交事故调查报告的期限可以适当延长，但延长的期限最长不超过 60 日。

事故调查报告应当包括下列内容。

① 事故发生单位概况。

② 事故发生经过和事故救援情况。

③ 事故造成的人员伤亡和直接经济损失。

④ 事故发生的原因和事故性质。

⑤ 事故责任的认定以及对事故责任者的处理建议。

⑥ 事故防范和整改措施。

（5）事故处理。

① 重大事故、较大事故、一般事故，负责事故调查的人民政府应当自收到事故调查报告之日起15日内做出批复；特别重大事故，30日内做出批复，特殊情况下，批复时间可以适当延长，但延长的时间最长不超过30日。

有关机关应当按照人民政府的批复，依照法律、行政法规规定的权限和程序，对事故发生单位和有关人员进行行政处罚，对负有事故责任的国家工作人员进行处分。

事故发生单位应当按照负责事故调查的人民政府的批复，对本单位负有事故责任的人员进行处理。负有事故责任的人员涉嫌犯罪的，依法追究刑事责任。

② 事故处理要坚持“四不放过”的原则。即事故原因没有查清不放过，事故责任者没有严肃处理不放过，广大员工没有受教育不放过，防范措施没有落实不放过。

③ 在进行事故调查分析的基础上，事故责任项目部应根据事故调查报告中提出的事故纠正与预防措施建议，编制详细的纠正与预防措施，经公司安全部门审批后，严格组织实施。事故纠止与预防措施实施后，由公司安全部门负责实施验证。

④ 对事故造成的伤亡人员工伤认定、劳动鉴定、工伤评残和工伤保险待遇处理，由公司工会和安全部门按照国务院《工伤保险条例》和所在省市综合保险有关规定进行处置。

⑤ 事故发生单位应当认真吸取事故教训，落实防范和整改措施，防止事故再次发生。防范和整改措施的落实情况应当接受工会和职工的监督。事故处理的情况由负责事故调查的人民政府或者其授权的有关部门、机构向社会公布，依法应当保密的除外。

⑥ 事故调查处理结束后，公司或项目部（分公司）安全部门应负责将事故详情、原因及责任人处理等编印成事故通报，组织全体职工进行学习，从中吸取教训，防止事故的再次发生。每起事故处理结案后，公司安全部门应负责将事故调查处理资料收集整理后实施归档管理。

1.7.2 应急救援

1. 应急救援的目标、任务和内容

应急救援是指有害环境因素和危险源控制失效的情况下，为预防和减少可能随之引发的伤害和其他影响，所采取的补救措施和抢救行动。

（1）应急救援的总目标。施工现场各类事故应急救援的总目标是通过有效的应急救援行动，尽可能地降低事故的后果，包括人员伤亡、财产损失和环境破坏等。

（2）安全事故应急救援的基本任务。

① 抢救受害人员。抢救受害人员是施工现场事故应急救援的首要任务。紧急事故发生后，应立即组织营救受害人员，组织撤离或者采取其他措施保护危害区域内的其他人员。为降低伤亡率，减少事故损失，在应急救援行动中，必须做到快速、有序，有效地实施现场急救工作和安全转送伤员。及时组织危险区或可能受到危害的区域内人员采取各种措施进行自身防护，必

要时迅速撤离出危险区或可能受到危害的区域。在撤离过程中，应积极组织人们开展自救和互救工作。

② 控制事故危险源。施工现场应急救援工作的另一重要任务，就是必须及时地控制住危险源，迅速控制事态，防止事故扩大蔓延，并对事故造成的危害进行检测、监测，测定事故的危害区域、危害性质及危害程度，防止事故的继续扩展，及时有效地进行救援。

③ 做好现场恢复消除危害后果。组织相关人员及时清理事故造成的各类废墟和恢复基本设施，将事故现场恢复至相对稳定的状态。针对事故对人体、土壤、动植物、空气等造成的现实危害和可能的危害，迅速采取封闭、隔离、洗消、监测等措施，防止对人的继续危害和对环境的污染。

④ 评估危害程度，查清事故原因。事故发生后应及时调查事故的发生原因和事故性质，评估出事故的危害范围和危险程度，查明人员伤亡情况，做好事故原因调查，并总结救援工作中的经验和教训，评价施工现场应急预案，以便改进预案，确保预案最关键部分的有效性和应急救援过程的完整性。

（3）应急救援的内容。

① 事故的预防。包括避免事故发生的预防工作和防止事故扩大蔓延的预防工作。通过安全管理和安全技术手段，尽可能地防止事故的发生。如加大建筑物的安全距离、施工现场平面布置的安全规划、减少危险物品的存量、设置防护墙以及开展安全教育等，在假定事故必然发生的前提下，通过预先采取的预防措施，达到防止事故扩大蔓延，降低或减缓事故的影响或后果的严重程度。从长远看，低成本、高效率的预防措施是减少事故损失的关键。

② 事故应急准备。施工现场安全事故应急准备是针对可能发生的各类安全事故，为迅速有效地开展应急行动而预先所做的各种准备，包括应急体系的建立、有关部门和人员职责的落实、预案的编制、应急队伍的建设、应急设备（施）与物资的准备和维护、预案的演练、与外部应急力量的衔接等，其目标是保持重大事故应急救援所需的各种应急能力。应急准备是应急管理过程中一个极其关键的过程。

③ 事故应急响应。应急响应的主要目标是尽可能地抢救受害人员，保护可能受威胁的人群，尽可能控制并消除事故危害。现场各类事故应急响应的任务是当各类事故发生后立即采取报警与通报，组织人员紧急疏散，现场急救与医疗，消防和工程抢险措施，信息收集与应急决策和外部求援等应急与救援相关的行动。

④ 现场恢复。在事故发生并经相关部门的相应处理之后，应立即进行恢复工作，进行事故损失评估、原因调查、清理废墟等，使事故影响区域恢复到相对安全的基本状态，然后逐步恢复到正常状态。恢复工作中，应注意避免出现新的紧急情况，应汲取事故和应急救援的经验教训，开展进一步的预防工作和减灾行动。

2. 应急救援预案的编制

（1）应急救援预案的含义。应急救援组织是施工单位内部专门从事应急救援工作的独立机构。

应急救援预案是指事先制定的关于生产安全事故发生时进行紧急救援的组织、程序、措施、责任以及协调等方面的方案和计划，涵盖事故应急救援工作的全过程。应急救援体系综合了保证应急救援预案的具体落实所需要的组织、人力、物力等各种要素及其调配关系，是应急救援预案能够落实的保证。

事故应急救援预案有三个方面的含义：一是事故预防。通过危险辨识、事故后果分析，采用技术和管理手段降低事故发生的可能性，且使可能发生的事故控制在局部，防止事故蔓延。二是应急处理。当事故（或故障）一旦发生，有应急处理程序和方法，能快速反应处理故障或将事故消除在萌芽状态。三是抢险救援。采用预定的现场抢险和抢救的方式，控制或减少事故造成的损失。

（2）应急救援预案的编制要求。应急救援预案的编制应根据对危险源与环境因素的识别结果，确定可能发生的事故或紧急情况的控制措施失效时所应采取的补充措施和抢救行动，以及针对可能随之引发的伤害和其他影响所采取的措施。应急救援预案的编制应与安全生产保证计划同步编写。

应急救援预案涵盖事故应急救援工作的全过程，适用于项目施工现场范围内可能出现的事故或紧急情况的救援和处理。

工程总承包单位应当负责统一编制应急救援预案，工程总承包单位和分包单位按照应急救援预案，各自建立应急救援组织或者配备应急救援人员，配备救援器材、设备，并定期组织演练。

（3）应急救援预案的编制原则。

① 重点突出，针对性强。应结合本单位安全方面的实际情况，分析可能导致事故发生的原因，有针对性地制定预案。

② 统一指挥，责任明确。预案实施的负责人以及施工单位各有关部门和人员如何分工、配合、协调，应在应急救援预案中加以明确。

③ 程序简明，步骤明确。应急救援预案程序要简明，步骤要明确，具有高度可操作性，保证发生事故时能及时启动、有序实施。

（4）应急救援预案的编制程序。

① 成立应急救援预案编制组，并进行分工，拟订编制方案，明确职责。

② 根据需要收集相关资料，包括施工区域的地理、气象、水文、环境、人口、危险源分布情况、社会公用设施和应急救援力量现状等。

③ 进行危险辨识与风险评价。

④ 对应急资源（包括软件、硬件）进行评估 。

⑤ 确定指挥机构、人员及其职责。

⑥ 编制应急救援计划。

⑦ 对预案进行评估。

⑧ 修订完善，形成应急救援预案的文件体系。

⑨ 按规定将预案上报有关部门和相关单位。

⑩ 对应急救援预案进行修订和维护。

（5）应急救援预案的主要内容。

① 制定应急救援预案的目的和适用范围。

② 组织机构及其职责。明确应急救援组织机构、参加部门、负责人和人员及其职责、作用和联系方式。

③ 危害辨识与风险评价。确定可能发生的事故类型、地点、影响范围及可能影响的人数。

④ 通告程序和报警系统。包括确定报警系统及程序、报警方式、通信联络方式，向公众报警的标准、方式、信号等。

⑤ 应急设备与设施。明确可用于应急救援的设施和维护保养制度，明确有关部门可利用的应急设备和危险监测设备。

⑥ 求援程序。明确应急反应人员向外求援的方式，包括与消防机构、医院、急救中心的联系方式。

⑦ 保护措施程序。保护事故现场的方式方法，明确可授权发布疏散作业人员及施工现场周边居民指令的机构及负责人，明确疏散人员的接收中心或避难场所。

⑧ 事故后的恢复程序。明确决定终止应急、恢复正常秩序的负责人，宣布应急取消和恢复正常状态的程序。

⑨ 培训与演练。包括定期培训、演练计划及定期检查制度，对应急人员进行培训，并确保合格者上岗。

⑩ 应急预案的维护。更新和修订应急预案的方法，根据演练、检测结果完善应急预案。

3. 应急救援组织与器材

为真正将应急救援预案落到实处，使应急救援预案真正能够发挥作用，施工单位应当按照有关规定，建立应急救援组织，配备必要的应急救援器材、设备。

（1）应急救援组织与应急救援人员配备。施工单位应当根据企业和工程项目的具体情况，建立应急救援组织，配备应急救援人员。应急救援组织一般包括应急救援领导小组、现场抢救组、医疗救治组、后勤服务组和保安组。应急救援人员应经过培训和演练，从而了解建筑业事故的特点，熟悉本单位安全生产情况，掌握应急救援器材、设备的性能、使用方法以及救援、救护的方法、技能。施工现场应当配备专职或兼职急救员。急救员应经考核合格，取得省建筑行政主管部门颁发的施工现场急救员岗位证书。

（2）应急救援器材、设备的配备。施工单位和工程项目部应当根据生产经营活动的性质和规模、工程项目的特点，有针对性地配备应急救援器材、设备。如：灭火器、消防桶等消防器材，担架、氧气袋、消毒和解毒药品等医疗急救器材，电话、移动电话、对讲机等通讯器材，应急灯、手电筒等照明器材，可以随时调用的汽车、吊车、挖掘机、推土机等机械设备等。

4. 应急救援的演练

应急救援演练是指施工单位为了保证发生生产安全事故时，能够按救援预案有针对性地实施救援而进行的实战演习。

（1）演练的目的。通过演练，一是检验预案的实用性、可用性、可靠性；二是检验救援人员是否明确自己的职责和应急行动程序，以及队伍的协同反应水平和实战能力；三是提高人们避免事故、防止事故、抵抗事故的能力，提高对事故的警惕性；四是取得经验以改进应急救援预案。

（2）演练的方式。

演练的形式可采用桌面演练和现场演练。依据应急预案的不同可分为现场处置预案、专项应急预案演练、综合应急预案演练。应急救援演练应定期举行，其间隔时间根据相关规定。事故应急救援的演练依托于应急救援预案，是对预案的熟悉与验证。依据《生产安全事故应急预案管理办法》(案监总局第 17 号)预案分为：综合应急预案、专项应急预案和现场处置预案，故依据预案的不同可以分为综合应急预案演练、专项应急预案演练和现场处置预案演练(参见 17 号令第 26 条)。

(3)演练的注意事项。

① 做好应急救援演练的前期准备工作。制定演练计划，组织好参加演练的各类人员，备齐应急救援器材、设备。

② 严格按照应急救援预案实施救援。演练人员要各负其责，相互配合，要严格执行安全操作规程，正确使用救援设备和器材。

③ 演练人员要注意自我保护。在演练前，要设置安全设施，配齐防护用具，加强自我保护，确保演练过程中的人身安全和财产安全。

④ 及时进行总结。每一次演练后，应核对预案是否被全面执行，如发现不足和缺陷，应及时对事故应急救援预案进行补充、调整和改进，以确保一旦发生事故，能够按照预案的要求，有条不紊地开展事故应急救援工作。

技能训练

一、判断

1. 安全管理通常包括安全法规、安全技术、工业卫生三个方面。 (　　)

2. “安全第一、预防为主”是我国现行的安全生产方针。 (　　)

3. 安全生产委员会(或小组)是工程项目安全生产的最高权力机构，负责对工程项目安全生产的重大事项及时做出决策。 (　　)

4. 项目经理为本项目部安全施工工作第一责任者。 (　　)

5. 安全生产责任制是建筑施工企业所有安全规章制度的核心。 (　　)

6. 安全管理目标的分解要做到横向到边、纵向到底，纵横连锁，形成网络。 (　　)

7. 经批准的安全技术措施遇到因条件变化或者考虑不周需变更安全技术措施内容时，应经原编制、审批人员办理变更手续，否则不能擅自变更。 (　　)

8. 安全技术交底工作在正式作业前进行，可以只采用口头讲解的方式。 (　　)

9. 在经批准临时占用的区域，应严格按批准的占地范围和使用性质存放、堆卸建筑材料或机具设备，临时区域四周应设置高于 1.8 m 的围栏。 (　　)

10. 工地厕所的粪便可以直接排入下水道。 (　　)

11. 特种作业操作资格证书在全国范围内均有效，离开特种作业岗位一定时间后，无须重新进行实际操作考核，可立即上岗作业。 (　　)

12. 对变换工种的工人必须进行转岗安全教育。 (　　)

13. 安全检查包括预知危险和消除危险，两者缺一不可。 (　　)

14. 《建筑施工安全检查评分标准》由汇总表和检查评分表两个层次的表格构成。 (　　)

15. 分项检查评分表是用以进行评分记录的表格，共有 10 张分项检查评分表。 (　　)

16. 分项检查评分表中，每个检查项目的扣减分值总和不得超过该检查项目的应得分值。（　）

17. 当保证项目小计得分不足40分时，此检查评分表的总分为40分。（　）

18. 在检查评分表中，遇有多个脚手架、塔吊、龙门架、井字架时，则该项得分应为各单项实得分数的算术平均值。（　）

19. 有一检查评分表未得分，汇总表得分在75分及其以上时，该施工安全检查可评定为不合格。（　）

20. 调查组有权向事故发生单位、各有关单位和个人了解事故的有关情况，索要有关资料，任何单位及个人不得拒绝和隐瞒。（　）

二、单项选择题

1. 各种各样的事故，绝大多数是由（　）造成的。

A. 人的不安全因素　B. 物的不安全状态

C. 管理上的不安全因素　D. 管理上的缺陷

2. 建筑面积在（　）或造价在（　）的工程项目，应设置安全领导小组。

A. 50 000m^{2}以上，3000万元人民币以上　B. 50 000m^{2}以下，3000万元人民币以下

C. 60 000m^{2}以下，4000万元人民币以下　D. 70 000m^{2}以下，5000万元人民币以下

3. 安全生产委员会的人员以（　）为宜。

A. 2～3人　B. 3～5人　C. 5～7人　D. 7～8人

4. 下列选项中，不属于安全生产委员会组成成员的是（　）。

A. 工程项目经理　B. 主管生产和技术的副经理

C. 专职安全管理人员　D. 分包单位负责人

5. 安全生产委员会（或安全生产领导小组）主任（或组长）由（　）担任。

A. 主管生产和技术的副经理　B. 工程项目经理

C. 分包单位负责人　D. 安全部负责人

6. 某施工项目的建筑面积为20 000m^2，则此施工项目应设置的安全管理人员为（　）。

A. 1人　B. 2人　C. 3人　D. 4人

7. 施工项目的建筑面积为（　）时，需要设置3名安全管理人员。

A. 10 000m^{2}及以下　B. 10 000～30 000m^2　C. 30 000～50 000m^2　D. 50 000m^{2}以上

8. 依法对本企业的日常生产经营活动和安全生产工作负全面责任的是建筑施工企业的（　）。

A. 主要负责人　B. 专职安全生产管理人员

C. 分管安全生产的负责人　D. 项目负责人

9. 《建设工程安全生产管理条例》规定，对于达到一定规模的危险性较大的分部分项工程，施工单位应当编制（　）。

A. 单项工程施工组织设计　B. 安全施工方案

C. 专项施工方案　D. 施工组织设计

10. 下列选项中，不需要编制专项安全施工技术方案的是（　）。

A. 起重吊装作业　B. 场内运输道路的布置

C. 基坑支护作业　D. 水下工作

11. 施工单位在编制施工组织设计时，应当根据建筑工程的特点制定相应的（　　）。

A. 安全防护措施　　B. 安全技术措施
C. 安全技术制度　　D. 质量技术制度

12. 在市区主要路段和市容景观道路及机场、码头、车站广场设置的围栏其高度不得小于（　　），在其他路段设置的围栏，其高度不得小于（　　）。

A. 2.4 m，1.4 m　　B. 2.3 m，1.6 m　　C. 2.0 m，1.5 m　　D. 2.5 m，1.8 m

13. 施工现场的标牌规格是（　　）。

A. 1.0 m（宽）×0.8 m（高）　　B. 1.2 m（宽）×0.8 m（高）
C. 1.0 m（宽）×0.9 m（高）　　D. 1.2 m（宽）×0.9 m（高）

14. 施工现场的标牌底边距地高为（　　）。

A. 1.0 m　　B. 1.2 m　　C. 1.3 m　　D. 1.5 m

15. 《安全色》规定，红色代表的意思为（　　）。

A. 警告、注意　　B. 指令、遵守　　C. 禁止、危险　　D. 通行、安全

16. 根据《安全色》的规定，安全色分为红、黄、蓝、绿 4 种颜色，分别表示（　　）。

A. 禁止、指令、警告、提示　　B. 指令、禁止、警告、提示
C. 禁止、警告、指令、提示　　D. 提示、禁止、警告、指令

17. 对新入场工人的公司级安全教育一般是由企业的（　　）等部门配合进行的。

A. 安全、法律、劳动、技术　　B. 安全、教育、劳动、技术
C. 组织、法律、劳动、技术　　D. 安全、教育、组织、技术

18. 建筑业企业（　　）的工人，必须接受三级安全生产培训教育，经考核合格后，方能上岗。

A. 转岗　　B. 新进场　　C. 变换工种　　D. 从事特种作业

19. 施工单位在采用新技术、新工艺、新设备、新材料时，应当对（　　）进行相应的安全生产教育培训。

A. 施工班组长　　B. 项目施工员　　C. 作业人员　　D. 项目负责人

20. 特种作业人员必须按照国家有关规定经过专门的安全作业培训，并取得特种作业（　　）证书后，方可上岗作业。

A. 操作资格　　B. 许可资格　　C. 安全资格　　D. 岗位资格

21. 企业专职安全生产管理人员取得岗位合格证书并持证上岗后，每年还必须接受安全专业技术培训，时间不得少于（　　）。

A. 15 学时　　B. 20 学时　　C. 30 学时　　D. 40 学时

22. 三级安全教育是指（　　）三级。

A. 企业法定代表人、项目负责人、班组长　　B. 公司、项目、班组
C. 总包单位、分包单位、工程项目　　D. 分包单位、工程项目、班组

23. 垂直运输机械作业人员、安装拆卸工、爆破作业人员、起重信号工、登高架设作业人员等特种作业人员，必须按照国家有关规定经过（　　）培训，并取得特种作业操作资格证书后，方可上岗作业。

A. 专门的安全作业　　B. 三级教育　　C. 安全教育　　D. 安全技能

24. 公司级的安全培训教育时间不得少于（　　）。

A. 14 学时　　B. 15 学时　　C. 16 学时　　D. 17 学时

25. 班组安全培训教育时间不得少于（　　）。

A. 15学时　　B. 18学时　　C. 19学时　　D. 20学时

26. 企业待岗、转岗、换岗的职工，在重新上岗前，必须接受一次安全培训，时间不得少于（　　）。

A. 15学时　　B. 18学时　　C. 19学时　　D. 20学时

27. 企业法定代表人、项目经理每年接受安全生产培训的时间，不得少于（　　）。

A. 15学时　　B. 20学时　　C. 30学时　　D. 40学时

28. 《建设工程安全生产管理条例》规定，（　　）负责对安全生产进行现场监督检查。

A. 专职安全生产管理人员　　B. 工程项目技术人员

C. 工程项目施工员　　D. 项目负责人

29. 企业必须建立定期分级安全生产检查制度，（　　）组织一次全面的安全生产检查。

A. 每月　　B. 每旬　　C. 每季度　　D. 每半年

30. 项目经理部（　　）组织一次安全生产检查。

A. 每月　　B. 每旬　　C. 每季度　　D. 每半年

31. 现场专职安全管理人员和安全值班人员每天例行开展的安全巡视、检查属于（　　）。

A. 定期安全生产检查　　B. 经常性安全生产检查

C. 专业性安全生产检查　　D. 季节性安全生产检查

32. 检查评分表是进行具体检查时用以进行评分记录的表格，与汇总表中的10个分项内容相对应，共有（　　）检查评分表。

A. 10张　　B. 12张　　C. 17张　　D. 19张

33. 每张检查评分表的满分都是100分，分为保证项目和一般项目的检查表，保证项目满分为（　　），一般项目满分为（　　）。

A. 50分，50分　　B. 40分，60分　　C. 60分，40分　　D. 70分，30分

34. 汇总表是对（　　）分项内容检查结果的汇总，利用汇总表所得分值，来确定和评价工程项目的安全生产工作情况。

A. 5个　　B. 6个　　C. 8个　　D. 10个

35. 遇保证项目缺项，保证项目小计得分不足（　　）时，检查评分表总分分值为零分。

A. 40分　　B. 45分　　C. 50分　　D. 60分

36. 施工安全检查的评定结论为优良时，分项检查评分表无零分，汇总表得分为（　　）。

A. 65分（含65分）以上　　B. 70分（含70分）以上

C. 75分（含75分）以上　　D. 80分（含80分）以上

37. “起重吊装”检查评分表或“施工机具”检查评分表未得分，汇总表得分在80分以下，这种情况可评定为（　　）。

A. 优秀　　B. 优良　　C 合格　　D. 不合格

38. 某施工现场按照《建筑施工安全检查标准》评分，各分项折合得分如下：安全管理8.5分，文明施工17.5分，脚手架8分，基坑支护与模板工程8.2分，“三宝”、“四口”防护8.5分，施工用电8.5分，物料提升机与外用电梯8.6分，施工机具4.5分，塔吊和起重吊装缺项。计算该施工现场汇总表实得分为（　　）。

A. 72.30分　　B. 80.33分　　C. 85.05分　　D. 90.37分

39. 某施工现场使用3台塔机，按照《建筑施工安全检查标准》评分，1号塔吊得分为92分，

2 号塔吊得分为 83 分，3 号塔吊得分为 86 分，该施工现场塔吊分项表实得分为（ ）。

A. 92 分　B. 83 分　C. 86 分　D. 87 分

40. 分包单位应当服从总承包单位的安全生产管理，分包单位不服从管理导致生产安全事故的，分包单位承担（ ）责任。

A. 全部　B. 连带　C. 主要　D. 部分

41. 总包单位根据工程进度情况除进行不定期、季节性的安全检查外，工程项目经理部（ ）由项目执行经理组织一次检查。

A. 每周　B. 每半个月　C. 每个月　D. 每两个月

42. 事故发生后，轻伤和重伤事故由（ ）或由其指定人员组织生产、技术、安全等部门及工会组成事故调查组，进行调查。

A. 项目经理　B. 企业负责人　C. 安全管理人员　D. 检查部门

43. 在伤亡事故发生后隐瞒不报、谎报、故意迟延不报、故意破坏事故现场，或者无正当理由，拒绝接受调查以及拒绝提供有关情况和资料的，由有关部门按照国家有关规定，对有关单位负责人和直接责任人员给予行政处分；构成犯罪的，由司法机关（ ）。

A. 依法追究行政责任　B. 依法追究刑事责任　C. 依法追究经济责任　D. 依法追究民事责任

44. 下列各选项中，属于特别重大事故的是（ ）。

A. 造成 30 人以上死亡，或者 100 人以上重伤（包括急性工业中毒），或者 1 亿元以上的经济损失的事故

B. 造成 10 人以上 30 人以下死亡，或者 50 人以上 100 人以下重伤，或者 5000 万元以上 1 亿元以下直接经济损失的事故

C. 造成 3 人以上 10 人以下死亡，或者 10 人以上 50 人以下重伤，或者 1000 万元以上 5000 万元以下直接经济损失的事故

D. 造成 3 人以下死亡，或者 10 人以下重伤，或者 1000 万元以下直接经济损失的事故

45. 在建筑施工中死亡人数在 3～9 人，重伤人数在 20 人以上为（ ）。

A. 一般事故　B. 较大事故　C. 重大事故　D. 特别重大事故

46. 对于重伤以上的事故应组织调查组，尽快查明事故原因，拟定改进措施，提出对事故责任者的处理意见，填写《职工伤亡事故调查报告书》，在事故发生后（ ）内报送单位主管部门、当地安全监管部门、工会和其他有关单位。

A. 半年　B. 半个月　C. 两个月　D. 一个月

47. 重大事故发生后，事故发生单位应在（ ）内写出书面报告，按规定逐级上报。

A. 2 小时　B. 8 小时　C. 12 小时　D. 24 小时

48. 下列选项中，重大事故书面报告不应当包括的内容为（ ）。

A. 事故受害者的个人简历　B. 事故报告单位　C. 事故发生的原因的初步判断

D. 事故发生的时间、地点、工程项目、企业名称

49. 事故隐患泛指生产系统导致事故发生的（ ）。

A. 潜藏着的祸患

B. 人的不安全行为、物的不安全状态和管理上的缺陷

C. 各种危险物品以及管理上的缺陷　D. 人、机、环境的危险性

50. 事故的直接原因是指机械、物质或环境的不安全状态和（ ）。

A. 没有安全操作规程或不健全　　B. 人的不安全行为

C. 劳动组织不合理　　D. 对现场工作缺乏检查或指导错误

51. 在事故调查处理中，通过对直接原因和间接原因的分析，确定事故的直接责任者和（　　）责任者，再根据其在事故发生过程中的作用，确定主要责任者。

A. 领导　　B. 管理　　C. 间接　　D. 有关

52. 下列选项中，关于伤亡事故的调查处理步骤，排列正确的是（　　）。

①迅速抢救伤员并保护好事故现场；②组织事故调查组；③现场勘查；④分析事故原因，明确责任者；⑤提出处理意见，制定预防措施；⑥写出调查报告；⑦事故的处理结案。

A. ①②③④⑤⑥⑦　　B. ①②④③⑤⑥⑦　　C. ②①⑤③④⑥⑦　　D. ⑤②①④③⑥⑦

53. 根据生产安全事故造成的人员伤亡或者直接经济损失分类，较大事故是指造成（　　）死亡的事故，重大事故是指造成（　　）死亡的事故。

A. 1～3人，3～10人　　B. 1～3人，10～30人

C. 3～10人，30人以上　　D. 3～10人，10～30人

54. 某企业虽然制定了安全规程，但安全规程很不健全，并且执行不力，由此导致事故发生。这种原因属于事故的（　　）原因。

A. 意外　　B. 直接　　C. 间接　　D. 必然

55. 伤亡事故中的重大事故的直接经济损失额为（　　）。

A. 1 000万元以上　　B. 1 000万～5 000万元

C. 5 000万～1亿元　　D. 1亿元以上

56. 下列选项中，不属于事故的间接原因的是（　　）。

A. 对事故隐患整改不力　　B. 作业场地烟雾尘弥漫，视物不清

C. 教育培训不够，未经培训，缺乏或不懂安全操作技术知识

D. 机械设备、仪器仪表的设计、施工和材料使用存在问题

57. 根据事故给受伤害者带来的伤害程度及其劳动能力丧失的程度可将事故分为几类，（　　）除外。

A. 轻伤　　B. 重伤　　C. 伤残　　D. 死亡

58. 一次死亡（　　）以上的事故，应立即组织录像和召开现场会，教育全体职工。

A. 2人　　B. 3人　　C. 4人　　D. 5人

59. 下列选项中，不属于领导责任者的责任认定范围的是（　　）。

A. 规章制度错误，没有或不健全

B. 承包、租赁合同中无安全卫生内容和措施

C. 不进行安全教育、安全资格认证

D. 发现事故危险征兆，不立即报告，不采取措施

60. 调查组在调查工作结束后（　　）内，应当将调查报告送批准成立调查组的人民政府和建设行政主管部门以及调查组其他成员部门。经组成调查组的部门同意，调查组调查工作即告结束。

A. 10日　　B. 15日　　C. 20日　　D. 25日

61. 伤亡事故处理工作应当在（　　）内结案，特殊情况不得超过（　　）。

A. 30日，90日　　B. 90日，200日　　C. 60日，120日　　D. 90日，180日

三、多项选择题

1. 建设工程安全生产管理必须坚持（　　）的方针。

A. 安全第一　　B. 预防为主　　C. 重点治理　　D. 综合治理

2. 下列选项中，关于安全管理人员的配置，叙述正确的是（　　）。

A. 施工项目的建筑面积为 10 000m^2，可设置 1 人

B. 施工项目的建筑面积为 50 000m^2，可设置 2 人

C. 施工项目的建筑面积在 50 000m^2 以上，至少设置 3 人

D. 施工项目在 50 000m^2 及以上，按专业设置专职安全员

3. 安全生产责任制实行分级考核，即（　　）由施工单位考核机构进行考核。

A. 施工单位各职能部门　　B. 项目部

C. 工程项目负责人　　D. 作业人员

4. 下列作业中，必须编制专项安全施工技术方案的有（　　）。

A. 爆破、拆除作业　　B. 基坑开挖作业　　C. 起重吊装作业

D. 水下、基坑支护作业　　E. 脚手架、模板作业

5. 安全技术措施的编制要求包括（　　）。

A. 施工安全技术措施的编制要有针对性　　B. 施工安全技术措施的编制要有预见性

C. 施工安全技术措施的编制要有及时性　　D. 施工安全技术措施的编制要有可操作性

6. 工程开工之前，安全员应将工程概况、施工方法及安全技术措施，向参加施工的（　　）进行安全技术措施交底。

A. 工地负责人　　B. 技术负责人　　C. 工长

D. 班组长　　E. 施工人员

7. 需要组织专家论证、审查安全专项施工方案的工程有（　　）。

A. 开挖深度超过 5 m 的基坑土方　　B. 滑模模板系统

C. 搭设高度超过 20 m 的落地式脚手架　　D. 跨度 30 m 以上的结构吊装工程

8. 文明施工的基本条件包括（　　）。

A. 有整套的施工组织设计　　B. 有严格的成品保护措施和制度

C. 施工场地平整，道路畅通，排水设施得当，四季绿化

D. 工序衔接交叉合理，交接责任明确

E. 大小临时设施和各种材料、构件、半成品按平面布置堆放整齐

9. 施工现场围挡应沿工地四周连续设置，使用的材料应（　　）。

A. 能够循环使用　　B. 稳定　　C. 整洁　　D. 坚固　　E. 美观

10. 下列选项中，关于建筑施工现场职工宿舍的叙述正确的有（　　）。

A. 冬季，北方严寒地区的宿舍应有保暖和防止煤气中毒措施

B. 夏季，宿舍内应有消暑和防蚊虫叮咬的措施

C. 宿舍内应当设置 2.0 m×0.9 m 规格的单层或双层单人床，床铺应高于地面 0.2 m

D. 二楼以上的宿舍应设垃圾箱、倒水斗和水源

E. 宿舍及其周围要保持环境卫生，建立健全卫生保洁、防疫、消防等各项管理制度，并落实到责任人

11. 施工现场的标志牌要在醒目位置，以下选项中，属于“五牌一图”的是（　　）。

A. 工程概况牌　B. 消费保卫牌　C. 安全生产牌
D. 文明施工牌　E. 施工组织图

12. 安全教育的对象有（　　）。

A. 建筑施工企业的主要负责人　B. 建筑施工企业的项目负责人　C. 路过工地的行人
D. 建筑施工企业的专职安全生产管理人员　E. 建筑设计师

13. 下列选项中，安全生产培训时间不得少于20学时的企业人员有（　　）。

A. 电工、焊工、架子工等特殊工种　B. 企业其他管理人员和技术人员
C. 企业专职安全生产管理人员　D. 企业法定代表人、项目经理
E. 企业待岗、转岗、换岗的职工，在重新上岗前

14. 安全教育的内容包括（　　）。

A. 安全生产思想教育　B. 安全知识教育　C. 安全措施教育
D. 安全技能教育　E. 法制教育

15. 安全教育的形式有（　　）。

A. 安全生产会议　B. 安全文化知识竞赛　C. 宣传娱乐
D. 实际操作演练法　E. 宣传标语及标志

16. 在下列施工单位的作业人员中，属于特种作业人员的有（　　）。

A. 安装拆卸工　B. 钢筋工　C. 电工
D. 垂直运输机械作业人员　E. 起重信号工

17. 安全检查的方法包括（　　）。

A. 看　B. 量　C. 测
D. 运转试验　E. 自检、互检和交接检查

18. 下列选项中，属于专业安全生产检查组组成人员的是（　　）。

A. 技术负责人　B. 劳资部门人员　C. 作业人员
D. 专职安全员　E. 专业技术人员

19. 分项检查评分表的结构形式分为两类，一类是自成体系的系统，如（　　）检查评分表，这类检查评分表规定的各检查项目之间有内在的联系。

A. 脚手架　B. 施工用电　C. 塔吊
D. “三宝”、“四口”防护　E. 施工机具

20. 检查评分表的结构形式分为两类，各检查项目之间无相互联系的逻辑关系，因此没有列出保证项目的评分表，如（　　）。

A. 脚手架　B. “三宝”、“四口”防护　C. 施工机具
D. 塔吊　E. 施工用电

21. 下列建筑施工安全检查评分汇总中，分值正确的有（　　）。

A. 安全管理10分　B. 文明施工8分　C. 脚手架10分
D. 起重吊装机10分　E. 施工机具10分

22. 下列选项中，属于施工现场的安全防护用具的是（　　）。

A. 绝缘鞋　B. 模板　C. 安全帽　D. 安全带　E. 消防桶

23. 下列选项中，属于作业人员使用的个人安全防护用品的是（　　）。

A. 安全帽　B. 安全带　C. 安全网　D. 焊接面罩　E. 限位器

24. 事故调查处理应当遵循“四不放过”的原则进行。“四不放过”的内容包括（　　）。

A. 事故原因分析不清不放过　B. 事故责任者和群众没有受到教育不放过

C. 没有防范措施不放过　D. 事故应急预案未制定不放过

E. 事故的责任者没受到处罚不放过

25. 重大事故书面报告（初报告）应当包括的内容有（　　）。

A. 事故发生的时间、地点、工程项目、企业名称

B. 事故发生原因的初步判断

C. 事故发生的简要经过、伤亡人数和直接经济损失的初步估计

D. 对事故责任人的处理意见

E. 事故发生后采取的措施及事故控制情况

26. 进行事故原因分析的步骤有（　　）。

A. 整理和阅读调查材料　B. 分析伤害方式

C. 分析确定事故的直接原因　D. 分析确定事故的间接原因

E. 确定事故的责任者

27. 下列选项中，属于事故发生间接原因的是（　　）。

A. 物体存放不当　B. 技术和设计上有缺陷

C. 劳动组织不合理　D. 对现场工作缺乏检查或指导错误

E. 没有或不认真实施事故防范措施

28. 事故按性质可以分为（　　）。

A. 责任事故　B. 非责任事故　C. 自然事故

D. 破坏事故　E. 技术事故

29. 施工单位应当向作业人员提供安全防护用具和安全防护服装，并书面告知危险岗位的（　　）。

A. 补助费的数量　B. 注意事项　C. 操作规程

D. 违章操作的危害　E. 作业方法

30. 直接责任者的责任认定范围包括（　　）。

A. 违章操作，违章指挥，违反劳动纪律　B. 发现事故危险征兆，不立即报告，不采取措施

C. 私自拆除、毁坏、挪用安全设施　D. 设计、施工、安装、检修、检验、试验错误

E. 发生事故不积极抢救

31. 下列选项中，属于领导责任者的责任认定范围的是（　　）。

A. 机械设备超负荷、带病运转　B. 劳动条件、作业环境不良

C. 违章操作，违章指挥，违反劳动纪律　D. 新、改、扩建项目不执行“三同时”制度

E. 发生事故后不及时报告或故意隐瞒

32. 责任者按与事故的关系可以分为（　　）。

A. 直接责任者　B. 间接责任者　C. 领导责任者

D. 主要责任者　E. 次要责任者

四、案例分析

1. 某大楼建筑面积为378.0 m^2，钢筋混凝土框架结构，地上6层，地下2层，由市建筑设计院设计，湖汉区建筑工程公司施工。在清运建筑垃圾时，施工单位心存侥幸心理，认为晚上清运垃圾，沿途人员活动较白天少，不会对周围居民产生多大影响，便没有采取遮盖措施，结果造成渣土一路有少量遗撒的现象发生。经市民举报受到有关部门罚款处理。后经整改，采用密闭车辆运输建筑垃圾，未再发生此类投诉事件。

根据以上情况，回答下列问题：

（1）清运建筑垃圾时不采取遮盖措施易造成何种污染？

（2）什么是文明施工？文明施工主要包括哪几方面的工作？

（3）文明施工在对现场周围环境和居民服务方面有何要求？

（4）简述文明施工的意义。

2. ××公司负责承建一座大型公共建筑，结构形式为框剪结构。结构施工完毕进入设备安装阶段，在进行地下一层设备机组吊装时，发生了设备坠落事件。设备机组重5 t，采用人字桅杆吊运，施工人员将设备运至吊装孔滚杆上，再将设备起升离开滚杆 25 cm，将滚杆撤掉。施工人员缓慢向下启动捌链时，捌链的销钉突然断开，致使设备坠落，造成损坏，直接经济损失35万元。经过调查，事故发生的原因是施工人员在吊装前没有对吊装索具设备进行详细检查，没有发现捌链的销钉已被修理过，并且不是原装销钉；施工人员没有在滚杆撤掉前进行动态试吊，就进行了正式吊装。

根据以上情况，回答下列问题：

（1）安全检查的目的是什么？

（2）安全检查的方法主要有哪些？

（3）安全检查的主要内容有哪些？

（4）施工现场安全检查有哪些主要形式？

3. ××市幸福小区住宅楼工程位于该市路北区，建设单位为飞天房地产开发有限公司，设计单位为市规划设计院，监理单位为五洲工程监理公司，政府质量监督机构为路北区质量监督站，施工单位是天通建设集团公司。在外墙装修抹灰阶段，一名抹灰工在五层贴抹灰用的分格条时，脚手板滑脱发生坠落事故，坠落过程中将首层兜网系结点冲开，撞在一层脚手架小横杆上，抢救无效死亡。

根据以上情况，回答下列问题：

（1）此次事故可定为哪种等级的事故？

（2）对该起伤亡事故调查处理的步骤是什么？

模块2

分部分项工程安全技术

【模块概述】

本模块重点讲述主要分部分项工程的安全技术，其中包括土方工程安全技术、地基处理工程安全技术、桩基工程安全技术、基坑支护工程安全技术、模板工程安全技术、钢筋工程安全技术、混凝土工程安全技术、砌体工程安全技术、钢结构工程安全技术、起重吊装工程安全技术、屋面及装饰装修工程安全技术等内容。

【学习目标】

1. 熟悉土方工程、地基处理工程、桩基工程安全技术。
2. 掌握基坑支护工程安全技术。
3. 掌握模板工程安全技术。
4. 熟悉钢筋工程、混凝土工程安全技术。
5. 熟悉砌体工程安全技术。
6. 了解钢结构工程安全技术。
7. 掌握起重吊装工程安全技术。
8. 熟悉屋面工程及装饰装修工程安全技术。

2.1 土方及基础工程安全技术

2.1.1 土方工程

1. 土方工程的危险性及土方坍塌的迹象

在土方工程施工过程中，首先遇到的就是场地平整和基坑开挖，因此将一切土的开挖、运输、填筑等称为土方工程。土方工程的危险性主要是坍塌，此外还有高处坠落、触电、物体打击、车辆伤害等。土方发生坍塌以前的主要迹象有以下几个方面。

（1）周围地面出现裂缝，并不断扩展。

（2）支撑系统发出挤压等异常响声。

（3）环梁或排桩、挡墙的水平位移较大，并持续发展。

（4）支护系统出现局部失稳。

（5）大量水土不断涌入基坑。

（6）相当数量的锚杆螺母松动，甚至有的槽钢松脱等。

2. 土方工程的事故隐患

土方施工的事故隐患主要包括以下内容。

（1）开挖前，未摸清地下管线、未制定应急措施。

（2）土方施工时，放坡和支护不符合规定。

（3）机械设备施工与槽边安全距离不符合规定，又无措施。

（4）开挖深度超过 2 m 的沟槽，未按标准设围拦防护和密目安全网封挡。

（5）地下管线和地下障碍物未明或管线 1 m 内机械挖土。

（6）超过 2 m 的沟槽，未搭设上下通道，危险处未设红色标志灯。

（7）未设置有效的排水挡水措施。

（8）配合作业人员和机械之间未有一定的距离。

（9）挖土过程中土体产生裂缝未采取措施而继续作业。

（10）挖土机械碰到支护、桩头，挖土时动作过大。

（11）在沟、坑、槽边沿 1 m 内堆土、堆料、停置机具。

（12）雨后作业前，未检查土体和支护的情况。

3. 土方工程安全技术措施

（1）挖土的安全技术一般规定。

① 人工开挖时，两个人操作间距应保持 2～3 m，并应自上而下逐层挖掘，严禁采用掏洞的挖掘方法。

② 挖土时要随时注意土壁变动情况，如发现有裂纹或部分塌落现象，要及时进行支撑或改缓放坡，并注意支撑的稳固和边坡的变化。

③ 上下坑沟应先挖好阶梯或设木梯，不应踩踏土壁及其支撑上下。

④ 用挖土机施工时，挖土机的工作范围内，不进行其他工作，且应至少留 0.3 m 深，最后由工人修挖至设计标高。

⑤ 在坑边堆放弃土、材料和移动施工机械，应与坑边保持一定距离。

（2）基坑挖土操作的安全重点。

① 人员上下基坑应设坡道或爬梯。

② 基坑边缘堆置土方或建筑材料或沿挖方边缘移动运输工具和机械，应按施工组织设计要求进行。

③ 基坑开挖时，如发现边坡裂缝或不断掉土块时，施工人员应立即撤离操作地点，并应及

时分析原因，采取有效措施处理。

④ 深基坑上下应先挖好阶梯或支撑靠梯，或开斜坡道，采取防滑措施，禁止踩踏支撑上下，坑边四周应设安全栏杆。

⑤ 人工吊运土方时，应检查起吊工具、绳索是否牢靠。吊斗下面不得站人，卸土堆应离开坑边一定距离，以防造成坑壁塌方。

⑥ 用胶轮车运土，应先平整好道路，并尽量采取单行道，以免来回碰撞；用翻斗车运土时，两车前后间距不得小于 10 m；装土和卸土时，两车间距不得小于 1.0 m。

⑦ 已挖完或部分挖完的基坑，在雨后或冬期解冻前，应仔细观察边坡情况，如发现异常情况，应及时处理或排除险情后方可继续施工。

⑧ 基坑开挖后应对围护排桩的桩间土体，根据不同情况，采用砌砖、插板、挂网喷（或抹）细石混凝土等处理方法进行保护，防止桩间土方坍塌伤人。

⑨ 支撑拆除前，应先安装好替代支撑系统。替代支撑的截面和布置应由设计计算确定。采用爆破法拆除混凝土支撑结构前，必须对周围环境和主体结构采取有效的安全防护措施。

⑩ 围护墙利用主体结构“换撑”时，主体结构的底板或楼板混凝土强度应达到设计强度的 80%；在主体结构与围护墙之间应设置好可靠的换撑传力构造；在主体结构楼盖局部缺少部位，应在主体结构内的适当部位设置临时的支撑系统，支撑截面积应由计算确定；当主体结构的底板和楼板采取分块施工或设置后浇带时，应在分块或后浇带的适当部位设置传力构件。

（3）机械挖土的安全措施。

① 大型土方工程施工前，应编制土方开挖方案，绘制土方开挖图，确定开挖方式、路线、顺序、范围、边坡坡度、土方运输路线、堆放地点以及安全技术措施等以保证挖掘、运输机械设备安全作业。

② 机械挖方前，应对现场周围环境进行普查，对临近设施在施工中要加强沉降和位移观测。

③ 机械行驶道路应平整、坚实；必要时，底部应铺设枕木、钢板或路基箱垫道，防止作业时下陷；在饱和软土地段开挖土方应先降低地下水位，防止设备下陷或基土产生侧移。

④ 开挖边坡土方，严禁切割坡脚，以防导致边坡失稳；当山坡坡度陡于 1:5，或在软土地段，不得在挖方上侧堆土。

⑤ 机械挖土应分层进行，合理放坡，防止塌方、溜坡等造成机械倾翻、淹埋等事故。

⑥ 多台挖掘机在同一作业面同时开挖，其间距应大于 10 m；多台挖掘机械在不同台阶同时开挖，应验算边坡稳定，上下台阶挖掘机前后应相距 30 m 以上，挖掘机离下部边坡应有一定的安全距离，以防造成翻车事故。

⑦ 对边坡上的孤石、孤立土柱、易滑动危险土石体，在挖坡前必须清除，以防开挖时滑塌；施工中应经常检查挖方边坡的稳定性，及时清除悬置的土包和孤石；削坡施工时，坡底不得有人员或机械停留。

⑧ 挖掘机工作前，应检查油路和传动系统是否良好，操纵杆应置于空挡位置；工作时应处于水平位置，并将行走机械制动，工作范围内不得有人行走。挖掘机回转及行走时，应待铲斗离开地面，并使用慢速运转。往汽车上装土时，应待汽车停稳，驾驶员离开驾驶室，并应先鸣号，后卸土。铲斗应尽量放低，不得碰撞汽车。挖掘机停止作业，应放在稳固地点，铲斗应落地，放尽贮水，将操纵杆置于空挡位置，锁好车门。挖掘机转移工作地时，应使用平板拖车。

⑨ 推土机启动前，应先检查油路及运转机构是否正常，操纵杆是否置于空挡位置。作业时，

应将工作范围内的障碍物先予清除，非工作人员应远离作业区，先鸣号，后作业。推土机上下坡应用低速行驶，上坡不得换挡，坡度不应超过25°；下坡不得脱挡滑行，坡度不应超过35°；在横坡上行驶时，横坡坡度不得超过 10°，并不得在陡坡上转弯。填沟渠或驶近边坡时，推铲不得超出边坡边缘，并换好倒车挡后方可提升推铲进行倒车。推土机应停放在平坦稳固的安全地方，放净贮水，将操纵杆置于空挡位置，锁好车门。推土机转移时，应使用平板拖车。

⑩ 铲运机启动前应先检查油路和传动系统是否良好，操纵杆应置于空挡位置。铲运机的开行道路应平坦，其宽度应大于机身 2 m 以上。在坡地行走，上下坡度不得超过 25°，横坡不得超过 10°。铲斗与机身不正时，不得铲土。多台机在一个作业区作业时，前后距离不得小于 10 m，左右距离不得小于 2 m。铲运机上下坡道时，应低速行驶，不得中途换挡，下坡时严禁脱挡滑行。禁止在斜坡上转弯、倒车或停车。工作结束，应将铲运机停在平坦稳固地点，放净贮水，将操纵杆置于空挡位置，锁好车门。

⑪ 在有支撑的基坑中挖土时，必须防止碰坏支撑，在坑沟边使用机械挖土时，应计算支撑强度，危险地段应加强支撑。

⑫ 机械施工区域禁止无关人员进入场地内。挖掘机工作回转半径范围内不得站人或进行其他作业。土石方爆破时，人员及机械设备应撤离危险区域。挖掘机、装载机卸土时，应待整机停稳后进行，不得将铲斗从运输汽车驾驶室顶部越过；装土时，任何人都不得停留在装土车上。

⑬ 挖掘机操作和汽车装土行驶要听从现场指挥；所有车辆必须严格按规定的开行路线行驶，防止撞车。

⑭ 挖掘机行走和自卸汽车卸土时，必须注意上空电线，不得在架空输电线路下工作；如在架空输电线一侧工作时，在 110～220 kV 电压时，垂直安全距离为 2.5 m，水平安全距离为 4～6 m。

⑮ 夜间作业时，机上及工作地点必须有充足的照明设施，在危险地段应设置明显的警示标志和护栏。

⑯ 冬期、雨期施工，运输机械和行驶道路应采取防滑措施，以保证行车安全。

⑰ 遇 7 级以上大风或雷雨、大雾天气时，各种挖掘机应停止作业，并将臂杆降低至 30°～45°。

（4）土方回填施工安全技术。

① 新工人必须参加入场安全教育，考试合格后方可上岗。

② 使用电夯时，必须由电工接装电源、闸箱，检查线路、接头、零线及绝缘情况，并经试夯确认安全后方可作业。

③ 人工抬、移蛙式夯时必须切断电源。

④ 用小车向槽内卸土时，槽边必须设横木挡掩，待槽下人员撤至安全位置后方可倒土。倒土时应稳倾缓倒，严禁撒把倒土。

⑤ 人工打夯时应精神集中。两人打夯时应互相呼应，动作一致，用力均匀。

⑥ 在从事回填土作业前必须熟悉作业内容、作业环境，对使用的工具要进行检修，不牢固者不得使用；作业时必须执行技术交底，服从带班人员指挥。

⑦ 蛙式打夯机应由两人操作，一人扶夯，一人牵线。两人必须穿绝缘鞋、戴绝缘手套。牵线人必须在夯后或侧面随机牵线，不得强力拉扯电线。电线绞缠时必须停止操作。严禁夯机砸线。严禁在夯机运行时隔夯扔线。转向或倒线有困难时，应停机。清除夯盘内的土块、杂物时

必须停机，严禁在夯机运转中清掏。

⑧ 作业时必须根据作业要求，佩戴防护用品，施工现场不得穿拖鞋。从事淋灰、筛灰作业时穿好胶靴，戴好手套，戴好口罩，不得赤脚、露体，应站在上风方向操作，4 级以上强风禁止筛灰。

⑨ 配合其他专业工种人员作业时，必须服从该专业工种人员的指挥。

⑩ 取用槽帮土回填时，必须自上而下台阶式取土，严禁掏洞取土。

⑪ 作业后必须拉闸断电，盘好电线，把夯放在无水浸危险的地方，并盖好苫布。

⑫ 作业时必须遵守劳动纪律，不得擅自动用各种机电设备。

⑬ 蛙式打夯机手把上的开关按钮应灵敏可靠，手把应缠裹绝缘胶布或套胶管。

⑭ 回填沟槽（坑）时，应按技术交底要求在构造物胸腔两侧分层对称回填，两侧高差应符合规定要求。

2.1.2 基坑支护与降水工程

1. 基坑支护与降水工程的事故隐患

基坑支护与降水工程的事故隐患主要包括以下几个方面。

（1）未按规定对毗邻管线道路进行沉降检测。

（2）基坑内作业人员无安全立足点。

（3）机器设备在坑边小于安全距离。

（4）人员上下无专用通道或通道不符合要求。

（5）支护设施已有变形但未有措施调整。

（6）回填土方前拆除基坑支护的全部支撑。

（7）在支护和支撑上行走、堆物。

（8）基础施工无排水措施。

（9）未按规定进行支护变形检测。

（10）深基坑施工未有防止临近建筑物沉降的措施。

（11）基坑边堆物距离小于有关规定。

（12）垂直作业上下无隔离。

（13）井点降水未经处理。

2. 基坑支护与降水工程安全技术

（1）基坑支护工程。

① 基坑开挖应严格按支护设计要求进行。应熟悉围护结构撑锚系统的设计图纸，包括围护墙的类型、撑锚位置、标高及设置方法、顺序等设计要求。

② 混凝土灌注桩、水泥土墙等支护应有 28 d 以上龄期，达到设计要求时，方能进行基坑开挖。

③ 围护结构撑锚系统的安装和拆除顺序应与围护结构的设计工况相一致，以免出现变形过大、失稳、倒塌等事故。

④ 围护结构撑锚安装应遵循时空效应原理，根据地质条件采取相应的开挖、支护方式。一般竖向应严格遵守分层开挖，先支撑后开挖、撑锚与挖土密切配合、严禁超挖的原则，使土方

挖到设计标高的区段内，能及时安装并发挥支撑作用。

⑤ 撑锚安装应采用开槽架设，在撑锚顶面需要运行施工机械时，撑锚顶面安装标高应低于坑内土面 20～30 cm。钢支撑与基坑土之间的空隙应用粗砂土填实，并在挖土机或土方车辆的通道处铺设道板。钢结构支撑宜采用工具式接头，并配有计量千斤顶装置，并定期校验，使用中有异常现象应随时校验或更换。钢结构支撑安装应施加预应力。预压力控制值一般不应小于支撑设计轴向力的 50%，也不宜大于 75%。采用现浇混凝土支撑必须在混凝土强度达到设计的 80% 以上时，才能开挖支撑以下的土方。

⑥ 在基坑开挖时，应限制支护周围振动荷载的作用并做好机械上、下基坑坡道部位的支护。在挖土过程中不得碰撞支护结构、损坏支护背面截水围幕。

在挖土和撑锚过程中，应有专人监察和监测，实行信息化施工，掌握围护结构的变形及变形速率以及其上边坡土体稳定情况，以及邻近建筑物、管线的变形情况。发现异常现象，应查清原因，采取安全技术措施进行认真处理。

（2）降水工程。

① 排降水结束后，集水井、管井和井点孔应及时填实，恢复地面原貌或达到设计要求。

② 现场施工排水，宜排入已建排水管道内。排水口宜设在远离建（构）筑物的低洼地点并应保证排水畅通。

③ 施工期间施工排降水应连续进行，不得间断。构筑物、管道及其附属构筑物未具备抗浮条件时，不得停止排降水。

④ 施工排水不得在沟槽、基坑外漫流回渗，危及边坡稳定。

⑤ 排降水机械设备的电气接线、拆卸、维护必须由电工操作，严禁非电工操作。

⑥ 施工现场应备有充足的排降水设备，并宜设备用电源。

⑦ 施工降水期间，应设专人对临近建（构）筑物、道路的沉降与变位进行监测，遇异常征兆，必须立即分析原因，采取防护、控制措施。

⑧ 对临近建（构）筑物的排降水方案必须进行安全论证，确认能保证建（构）筑物、道路和地下设施的正常使用和安全稳定，方可进行排降水施工。

⑨ 采用轻型井点、管井井点降水时，应进行降水检验，确认降水效果符合要求。降水后，通过观测井水位观测，确认水位符合施工设计要求，方可开挖沟槽或基坑。

2.1.3 桩基工程

1. 桩基工程的事故隐患

桩基工程常见的事故形式有：触电、物体打击、机械伤害、坍塌等。桩基工程的事故隐患主要包括以下内容。

（1）电气线路老化、破损、漏电、短路。

（2）在设备运转，起吊重物，设备搬迁、维修、拆卸，钢筋笼制作、焊接、吊放及下钢筋笼过程中，操作不当。

（3）各种机具在运转和移动工程中，防护措施不当或操作不当。

（4）孔壁维护不好。

（5）桩孔处有地下溶洞。

2. 桩基工程安全技术

（1）打（沉）桩。

① 打桩前，应对邻近施工范围内的原有建筑物、地下管线等进行检查，对有影响的工程，应采取有效的加固防护措施或隔震措施，施工时加强观测，以确保施工安全。

② 打桩机行走道路必须平整、坚实，必要时铺设道砟，经压路机碾压密实。

③ 打（沉）桩前应先全面检查机械各个部件及润滑情况，钢丝绳是否完好，发现问题及时解决。检查后要进行试运转，严禁“带病”工作。

④ 打（沉）桩机架安设应铺垫平稳、牢固。吊桩就位时，桩必须达到100%的强度，起吊点必须符合设计要求。

⑤ 打桩时，桩头垫料严禁用手拨正，不得在桩锤未打到桩顶就起锤或过早刹车，以免损坏桩机设备。

⑥ 在夜间施工时，必须有足够的照明设施。

（2）灌注桩。

① 施工前，应认真查清邻近建筑物情况，采取有效的防震措施。

② 灌注桩成孔机械操作时，应保持垂直平稳，防止成孔时突然倾倒或冲（桩）锤突然下落，造成人员伤亡或设备损坏。

③ 冲击锤（落锤）操作时，距锤 6 m 的范围内不得有人员行走或进行其他作业，非工作人员不得进入施工区域内。

④ 灌注桩在已成孔尚未灌注混凝土前，应用盖板封严或设置护栏，以防掉土或人员坠入孔内，造成重大人身安全事故。

⑤ 进行高空作业时，应系好安全带，混凝土灌注时，装、拆导管人员必须戴安全帽。

（3）人工挖孔桩

① 井口应有专人操作垂直运输设备，井内照明、通风、通信设施应齐全。

② 要随时与井底人员联系，不得任意离开岗位。

③ 挖孔施工人员下入桩孔内须戴安全帽，连续工作不宜超过 4 h。

④ 挖出的弃土应及时运至堆土场堆放。

2.2 结构工程安全技术

2.2.1 模板工程

1. 模板工程的事故隐患

模板工程及支撑体系的危险性主要为坍塌。模板工程的事故隐患主要包括以下内容。

（1）支拆模板在 2 m 以上无可靠立足点。
（2）模板工程无验收手续。
（3）大模板场地未平整夯实，未设 1.2 m 高的围拦防护。
（4）清扫模板和刷隔离剂时，未将模板支撑牢固，两模板中间走道小于 60 cm。
（5）立杆间距不符合规定。
（6）模板支撑固定在外脚手架上。
（7）支拆模板无专人监护。
（8）在模板上运混凝土无通道板。
（9）人员站在正在拆除的模板上。
（10）作业面空洞和临边防护不严。
（11）拆除底模时下方有人员施工。
（12）模板物料集中超载堆放。
（13）拆模留下无撑悬空模板。
（14）支独立梁模不搭设操作平台。
（15）利用拉杆支撑攀登上下。
（16）支模间歇未将模板做临时固定。
（17）不按规定设置纵横向剪刀撑。
（18）3 m 以上的立柱模板未搭设操作平台。
（19）在组合钢模板上使用 220 V 以上的电源。
（20）站在柱模上操作。
（21）支拆模板高处作业无防护或防护不严。
（22）支拆模区域无警戒区域。
（23）排架底部无垫板，排架用砖垫。
（24）各种模板存放不整齐，堆放过高。
（25）交叉作业上下无隔离措施。
（26）拆钢底模时一次性把顶撑全部拆除。
（27）在未固定的梁底模上行走。
（28）现浇混凝土模板支撑系统无验收。
（29）在 6 级以上大风天气高空作业。
（30）支拆模板使用 2 × 4 板钢模板作立人板。
（31）未设存放工具的口袋或挂钩。
（32）封柱模板时从顶部往下套。
（33）支撑牵扯杆搭设在门窗框上。
（34）模板拆除前无混凝土强度报告或强度未达到规定提前拆模。
（35）拆模前未经拆模申请。
（36）拆下的模板未及时运走而集中堆放。
（37）拆模后未及时封盖预留洞口。

2. 模板工程安全技术

（1）模板安装。

① 支模过程中应遵守职业健康安全操作规程，若遇途中停歇，应将就位的支顶、模板联结稳固，不得空架浮搁。

② 模板及其支撑系统在安装过程中，必须设置临时固定设施，严防倾覆。

③ 拼装完毕的大块模板或整体模板，吊装前应确定吊点位置，先进行试吊，确认无误后，方可正式吊运安装。

④ 安装整块柱模板时，不得将其支在柱子钢筋上代替临时支撑。

⑤ 支设高度在 3 m 以上的柱模板，四周应设斜撑，并应设立操作平台，低于 3 m 的可用马凳操作。

⑥ 支设悬挑形式的模板时，应有稳定的立足点。支设临空构筑物模板时，应搭设支架。模板上有预留洞时，应在安装后将洞盖没。

⑦ 在支模时，操作人员不得站在支撑上，而应设置立人板，以便操作人员站立。立人板应用木质 50 mm × 200 mm 中板为宜，并适当绑扎固定。不得用钢模板及 50 mm × 100 mm 的木板。

⑧ 承重焊接钢筋骨架和模板一起安装时，模板必须固定在承重焊接钢筋骨架的节点上。

⑨ 当层间高度大于 5 m 时，若采用多层支架支模，则应在两层支架立柱间铺设垫板，且应平整，上下层支柱要垂直，并在同一垂直线上。

⑩ 当模板高度大于 5 m 时，应搭脚手架，设防护栏，禁止上下在同一垂直面操作。

⑪ 特殊情况下在临边、洞口作业时，如无可靠的安全设施，必须系好安全带并扣好保险钩，高挂低用。经医生确认不宜高处作业人员，不得进行高处作业。

⑫ 在模板上施工时，堆物（例如钢筋、模板、木方等）不宜过多，不准集中在一处堆放。

⑬ 模板安装就位后，要采取防止触电的保护措施，施工楼层上的配电箱必须设漏电保护装置，防止漏电伤人。

（2）模板拆除。

① 高处、复杂结构模板的装拆，事先应有可靠的安全措施。

② 拆楼层外边模板时，应有防高空坠落及防止模板向外倒跌的措施。

③ 在模板拆装区域周围，应设置围栏，并挂明显的标志牌，禁止非作业人员入内。

④ 拆模起吊前，应检查对拉螺栓是否拆净，在确定拆净并保证模板与墙体完全脱离后，方准起吊。

⑤ 模板拆除后，在清扫和涂刷隔离剂时，模板要临时固定好，板面相对停放之间，应留出 50～60 mm 宽的人行通道，模板上方要用拉杆固定。

⑥ 拆模后模板或木方上的钉子，应及时拔除或敲平，防止钉子扎脚。

⑦ 模板所用的脱模剂在施工现场不得乱扔，以防止影响环境质量。

⑧ 拆模时，临时脚手架必须牢固，不得用拆下的模板作为脚手架。

⑨ 组合钢模板拆除时，上下应有人接应，模板随拆随运走，严禁从高处抛掷下。

⑩ 拆基础及地下工程模板时，应先检查基坑土壁状况。若有不安全因素，必须采取安全措施后，方可作业。拆除的模板和支撑件不得在基坑上口 1 m 以内堆放，应随拆随运走。

⑪ 拆模必须一次性拆净，不得留有无撑模板。混凝土板有预留孔洞时，拆模后，应随时在

其周围做好安全护栏，或用板将孔洞盖住，防止作业人员因扶空、踏空而坠落。

⑫ 拆模间歇时，应将已活动的模板、拉杆、支撑等固定牢固，防止其突然掉落伤人。

⑬ 拆模时，应逐块拆卸，不得成片松动、撬落或拉倒，严禁作业人员在同一垂直面上同时操作。

⑭ 拆 4 m 以上模板时，应搭脚手架或工作台，并且设防护栏杆，严禁站在悬臂结构上敲拆底模。

⑮ 两人抬运模板时，应相互配合，协同工作。传递模板、工具，应用运输工具或绳索系牢后升降，不得乱抛。

2.2.2 钢筋工程

1. 钢筋工程的事故隐患

钢筋工程的危险性主要是机械伤害、触电、高处坠落、物体打击等。钢筋工程的事故隐患主要包括以下内容。

（1）在钢筋骨架上行走。

（2）绑扎独立柱头时站在钢箍上操作。

（3）绑扎悬空大梁时站在模板上操作。

（4）钢筋集中堆放在脚手架和模板上。

（5）钢筋成品堆放过高。

（6）模板上堆料处靠近临边洞口。

（7）钢筋机械无人操作时不切断电源。

（8）工具、钢箍、短钢筋随意放在脚手板上。

（9）钢筋工作棚内照明灯无防护。

（10）钢筋搬运场所附近有障碍。

（11）操作台上钢筋头不清理。

（12）钢筋搬运场所附近有架空线路临时用电器。

（13）用木料、管子、钢模板穿在钢箍内作立人板。

（14）机械安装不坚实稳固，机械无专用的操作棚。

（15）起吊钢筋规格长短不一。

（16）起吊钢筋下方站人。

（17）起吊钢筋挂钩位置不符合要求，一点吊。

（18）钢筋在吊运中未降到 1 m 就靠近。

2. 钢筋工程安全技术

（1）钢筋调直、切断、弯曲、除锈、冷拉等各道工序的加工机械必须遵守行业现行标准《建筑机械使用安全技术规程》（JGJ 33—2012）的规定，保证安全装置齐全有效，动力线路用钢管从地坪下引入，机壳要有保护零线。

（2）施工现场用电必须符合行业现行标准《施工现场临时用电安全技术规范》（JGJ 46—

2005）的规定。

（3）制作成型钢筋时，场地要平整，工作台要稳固，照明灯具必须加网罩。

（4）钢筋加工场地必须设专人看管，非工作人员不得擅自进入钢筋加工场地。

（5）加工好的钢筋现场堆放应平稳、分散，防止倾倒、塌落伤人。

（6）各种加工机械在作业人员下班后一定要拉闸断电。

（7）搬运钢筋时，应防止钢筋碰撞障碍物，防止在搬运中碰撞电线，发生触电事故。

（8）多人运送钢筋时，起、落、转、停动作要一致，人工上下传递不得在同一垂直线上。

（9）对从事钢筋挤压连接和钢筋直螺纹连接施工的有关人员应培训、考核，持证上岗，并经常进行安全教育，防止发生人身和设备安全事故。

（10）在高处进行挤压操作，必须遵守行业现行标准《建筑施工高处作业安全技术规范》（JGJ 80—1991）的规定。

（11）在建筑物内的钢筋要分散堆放，安装钢筋，高空绑扎时，不得将钢筋集中堆放在模板或脚手架上。

（12）在高空、深坑绑扎钢筋和安装骨架时，必须搭设脚手架和马道。

（13）绑扎圈梁、挑檐、外墙、边柱钢筋时，应搭设外脚手架或悬挑架，并按规定挂好安全网。脚手架的搭设必须由专业架子工搭设，且符合安全技术操作规程。

（14）绑扎 3 m 以上的柱钢筋必须搭设操作平台，不得站在钢箍上绑扎。已绑扎的柱骨架应用临时支撑拉牢，以防倾倒。

（15）绑扎筒式结构（例如烟囱、水池等），不得站在钢筋骨架上操作或上下。

（16）雨、雪、风力 6 级以上（含 6 级）天气不得露天作业。雨雪后，应清除积水、积雪后方可作业。

2.2.3 混凝土工程

1. 混凝土工程的事故隐患

混凝土工程的危险性主要是触电、高处坠落、物体打击等。混凝土工程的事故隐患主要包括以下内容。

（1）泵送混凝土架子搭设不牢靠。

（2）混凝土施工高处作业缺少防护、无安全带。

（3）2 m 以上小面积混凝土施工无牢靠立足点。

（4）运送混凝土的车道板搭设两头没有搁置平稳。

（5）用电缆线拖拉或吊挂插入式振动器。

（6）2 m 以上的高空悬挑未设置防护栏杆。

（7）板墙独立梁柱混凝土施工站在模板或支撑上。

（8）运送混凝土的车子向料斗倒料无挡车措施。

（9）清理地面时向下乱抛杂物。

（10）运送混凝土的车道板宽度过小（单向小于 1.4 m，双向小于 2.8 m）。

（11）料斗在临边时人员站在临边一侧。

（12）井架运输小车把伸出笼外。

（13）插入式振动器电缆线不满足所需的长度。

（14）运送混凝土的车道板下横楞顶撑没有按规定设置。

（15）使用滑槽操作部位无护身栏杆。

（16）插入式振动器在检修作业间未切断电源。

（17）插入式振动器电缆线被挤压。

（18）运料中相互追逐超车，卸料时双手脱把。

（19）运送混凝土的车道板上有杂物并有砂等。

（20）混凝土滑槽没有固定牢靠。

（21）插入式振动器的软管出现断裂。

（22）站在滑槽上操作。

2. 混凝土工程安全技术

（1）施工安全技术。

① 采用手推车运输混凝土时，不得争先抢道，装车不应过满，装运混凝土量应低于车厢 5～10 cm；卸车时应有挡车措施，不得用力过猛或撒把，以防车把伤人。

② 使用井架提升混凝土时，应设制动装置，升降应有明确信号，操作人员未离开提升台时，不得发升降信号。提升台内停放手推车要平衡，车把不得伸出台外，车轮前后应挡牢。

③ 混凝土浇筑前，应对振动器进行试运转。振动器操作人员应穿绝缘靴、戴绝缘手套。振动器不能挂在钢筋上。湿手不能接触电源开关。

④ 混凝土运输、浇筑部位应有安全防护栏杆和操作平台。

⑤ 现场施工负责人应为机械作业提供道路、水电、机棚或停机场地等必备的条件，并消除对机械作业有妨碍或不安全的因素。夜间作业应设置充足的照明。

⑥ 机械进入作业地点后，施工技术人员应向操作人员进行施工任务和安全技术措施交底。操作人员应熟悉作业环境和施工条件，听从指挥，遵守现场安全规则。

（2）操作人员要求。

① 操作人员在作业过程中，应集中精力正确操作，注意机械工况，不得擅自离开工作岗位或将机械交给其他无证人员操作。严禁无关人员进入作业区或操作室内。

② 使用机械与安全生产发生矛盾时，必须首先服从安全要求。

2.2.4 砌体工程

1. 砌体工程的事故隐患

砌体工程的危险性主要是墙体或房屋倒塌。砌体工程的事故隐患主要包括以下内容。

（1）基础墙砌筑前未对土体的情况检查。

（2）操作人员踩踏砌体和支撑上下基坑。

（3）同一块脚手板上操作人员大于 2 人。

（4）在无防护的墙顶上作业。

（5）砌筑工具放在临边等易坠落的地方。

（6）砍砖时向外打碎砖跳出伤人。

（7）操作人员无可靠的安全通道上下。

（8）砌筑楼房边沿墙体时未安设安全网。

（9）脚手架上堆砖高度超过 3 皮侧砖。

（10）砌好的山墙未做任何加固措施。

（11）吊重物时用砌体做支撑点。

（12）在砌体上拉缆风绳。

（13）收工时未做落手清工作。

（14）雨天未对刚砌好的砌体做防雨措施。

（15）砌块未就位放稳就松开夹具。

2. 砌体工程安全技术

（1）砌筑砂浆工程。

① 砂浆搅拌机械必须符合《建筑机械使用安全技术规程》（JGJ33—2012）及《施工现场临时用电安全技术规范》（JGJ46—2005）的有关规定，施工中应定期对其进行检查、维修，保证机械使用安全。

② 落地砂浆应及时回收，回收时不得夹有杂物，并应及时运至拌和地点，掺入新砂浆中拌和使用。

③ 现场建立健全安全环保责任制度、技术交底制度、检查制度等各项管理制度。

④ 现场各施工面安全防护设施齐全有效，个人防护用品使用正确。

（2）砌块砌体工程。

① 吊放砌块前应检查吊索及钢丝绳的安全可靠程度，不灵活或性能不符合要求的严禁使用。

② 堆放在楼层上的砌块重量，不得超过楼板允许承载力。

③ 所使用的机械设备必须安全可靠、性能良好，同时设有限位保险装置。

④ 机械设备用电必须符合“三相五线制”及三级保护的规定。

⑤ 操作人员必须戴好安全帽，佩带劳动保护用品等。

⑥ 作业层的周围必须进行封闭围护，同时设置防护栏及张挂安全网。

⑦ 楼层内的预留孔洞、电梯口、楼梯口等，必须进行防护，采取栏杆搭设的方法进行围护，预留洞口采取加盖的方法进行围护。

⑧ 砌体中的落地灰及碎砌块应及时清理成堆，装车或装袋运输，严禁从楼上或架子上抛下。

⑨ 吊装砌块和构件时应注意重心位置，禁止用起重拔杆拖运砌块，不得起吊有破裂、脱落危险的砌块。

⑩ 起重拔杆回转时，严禁将砌块停留在操作人员上空或在空中整修、加工砌块。

⑪ 安装砌块时，不准站在墙上操作和在墙上设置受力支撑、缆绳等。在施工过程中，对稳定性较差的窗间墙，独立柱应加稳定支撑。

⑫ 因刮风，使砌块和构件在空中摆动不能停稳时，应停止吊装工作。

（3）石砌体工程。

① 操作人员应戴安全帽和帆布手套。

② 搬运石块应检查搬运工具及绳索是否牢固，抬石应用双绳。

③ 在架子上凿石应注意打凿方向，避免飞石伤人。

④ 砌筑时，脚手架上堆石不宜过多，应随砌随运。

⑤ 用锤打石时，应先检查铁锤有无破裂，锤柄是否牢固。打锤要按照石纹走向落锤，锤口要平，落锤要准，同时要看清附近情况有无危险，然后落锤，以免伤人。

⑥ 不准在墙顶或脚手架上修改石材，以免振动墙体，影响施工质量或石片掉下伤人。

⑦ 石块不得往下掷。上下运石时，脚手板要钉装牢固，并钉装防滑条及扶手栏杆。

⑧ 堆放材料必须离开槽、坑、沟边沿 1 m 以外，堆放高度不得高于 0.5 m。往槽、坑、沟内运石料及其他物质时，应用溜槽或吊运，下方严禁有人停留。

⑨ 墙身砌体高度超过地坪 1.2 m 以上时，应搭设脚手架。

⑩ 砌石用的脚手架和防护栏板应经检查验收合格后，方可使用，施工中不得随意拆除或改动。

（4）填充墙砌体工程。

① 砌体施工脚手架要搭设牢固。

② 外墙施工时，必须有外墙防护及施工脚手架，墙与脚手架间的间隙应封闭，以防高空坠物伤人。

③ 严禁站在墙上做画线、吊线、清扫墙面、支设模板等施工作业。

④ 在脚手架上，堆放普通砖不得超过 2 层。

⑤ 操作时精神要集中，不得嬉笑打闹，以防意外事故发生。

⑥ 现场实行封闭化施工，有效控制噪声、扬尘以及废物和废水的排放。

2.2.5 钢结构工程

钢结构工程的危险性主要有高处坠落、物体打击、起重机倾覆、吊装结构失稳等。

1. 钢零件及钢部件加工安全技术

（1）一切材料、构件的堆放必须平整稳固，应放在不妨碍交通和吊装安全的地方，边角等余料及时清除。

（2）机械和工作台等设备的布置应便于安全操作，通道宽度不得小于1 m。

（3）一切机械、砂轮、电动工具、气电焊等设备都必须设有安全防护装置。

（4）电气设备和电动工具，必须绝缘良好，露天电气开关要设防雨箱并加锁。

（5）凡是受力构件用电焊点固后，在焊接时不准在点焊处起弧，以防熔化塌落。

（6）焊接、切割锰钢、合金钢、非铁金属部件时，应采取防毒措施。接触焊件，必要时应用橡胶绝缘板或干燥的木板隔离，并隔离容器内的照明灯具。

（7）焊接、切割、气刨前，应清除现场的易燃易爆物品。离开操作现场前，应切断电源，锁好闸箱。

（8）在现场进行射线探伤时，周围应设警戒区，并挂“危险”标志牌，现场操作人员应背离射线 10 m 以外。在 30°投射角范围内，一切人员要远离 50 m 以上。

（9）构件就位时应用撬棍拨正，不得用手扳或站在不稳固的构件上操作。严禁在构件下面操作。

（10）用撬杠拨正物件时，必须手压撬杠，禁止骑在撬杠上，不得将撬杠放在肋下，以免回弹伤人。在高空使用撬杠时不能向下使劲过猛。

（11）用尖头扳子拨正配合螺栓孔时，必须插入一定深度方能撬动构件，当发现螺栓孔不符合要求时，不得用手指塞入检查。

（12）保证电气设备绝缘良好。在使用电气设备时，首先应该检查是否有保护接地，接好保护接地后再进行操作。另外，电线的外皮，电焊钳的手柄，以及一些电动工具都要保证有良好的绝缘。

（13）带电体与地面、带电体之间、带电体与其他设备和设施之间，均需要保持一定的安全距离。常用的开关设备的安装高度应为 1.3～1.5 m。起重吊装的索具、重物等与导线的距离不得小于 1.5 m（电压在 4 kV 及其以下）。

（14）工地或车间的用电设备，一定要按要求设置熔断器、断路器、漏电开关等器件。如熔断器的熔丝熔断后，必须查明原因，由电工更换，不得随意加大熔丝断面或用铜丝代替。

（15）手持电动工具，必须加装漏电开关，在金属容器内施工时，必须采用安全低电压。

（16）推拉闸刀开关时，一般应戴好干燥的胶皮手套，头部要偏斜，以防推拉开关时被电火花灼伤。

（17）使用电气设备时操作人员必须穿胶底鞋和戴胶皮手套，以防触电。

（18）工作中，当有人触电时，不要赤手接触触电者，应该迅速切断电源，然后立即组织抢救。

2. 钢结构焊接工程安全技术

（1）电焊机要设单独的开关，开关应放在防雨的闸箱内，拉合闸时应戴手套侧向操作。

（2）焊钳与把线必须绝缘良好，连接牢固，更换焊条应戴手套。在潮湿地点工作时，应站在绝缘胶板或木板上。

（3）焊接预热工件时，应有石棉布或挡板等隔热措施。

（4）把线、地线禁止与钢丝绳接触，更不得用钢丝绳或机电设备代替零线。所有地线接头，必须连接牢固。

（5）更换场地移动把线时，应切断电源，并不得手持把线爬梯登高。

（6）清除焊渣、采用电弧气刨清根时，应戴防护眼镜或面罩，以防止铁渣飞溅伤人。

（7）多台焊机在一起集中施焊时，焊接平台或焊件必须接地，并应有隔光板。

（8）雷雨时，应停止露天焊接工作。

（9）施焊场地周围应清除易燃易爆物品，或进行覆盖、隔离。

（10）必须在易燃易爆气体或液体扩散区施焊时，应经有关部门检试许可后，方可施焊。

（11）工作结束后，应切断焊机电源，并检查操作地点，确认无起火危险后，方可离开。

3. 钢结构安装工程安全技术

（1）一般规定。

① 每台提升油缸上装有液压锁，以防油管破裂，重物下坠。

② 液压和电控系统要采用连锁设计，以免提升系统由于误操作造成事故。

③ 控制系统具有异常自动停机、断电保护等功能。

④ 雨天或5级风以上停止提升。

⑤ 钢绞线在安装时，地面应划分安全区，以避免重物坠落，造成人员伤亡。

⑥ 在正式施工时，也应划定安全区，高空要有安全操作通道，并设有扶梯、栏杆。

⑦ 在提升过程中，应指定专人观察地锚、安全锚、油缸、钢绞线等的工作情况；若有异常，直接报告控制中心。

⑧ 施工过程中，要密切观察网架结构的变形情况。

⑨ 提升过程中，未经许可非作业人员不得擅自进入施工现场。

（2）防止高空坠落。

① 吊装人员应戴安全帽，高空作业人员应系好安全带，穿防滑鞋，带工具袋。

② 吊装工作区应有明显标志，并设专人警戒，与吊装无关人员严禁入内。起重机工作时，起重臂杆旋转半径范围内，严禁站人。

③ 运输吊装构件时，严禁在被运输、吊装的构件上站人指挥和放置材料、工具。

④ 高空作业施工人员应站在操作平台或轻便梯子上工作。吊装屋架应在上弦设临时安全防护栏杆或采取其他安全措施。

⑤ 登高用梯子、吊篮时，临时操作台应绑扎牢靠，梯子与地面夹角以60°～70°为宜，操作台跳板应铺平绑扎，严禁出现挑头板。

（3）防坠物伤人。

① 高空往地面运输物件时，应用绳捆好吊下。吊装时，不得在构件上堆放或悬挂零星物件。零星材料和物件必须用吊笼或钢丝绳保险绳捆扎牢固，才能吊运和传递，不得随意抛掷材料物件、工具，防止滑脱伤人或意外事故。

② 构件必须绑牢固，起吊点应通过构件的重心位置，吊升时应平稳，避免振动或摆动。

③ 起吊构件时，速度不应太快，不得在高空停留过久，严禁猛升猛降，以防构件脱落。

④ 构件就位后临时固定前，不得松钩、解开吊装索具。构件固定后，应检查连接牢固和稳定情况，在连接确实安全可靠时，方可拆除临时固定工具和进行下步吊装。

⑤ 风雪天、霜雾天和雨期吊装时，高空作业应采取必要的防滑措施，如在脚手板、走道、屋面铺麻袋或草垫。夜间作业应有充分的照明。

⑥ 设置吊装禁区，禁止与吊装作业无关的人员人内。地面操作人员，应尽量避免在高空作业正下方停留、通过。

（4）防止起重机倾翻。

① 起重机行驶的道路，必须平整、坚实、可靠，停放地点必须平坦。

② 起重吊装指挥人员和起重机驾驶人员必须经考试合格持证上岗。

③ 吊装时，指挥人员应位于操作人员视力能及的地点，并能清楚地看到吊装的全过程。起重机驾驶人员必须熟悉信号，并按指挥人员的各种信号进行操作，不得擅自离开工作岗位，要遵守现场秩序，服从命令听指挥。指挥信号应事先统一规定，发出的信号要鲜明、准确。

④ 在风力等于或大于6级时，禁止在露天进行起重机移动和吊装作业。

⑤ 当所要起吊的重物不在起重机起重臂顶的正下方时，禁止起吊。

⑥ 起重机停止工作时，应刹住回转和行走机构，关闭和锁好司机室门。吊钩上不得悬挂构件，并升到高处，以免摆动伤人和造成吊车失稳。

（5）防止吊装结构失稳。

① 构件吊装应按规定的吊装工艺和程序进行，未经计算和可靠的技术措施，不得随意改变或颠倒工艺程序安装结构构件。

② 构件吊装就位，应经初校和临时固定或连接可靠后开可卸钩，最后固定后才可拆除临时固定工具。高宽比很大的单个构件，未经临时或最后固定组成一稳定单元体系前，应设溜绳或斜撑拉（撑）固。

③ 构件固定后不得随意撬动或移动位置，如需重校时，必须回钩。

④ 多层结构吊装或分节柱吊装时，应吊装完一层（或一节柱）将下层（下节）灌浆固定后，方可安装上层或上一节柱。

4. 压型金属板工程安全技术

（1）压型钢板施工时两端要同时拿起，轻拿轻放，避免滑动或翘头，施工剪切下来的料头要放置稳妥，随时收集，避免坠落。非施工人员禁止进入施工楼层，避免焊接弧光灼伤眼睛或晃眼造成摔伤，焊接辅助施工人员应戴墨镜配合施工。

（2）施工时下一楼层应有专人监控，防止其他人员进入施工区和焊接火花坠落造成失火。

（3）施工中工人不可聚集，以免集中荷载过大，造成板面损坏。

（4）施工的工人不得在屋面奔跑、打闹、抽烟和乱扔垃圾。

（5）当天吊至屋面上的板材应安装完毕。如果有未安装完的板材，则应做临时固定，以免被风刮下，造成事故。

（6）早上屋面易有露水，坡屋面上彩板面滑，应有特别的防护措施。

（7）现场切割过程中，切割机械的底面不宜与彩板面直接接触，最好垫上薄三合板材。

（8）吊装中不要将彩板与脚手架、柱子、砖墙等碰撞和摩擦。

（9）在屋面上施工的工人应穿胶底不带钉子的鞋。

（10）操作工人携带的工具等应放在工具袋中，如放在屋面上应放在专用的布或其他片材上。

（11）不得将其他材料散落在屋面上，或污染板材。

（12）板面铁屑要及时清理。板面在切割和钻孔中会产生铁屑，这些铁屑必须及时清除，不可过夜。因为铁屑在潮湿空气条件下或雨天中会立即锈蚀，在彩板面上形成一片片红色锈斑，附着于彩板面上，形成后很难清除。此外，其他切除的彩板头，铝合金拉铆钉上拉断的铁杆等也应及时清理。

（13）在用密封胶封堵缝时，应将附着面擦干净，以使密封胶在彩板上有良好的结合面。

（14）电动工具的连接插座应加防雨措施，避免造成事故。

5. 钢结构涂装工程安全技术

（1）配制使用乙醇、苯、丙酮等易燃材料的施工现场，应严禁烟火和使用电炉等明火设备，并应配置消防器材。

（2）配制硫酸溶液时，应将硫酸慢慢注入水中，严禁将水注入酸中；配制硫酸乙酯时，应将硫酸慢慢注入酒精中，并充分搅拌，温度不得超过60℃，以防酸液飞溅伤人。

（3）防腐涂料的溶剂，常易挥发出易燃易爆的蒸气，当达到一定浓度后，遇火易引起燃烧或爆炸，施工时应加强通风，降低积聚浓度。

（4）涂漆施工场地要有良好的通风，如在通风条件不好的环境涂漆时，必须安装通风设备。

（5）因操作不小心，涂料溅到皮肤上时，可用木屑加肥皂水擦洗；最好不用汽油或强溶剂擦洗，以免引起皮肤发炎。

（6）使用机械除锈工具清除锈层、工业粉尘、旧漆膜时，要戴上防护眼镜和防尘口罩，以避免眼睛受伤和粉尘吸入。

（7）在涂装对人体有害的漆料（例如红丹的铅中毒、天然大漆的漆毒、挥发型漆的溶剂中毒等）时，应带上防毒口罩、封闭式眼罩等保护用品。

（8）在喷涂硝基漆或其他挥发型易燃性较大的涂料时，严格遵守防火规则，严禁使用明火，以免失火或引起爆炸。

（9）高空作业和双层作业时，要戴安全帽；要仔细检查跳板、脚手杆子、吊篮、云梯、绳索、安全网等施工用具有无损坏、捆扎牢不牢、有无腐蚀或搭接不良等隐患；每次使用之前均应在平地上做起重试验，以防造成事故。

（10）不允许把盛装涂料、溶剂或用剩的漆罐开口放置；浸染涂料或溶剂的破布及废棉纱等物，必须及时清除；涂漆环境或配料房要保持清洁，出入通畅。

（11）施工场所的电线，要按防爆等级的规定安装；电动机的启动装置与配电设备，应该是防爆式的，要防止漆雾飞溅在照明灯泡上。

（12）操作人员涂漆施工时，若感觉头痛、心悸或恶心，应立即离开施工现场，到通风良好、空气新鲜的地方，若仍然感到不适，应速去医院，检查治疗。

2.2.6 起重吊装工程

起重吊装，是指在施工现场对构件进行的拼装、绑扎、吊升、就位、临时固定、校正和永久固定的施工过程。起重吊装是一项危险性较大的建筑施工内容之一，操作不当会引起坍塌、机械伤害、物体打击和高处坠落等事故的发生，所以，作为建筑施工现场管理人员必须懂得起重吊装的安全技术要求。

1. 施工方案

（1）施工前必须编制专项施工方案。专项施工方案应包括现场环境、工程概况、施工工艺、起重机械的选型依据。土法吊装，还应有起重扒杆的设计计算、地锚设计、钢丝绳及索具的设计选用、地耐力及道路的要求、构件堆放就位图以及吊装过程中的各种防护措施等。

（2）施工方案必须针对工程状况和现场实际进行编制，具有指导性，并经过上级技术部门审批确认符合要求。

2. 起重机械安全技术

（1）起重机。

① 起重机运到现场重新安装后，应进行试运转试验和验收，确认符合要求并做好记录，有关人员在验收单上签署意见，签字手续齐全后，方可使用。

② 起重机应具有市级有关部门定期核发的准用证。

③ 经检查确认安全装置（包括起重机超高限位器、力矩限制器、臂杆幅度指示器及吊钩保险装置）均应符合要求。当该机说明书中尚有其他安全装置时，应按说明书规定进行检查。

（2）起重拔杆。

① 起重拔杆的选用应符合作业工艺要求，拔杆的规格尺寸应有设计计算书和设计图纸，其设计计算应按照有关规范标准进行，并应经上级技术部门审批。

② 拔杆选用的材料、截面以及组装形式，必须严格按设计图纸要求进行，组装后应经有关部门检验确认符合要求。

③ 拔杆组装后，应先进行检查和试吊，确认符合设计要求，并做好试吊记录。

3. 钢丝绳与地锚安全技术

（1）起重机使用的钢丝绳，其结构形式、规格、强度要符合该机型的要求，钢丝绳在卷筒上要连接牢固，按顺序整齐排列，当钢丝绳全部放出时，卷筒上至少要留 3 圈以上。

（2）起重钢丝绳磨损、断丝、变形、锈蚀应在规范允许范围内。如果超标，应按《起重机械安全规程》（GB 6067—2010）的要求报废。断丝或磨损小于报废标准的应按比例折减承载能力。

（3）滑轮槽应光洁平滑，不得有损伤钢丝绳的缺陷。吊钩、卷筒、滑轮磨损应在规范允许范围内。

（4）吊钩、卷筒、滑轮应安装钢丝绳防脱装置。滑轮直径与钢丝绳直径的比值，不应小于 15，各组滑轮必须用钢丝绳牢靠固定。

（5）缆风绳应使用钢丝绳，其安全系数 K=3.5，规格应符合施工方案要求，缆风绳应与地锚牢固连接。

（6）起重拔杆的缆风绳、地锚设置应符合设计要求。当移动拔杆时，也必须使用经过设计计算的正式地锚，不准随意拴在电杆、树木和构件上。

4. 索具与吊点安全技术

（1）索具。

① 当采用编结连接时，编结长度不应小于 15 倍的绳径，且不应小于 300 mm。

② 当采用绳夹连接时，绳夹规格应与钢丝绳相匹配，绳夹数量、间距应符合规范要求。

③ 索具安全系数应符合规范要求。钢丝绳做吊索时，其安全系数 K=6～8。

④ 吊索规格应互相匹配，机械性能应符合设计要求。

（2）吊点。

① 吊装构件或设备时的吊点应符合设计规定。根据重物的外形、重心及工艺要求选择吊点，并在方案中进行规定。

② 重物应垂直起吊，禁止斜吊。吊点是在重物起吊、翻转、移位等作业中必须使用的，吊点选择应与重物的重心在同一垂直线上，且吊点应在重心之上（吊点与重物重心的连线和重物的横截面成垂直关系）。

③ 当采用几个吊点起吊时，应使各吊点的合力作用点在重物重心的位置之上。

④ 必须正确计算每根吊索的长度，使重物在吊装过程中始终保持稳定位置。

5. 作业环境与作业人员安全技术

（1）作业环境。

① 作业道路应平整坚实，一般情况纵向坡度不大于3‰，横向坡度不大于1‰。行驶或停放时，应与沟渠、基坑保持5 m以上距离，且不得停放在斜坡上。

② 起重机作业现场地面承载能力应符合起重机说明书规定。当现场地面承载能力不满足规定时，可采用铺设路基箱等方式提高承载力。

③ 起重机与架空线路的安全距离应符合国家现行标准《起重机安全规程》（GB 6067—2010）的规定。

（2）作业人员。

① 起重机司机属特种作业人员，必须经过专门培训，取得特种作业资格，持证上岗。作业人员的操作证应与操作机型相符。

② 作业前，应按规定对所有作业人员进行安全技术交底，并应有交底记录。

③ 司机应遵照制造商说明书和安全工作制度负责起重机的安全操作。除接到停止信号之外，在任何时候都只应服从指挥人员发出的可明显识别的信号。

④ 起重机作业应设专职信号指挥和司索人员，一人不得同时兼顾信号指挥和司索作业。

⑤ 起重机的信号指挥人员应经正式培训考核并取得合格证书，其信号操作应符合现行国家标准《起重吊运指挥信号》（GB 5082—1985）的规定。

⑥ 在起重机械工作中，如果把指挥起重机械安全运行和载荷搬运的工作职责移交给其他有关人员，指挥人员应向司机说明情况。而且，司机和被移交者应明确其应负的责任。

6. 起重吊装与高处作业安全技术

（1）当多台起重机同时起吊一个构件时，单台起重机所承受的荷载应符合专项施工方案要求。

（2）吊索系挂点应符合专项施工方案要求。

（3）严格遵守起重吊装“十不吊”规定。

① 物件吊运时，严禁从人员上方通过。起重臂和吊起的重物下面有人停留或行走不准吊。

② 起重指挥应由技术培训合格的专职人员担任，无指挥或信号不清不准吊。

③ 钢筋、型钢、管材等细长和多根物件应捆扎牢靠，支点起吊，不得在吊物上堆放或悬挂其他物件；零星材料起吊时，必须用吊笼或钢丝绳绑扎牢固。单头“千斤”或捆扎不牢不准吊。

④ 多孔板、积灰斗、手推翻斗车不用四点吊或大模板外挂板不用卸甲不准吊。预制钢筋混凝土楼板不准双拼吊。

⑤ 吊砌块应使用安全可靠的砌块夹具，吊砖应使用砖笼，并堆放整齐。木砖、预埋件等零星物件要用盛器堆放稳妥，叠放不齐不准吊。

⑥ 严禁用塔式起重机载运人员。楼板、大梁等吊物上站人不准吊。

⑦ 埋入地下的板桩、井点管等以及粘连、附着的物件不准吊。

⑧ 多机作业，应保证所吊重物距离不小于 3 m。在同一轨道上多机作业，无安全措施不准吊。

⑨ 6级以上强风不准吊。

⑩ 斜拉重物或超过机械允许荷载不准吊。

（4）高处作业必须按规定设置作业平台。

（5）作业平台防护栏杆不应少于两道，其高度和强度应符合规范要求。

（6）攀登用爬梯的构造、强度应符合规范要求。

（7）安全带应悬挂在牢固的结构或专用固定构件上，并应高挂低用。

7. 构件码放与警戒监护安全技术

（1）构件码放。

① 构件码放场地应平整压实，周围必须设排水沟。构件码放荷载应在作业面承载能力允许范围内。

② 构件应根据制作、吊装平面规划位置，按类型、编号、吊装顺序、方向依次配套码放，避免二次倒运。

③ 构件应按设计支承位置堆放平稳，底部应设置垫木。对不规则的柱、梁、板应专门分析确定支承和加垫方法。

④ 重叠码放的构件应采用垫木隔开，上、下垫木应在同一垂线上，物件码放高度应在规定允许范围内：柱不宜超过2层，梁不宜超过3层，大型屋面板不宜超过6层，圆孔板不宜超过8层。其他物件临时堆放处离楼层边缘不应小于1 m，堆放高度不得超过1 m。堆垛间应留2 m宽的通道。

⑤ 大型物件码放应有保证稳定的措施。屋架、薄腹梁等重心较高的构件，应直立放置，除设支承垫木外，应于其两侧设置支撑使其稳定，支撑不得少于2道。装配式大板应采用插放法或背靠堆放，堆放架应经设计计算确定。

（2）警戒监护。

① 起重吊装作业前，应根据施工组织设计要求划定危险作业警戒区域，划定警戒线，悬挂或张贴明显的警戒标志，防止无关人员进入。

② 除设置标志外，还应视现场作业环境，专门设置监护人员进行专人警戒，防止高处作业或交叉作业时造成的落物伤人事故。

2.3 屋面及装饰装修工程安全技术

2.3.1 屋面工程

屋面工程的危险性主要有高处坠落、物体打击、火灾、中毒等。

1. 屋面工程安全技术的一般规定

（1）屋面施工作业前，无女儿墙的屋面的周围边沿和预留孔洞处，必须按“洞口、临边”防护规定进行安全防护。施工中由临边向内施工，严禁由内向外施工。

（2）施工现场操作人员必须戴好安全帽，防水层和保温层施工人员禁止穿硬底和带钉子的鞋。

（3）易燃材料必须贮存在专用仓库或专用场地，应设专人进行管理。

（4）库房及现场施工隔气层、保温层时，严禁吸烟和使用明火，并配备消防器材和灭火设施。

（5）屋面材料垂直运输或吊运中应严格遵守相应的安全操作规程。

（6）屋面没有女儿墙，在屋面上施工作业时，作业人员应面对檐口，由檐口往里施工，以防不慎坠落。

（7）清扫垃圾及砂浆拌和物过程中，避免灰尘飞扬。建筑垃圾，特别是有毒有害物质，应按时定期地清理并运送到指定地点。

（8）屋面施工作业时，绝对禁止从高处向下乱扔杂物，以防砸伤他人。

（9）雨雪、大风天气应停止作业，待屋面干燥和风停后，方可继续工作。

2. 柔性防水屋面施工安全技术

（1）溶剂型防水涂料易燃有毒，应存放于阴凉、通风、无强烈日光直晒、无火源的库房内，并备有消防器材。

（2）使用溶剂型防火涂料时，施工人员应穿工作服、工作鞋、戴手套。操作时若皮肤上沾上涂料，应及时用沾有相应溶剂的棉纱擦除，再用肥皂和清水洗净。

（3）卷材作业时，作业人员操作应注意风向，防止下风方向作业人员中毒或烫伤。

（4）屋面防水层作业过程中，操作人员若发生恶心、头晕、过敏等情况时，应立即停止操作。

（5）屋面铺贴卷材时，四周应设置 1.2 m 高的围栏，靠近屋面四周沿边应侧身操作。

3. 刚性防水屋面施工安全技术

（1）浇筑混凝土时，混凝土不得集中堆放。

（2）水泥、砂、石、混凝土等材料运输过程中，不得随处溢洒，及时清扫撒落的材料，保持现场环境整洁。

（3）混凝土振捣器使用前，必须经电工检验确认合格后，方可使用。开关箱必须装设漏电保护器，插头应完好无损，电源线不得破皮漏电，操作者必须穿绝缘鞋（胶鞋），戴绝缘手套。

2.3.2 抹灰饰面工程

1. 抹灰饰面工程的事故隐患

抹灰饰面工程较易发生高处坠落、物体打击等事故。抹灰饰面工程的事故隐患主要包括以下内容。

（1）往窗口下随意乱抛杂物。

（2）活动架子移动时架上有人员作业。

（3）喷浆设备使用前未按要求使用防护用品。

（4）顶板批嵌时不戴防护眼镜。

（5）喷射砂浆设备的喷头疏通时不关机，喷头疏通时对人。

（6）在架子上乱扔粉刷工具和材料。

（7）梯子有缺档。

（8）利用梯子行走。

（9）人站在人字梯最上一层施工。

（10）人字扶梯无连接绳索、下部无防滑措施。

（11）二人在梯子上同时施工。

（12）单面梯子使用时与地面夹角不符合要求。

（13）梯子下脚垫高使用。

（14）室内粉刷使用的登高搭设不平稳。

（15）室内的登高搭设脚手板高度大于 2 m。

（16）搭设的活动架子不牢固不平稳。

（17）登高脚手板搁置在门窗管道上。

（18）外墙面粉刷施工前未对外脚手进行检查。

（19）喷射砂浆设备使用前未进行检查。

（20）料斗上料时无专人指挥专人接料。

（21）随意拆除脚手架上的安全设施。

（22）脚手板搭设的单跨跨度大于 2 m。

（23）人字梯未用橡胶包脚使用。

2. 抹灰饰面工程安全技术

（1）墙面抹灰的高度超过 1.5 m 时，要搭设脚手架或操作平台，大面积墙面抹灰时，要搭设脚手架。

（2）搭设抹灰用高大架子必须有设计和施工方案，参加搭架子的人员，必须经培训合格，持证上岗。

（3）高大架子必须经相关安全部门检验合格后，方可开始使用。

（4）施工操作人员严禁在架子上打闹、嬉戏，使用的灰铲、刮杠等不要乱丢、乱扔。

（5）遇有恶劣气候（例如风力在 6 级以上），影响安全施工时，禁止高空作业。

（6）提拉灰斗的绳索要结实牢固，防止绳索断裂，灰斗坠落伤人。

（7）施工作业中尽可能避免交叉作业，抹灰人员不要在同一垂直面上工作。

（8）施工现场的脚手架、防护设施、安全标志和警告牌，不得擅自拆动，需拆动时，应经施工负责人同意，并由专业人员加固后拆动。

（9）乘人的外用电梯、吊笼应有可靠的安全装置，禁止人员随同运料吊篮、吊盘上下。

（10）对安全帽、安全网、安全带要定期检查，不符合要求的严禁使用。

（11）外墙贴面砖施工前先要由专业架子工搭设装修用外脚手架，经验收合格后才能使用。

（12）操作人员进入施工现场必须戴好安全帽，系好风紧扣。

（13）高空作业必须佩戴安全带，上架子作业前必须检查脚手板搭放是否安全可靠，确认无误后方可上架进行作业。

（14）上架工作衣着要轻便，禁止穿硬底鞋、拖鞋、高跟鞋，并且架子上的人不得集中在一块，严禁从上往下抛掷杂物。

（15）脚手架的操作面上不可堆积过量的面砖和砂浆。

（16）施工现场临时用电线路必须按用电规范布设，严禁乱接乱拉，远距离电缆线不得随地乱拉，必须架空固定。

（17）小型电动工具，必须安装漏电保护装置，使用时，应经试运转合格后方可操作。

（18）电器设备应有接地、接零保护。现场维护电工应持证上岗。非维护电工不得乱接电源。

（19）电源、电压须与电动机具的铭牌电压相符。电动机具移动时，应先断电后移动。下班或使用完毕必须拉闸断电。

（20）施工时必须按施工现场安全技术交底施工。

（21）施工现场严禁扬尘作业，清理打扫时，必须洒少量水湿润后方可打扫，并注意对成品的保护，废料及垃圾必须及时清理干净，装袋运至指定堆放地点，堆放垃圾处必须进行围挡。

（22）切割石材的临时用水，必须有完善的污水排放措施。

（23）用滑轮和绳索提拉水泥砂浆时，滑轮一定要固定好，绳索要结实可靠，防止绳索断裂，坠物伤人。

（24）对施工中噪声大的机具，尽量安排在白天及夜晚 10 点前操作，严禁噪声扰民，

（25）雨后、春暖解冻时，应及时检查外架子，防止沉陷，出现险情。

2.3.3 油漆涂料工程

1. 油漆涂料工程的事故隐患

油漆涂料工程的危险性主要是火灾、中毒、高处坠落、物体打击等。油漆涂料工程的事故隐患主要包括以下内容。

（1）高处作业无安全防护。

（2）室内照明和电器设备无防火措施。

（3）搭设的活动架子不牢固、不平稳。

（4）油漆仓库内使用“小太阳”高压灯。

（5）乱扔沾有易燃物的物件。

（6）脚手板搭设的单跨跨度大于 2 m。

（7）人站在人字梯最上一层施工。

（8）梯子使用上部不扎牢、下部无防滑措施。

（9）二人在梯子上同时施工。

（10）梯子有缺档。

（11）单面梯子使用时与地面夹角不符合要求。

（12）梯子下脚垫高使用。

（13）利用梯子行走。

（14）除锈喷涂时无安全防护措施。

（15）施工现场有人员动用明火。

（16）往窗口下随意乱抛杂物。

（17）导电体油漆施工未有接地措施。

（18）油漆仓库未配备灭火器材。

（19）施工场地无通风设备。

2. 油漆涂料工程安全技术

（1）高度作业超过 2 m，应按规定搭设脚手架。施工前要检查是否牢固。

（2）涂装施工前，应集中工人进行安全教育，并进行书面交底。

（3）施工现场严禁设涂装材料仓库。场外的涂装仓库应有足够的消防设施，并且设有严禁烟火安全标语。

（4）墙面涂料高度超过 1.5 m 时，要搭设马凳或操作平台。

（5）涂刷作业时操作工人应佩戴相应的保护用品，例如防毒面具、口罩、手套等，以免危害工人的健康。

（6）严禁在民用建筑工程室内，用有机溶剂清洗施工用具。

（7）涂料使用后，应及时封闭存放，废料应及时清出室内。施工时，室内应保持良好通风，但是不宜有过堂风。

（8）民用建筑工程室内装修中，进行饰面人造木板拼接施工时，除芯板为 A 类外，应对其断面及无饰面部位进行密封处理（例如采用环保胶类腻子等）。

（9）遇有上下立体交叉作业时，作业人员不得在同一垂直方向上操作。

（10）涂装窗子时，严禁站在或骑在窗槛上操作，以防槛断人落。刷外开窗扇漆时，应将安全带挂在牢靠的地方。刷封檐板时，应利用外装修架或搭设挑架进行。

（11）现场清扫应设专人洒水，不得有扬尘污染。打磨粉尘应用湿布擦净。

（12）涂刷作业过程中，操作人员如感头痛、恶心、胸闷或心悸时，应立即停止作业，到户外呼吸新鲜空气。

（13）每天收工后，应尽量不剩涂装材料，剩余涂装材料不准乱倒，应收集后集中处理。废弃物（例如废油桶、油刷、棉纱等）按环保要求分类销纳。

2.3.4 门窗及吊顶工程

1. 门窗工程安全技术

（1）安装门窗框、扇作业时，操作人员不得站在窗台和阳台栏板上作业。当门窗临时固定，封填材料尚未达到其应有强度时，不准手拉门、窗进行攀登。

（2）安装二层楼以上外墙窗扇，应设置脚手架和安全网，如外墙无脚手架和安全网时，必须挂好安全带。安装窗扇的固定扇，必须钉牢固。

（3）使用手提电钻操作，必须配戴绝缘胶手套。机械生产和圆锯锯木，一律不得戴手套操作，并必须遵守用电和有关机械安全操作规程。

（4）操作过程中如遇停电、抢修或因事离开岗位时，除对本机关掣外，并应将闸掣拉开，切断电源。

（5）使用电动螺丝刀、手电钻、冲击钻、曲线锯等必须选用Ⅱ类手持式电动工具，每季度至少全面检查一次，确保使用安全。

（6）凡使用机械操作，在开机时，必须挥手扬声示意，方可接通电源，并不准使用金属物体合闸。

（7）使用射钉枪必须符合下列要求。

① 射钉弹要按有关爆炸和危险物品的规定进行搬运、储存和使用，存放环境要整洁、干燥、通风良好、温度不高于40℃，不得碰撞、用火烘烤或高温加热射钉弹，哑弹不得随地乱丢。

② 操作人员要经过培训，严格按规定程序操作，作业时要戴防护眼镜，严禁枪口对人。

③ 墙体必须稳固、坚实并具承受射击冲击的刚度。在薄墙、轻质墙上射钉时，墙的另一面不得有人，以防射穿伤人。

（8）使用特种钢钉应选用重量大的锤头，操作人员应戴防护眼镜。为防止钢钉飞跳伤人，可用钳子夹住再行敲击。

2. 吊顶工程安全技术

（1）无论是高大工业厂房的吊顶还是普通住宅房间的吊顶均属于高处作业，因此作业人员要严格遵守高处作业的有关规定，严防发生高处坠落事故。

（2）吊顶的房间或部位要由专业架子工搭设满堂红脚手架，脚架的临边处设两道防护栏杆和一道挡脚板，吊顶人员站在脚手架操作面上作业，操作面必须满铺脚手板。

（3）吊顶的主、副龙骨与结构面要连接牢固，防止吊顶脱落伤人。

（4）吊顶下方不得有其他人员来回行走，以防掉物伤人。

（5）作业人员要穿防滑鞋，行走及材料的运输要走马道，严禁从架管爬上、爬下。

（6）作业人员使用的工具要放在工具袋内，不要乱丢、乱扔。同时高空作业人员禁止从上向下投掷物体，以防砸伤他人。

（7）作业人员使用的电动工具要符合安全用电要求，如需用电焊的地方必须由专业电焊工施工。

2.3.5 玻璃幕墙工程

1. 玻璃幕墙工程的事故隐患

玻璃幕墙工程的事故隐患主要包括以下内容。

（1）密封材料施工中没有严禁烟火。

（2）幕墙施工未在作业下方设置竖向安全平网。

（3）手持电动工具未在使用前检验绝缘性能的可靠性。

（4）玻璃吸盘安装机和手持式吸盘未检验吸附性能的可靠性。

（5）强风大雨时不及时停止幕墙安装作业。

（6）可能停电的情况下未及时停止幕墙的安装作业。

（7）施工人员未佩戴合乎要求的防护用品。

（8）吊篮的使用未经劳动部门安全认证。

（9）各种工具没有高空的存放袋。

（10）与其他安装施工交叉作业时未在作业面间设置防护棚。

（11）暴风时没有做好吊篮脚手架的加固工作。

（12）现场焊接作业未在焊件下方设接火装置，没有专人监护。

2. 铝合金玻璃幕墙工程安全技术

（1）安装时使用的焊接机械及电动螺丝刀、手电钻、冲击电钻、曲线锯等手持式电动工具，应按照相应的安全交底操作。

（2）铝合金幕墙安装人员应经专门安全技术培训，考核合格后方能上岗操作。施工前要详细进行安全技术交底。

（3）幕墙安装时操作人员应在脚手架上进行，作业前必须检查脚手架是否牢靠，脚手板有否空洞或探头等，确认安全可靠后方可作业。高处作业时，应按照相关的高处作业安全交底要求进行操作。

（4）使用天那水清洁幕墙时，室内要通风良好，戴好口罩，严禁吸烟，周围不准有火种。沾有天那水的棉纱、布应收集在金属容器内，并及时处理。

（5）玻璃搬运应遵守下列要求。

① 风力在 5 级或以上难以控制玻璃时，应停止搬运和安装玻璃。

② 搬运玻璃必须戴手套或用布、纸垫住玻璃边口部分与手及身体裸露部分分隔，如数量较大应装箱搬运，玻璃片直立于箱内，箱底和四周要用稻草或其他软性物品垫稳。两人以上共同搬抬较大较重的玻璃时，要互相配合，呼应一致。

③ 若幕墙玻璃尺寸过大，则要用专门的吊装机具搬运。

④ 对于隐框幕墙，若玻璃与铝框是在车间粘结的，要待结构胶固化后才能搬运。

⑤ 搬运玻璃前应先检查玻璃是否有裂纹，特别要注意暗裂，确认完好后方可搬运。

技能训练

一、判断

1. 基坑开挖时，两人操作间距应大于 3 m，可以对头挖土。（ ）

2. 挖土可以采取由上而下，分层分段的顺序进行，禁止先挖坡脚或逆坡挖土，或采用底部掏空塌土方法挖土。（ ）

3. 挖土方不得在危岩、孤石的下边或贴近未加固的危险建筑物的下面进行。（ ）

4. 钻机成孔时，如被塌方或孤石卡住，应迅速拔出。（ ）

5. 开挖基坑时，为防止坑壁滑塌，在坑顶两边 1.5 m 内不得堆放弃土。（ ）

6. 进行土方开挖工程时，坑边放置的有动载的机械设备不应离开坑边较远。（ ）

7. 滑模平台上的物料应集中堆放，便于集中吊运。（ ）

8. 多人运送钢筋时，起、落、转、停动作要一致，人工上下传递不得在同一垂直线上。（ ）

9. 钢结构焊接工程中，多台焊机在一起集中施焊时，焊接平台或焊件必须接地，并应有隔光板。 ( )

10. 压型金属板现场切割过程中，切割机械的底面不宜与彩板面直接接触，最好垫以薄三合板材。 ( )

11. 木模板及其支撑的材质不宜高于Ⅲ等材。 ( )

12. 凡从事调整试验和送电试运人员，均应戴绝缘手套、穿绝缘鞋。但在用转速表测试电机转速时，不可戴线手套；推力不可过大或过小。 ( )

13. 层面施工作业前，无高女儿墙的屋面的周围边沿和预留孔洞处，必须按“洞口、临边”防护规定进行安全防护。施工中由临边向内施工，严禁由内向外施工。 ( )

14. 涂装工程施工遇有上下立体交叉作业时，作业人员不得在同一垂直方向上操作。( )

15. 油漆工程施工中，在配料或提取易燃品时严禁吸烟，浸擦过清油、清漆、油的棉纱、擦手布不能随便乱丢，应投入有盖金属容器内及时处理。 ( )

16. 室内抹灰工程中，搭设脚手架不得有跷头板，严禁脚手板支搭在门窗、暖气管道上。 ( )

二、单项选择题

1. 开挖基坑（槽）时，应符合的规定有：为防止坑壁滑塌，根据土质情况及坑（槽）深度，在坑顶两边一定距离（一般为 0.8 m）内不得堆放弃土，在此距离外堆土高度不应超过（ ），否则，应验算边坡的稳定性。

A. 1.2 m　　B. 1.3 m　　C. 1.4 m　　D. 1.5 m

2. 在软土地区开挖基坑（槽）时，施工前必须做好地面排水及降低地下水位工作，地下水位应降低至基坑底下（ ）后，方可开挖。

A. 20～30 cm　　B. 30～40 cm　　C. 20～50 cm　　D. 50～100 cm

3. 下列选项中，关于模板安装工程的操作，不正确的是（ ）。

A. 支设高度在 3 m 以上的柱模板，四周应设斜撑，并应设立操作平台，低于 3 m 的可用马凳操作

B. 拼装完的大块模板或整体模板，吊装前应确定吊点位置，先进行试吊，确认无误后，方可正式吊运安装

C. 当层间高度大于 5 m 时，若采用多层支架支模，则在两层支架立柱间应铺设垫板，且应平整，上下层支柱要垂直，并应在同一垂直线上

D. 当模板高度大于 5 m 以上时，应搭脚手架，设置防护栏，上下可以在同一垂直面上操作

4. 挖孔施工人员下入桩孔内须戴安全帽，连续工作不宜超过（ ）。

A. 2h　　B. 3h　　C. 4h　　D．5h

5. 拆除的模板和支撑件不得在基坑上口（ ）以内堆放，应随拆随运走。

A. 1 m　　B. 2 m　　C. 3 m　　D. 4 m

6. 下列选项中，关于屋面工程施工安全技术规定，做法不正确的是（ ）。

A. 冬季施工要有防滑措施，屋面霜雪必须先清扫干净，必要时应系好安全带

B. 溶剂型防水涂料易燃有毒，应存放于阴凉、通风、无强烈日光直晒、无火源的库房内，并备有消防器材

C. 锅内沥青着火，应立即向燃烧的沥青浇水，并用干砂或湿麻袋灭火

D. 金属板材屋面施工时，操作人员必须穿胶鞋，防止滑伤

7. 钢筋混凝土工程施工安全技术规定，进行钢筋工程时，雨、雪、风力（　　）天气不得露天作业。

A．4级（含4级）　B. 5级（含5级）　C. 6级（含6级）　D. 7级（含7级）

8. 土方开挖工程中对深度超过（　　）的基坑应当组织专家进行论证。

A. 4 m　B. 5 m　C. 6 m　D. 8 m

9. 基坑开挖过程中，当挖土面积较大时，每人工作面不应小于（　　）m^2。

A. 6　B. 7　C. 8　D. 9

10. 夯实地基时，现场操作人员要配戴安全帽。夯锤起吊后，吊臂和夯锤下（　　）范围内禁止站人，非工作人员应远离夯击点（　　）以外，防止夯击时飞石伤人。

A. 18 m，25 m　B. 17 m，20 m　C. 15 m，30 m　D. 14 m，28 m

11. 搬运袋装水泥时，必须逐层从上往下阶梯式搬运，禁止从下抽拿。存放水泥时，必须压槎码放，并不得码放过高，一般不超过（　　）为宜。

A. 7袋　B. 8袋　C. 9袋　D. 10袋

12. 使用手推车运送混凝土时，装运混凝土量应低于车厢（　　）。

A. 3～4 cm　B. 5～10 cm　C. 11～15 cm　D. 15～20 cm

13. 用塔吊运送混凝土时，小车必须焊有牢固吊环，吊点不得少于（　　），并保持车身平衡。

A. 2个　B. 3个　C. 4个　D. 5个

14. 模板拆除后，在清扫和涂刷隔离剂时，模板要临时固定好，板面相对停放之间，应留出（　　）宽的人行通道，模板上方要用拉杆固定。

A. 30～40 mm　B. 40～50 mm　C. 50～60 mm　D. 1 m

15. 钢筋工程施工安全技术规定，绑扎（　　）的柱钢筋必须搭设操作平台，不得站在钢箍上绑扎。已绑扎的柱骨架应用临时支撑拉牢，以防倾倒。

A. 3 m　B. 2.5 m　C. 2 m　D. 1.5 m

16. 钢结构工程中，机械和工作台等设备的布置应便于安全操作，通道的正确宽度可以为（　　）。

A. 0.7 m　B. 0.8 m　C. 0.9 m　D. 1.5 m

17. 钢结构工程中，在现场进行射线探伤时，周围应设警戒区，并挂“危险”标志牌，现场操作人员应背离射线（　　）以外。在30°投射角范围内，一切人员要远离（　　）以上。

A. 10 m，50 m　B. 5 m，30 m　C. 8 m，40 m　D. 7 m，45 m

18. 下列选项中，防止坠物伤人的措施不正确的是（　　）。

A. 吊装时，不得在构件上堆放或悬挂零星物件

B. 构件绑扎必须绑牢固，起吊点应通过构件的重心位置，吊升时应平稳，避免振动或摆动

C. 地面操作人员，应尽量避免在高空作业正下方停留、通过

D. 构件固定后，应检查连接牢固和稳定情况，即使连接确实安全可靠也不能拆除临时固定工具

19. 登高用梯子吊篮，临时操作台应绑扎牢靠，梯子与地面夹角以（　　）为宜，操作台跳板应铺平绑扎，严禁出现挑头板。

A. 30°～45°　B. 50°～60°　C. 60°～70°　D. 70°～75°

20. 钢结构涂装工程中，配制硫酸乙酯时，应将硫酸慢慢注入酒精中，并充分搅拌，温度不得超过（　　），以防酸液飞溅伤人。

A. 40℃　　B. 45℃　　C. 50℃　　D. 60℃

21. 钢结构涂装工程中，因操作不小心，涂料溅到皮肤上时，正确的处理措施为（　　）。

A. 用汽油擦洗　　B. 用强盐酸擦洗

C. 用木屑加肥皂水擦洗　　D. 用大量水冲洗

22. 涂装工程施工安装技术规定，作业高度超过（　　）应按规定搭设脚手架，施工前要进行检查是否牢固。

A. 1 m　　B. 2 m　　C. 2.5 m　　D. 3 m

23. 涂装工程施工安装技术规定，墙面刷涂料当高度超过（　　）时，要搭设马凳或操作平台。

A. 1 m　　B. 1.5 m　　C. 2 m　　D. 2.5 m

24. 下列选项中，关于油漆工程的施工安装技术，叙述不正确的是（　　）。

A. 操作人员在施工时感觉头痛、心悸或恶心时，应立即离开工作地点，到通风良好处换换空气

B. 为了避免静电集聚引起事故，对罐体涂漆或喷涂设备应安装接地线装置

C. 可以在同一脚手板上交叉工作

D. 涂装仓库严禁明火入内，必须配备相应的灭火机，不准装设小太阳灯

25. 油漆工程施工安装技术规定，在大于（　　）的铁皮屋面上刷油，应设置活动板梯、防护栏杆和安全网。

A. 20°　　B. 25°　　C. 30°　　D. 35°

26. 下列选项中，关于门窗工程的施工安全技术，叙述不正确的是（　　）。

A. 作业人员在搬运玻璃时应戴手套，或用布、纸垫住将玻璃与手及身体裸露部分隔开，以防被玻璃划伤

B. 裁划玻璃要小心，并在规定的场所进行。边角余料要集中堆放，并及时处理，不得乱丢乱扔，以防扎伤他人

C. 要经常检查机电器具有无漏电现象，一经发现立即修理，决不能勉强使用

D. 在高凳上作业的人要站在端头

27. 室内抹灰工程施工安全技术规定，室内抹灰使用的木凳、金属支架应搭设牢固，脚手板高度不大于（　　），架子上堆放材料不得过于集中，存放砂浆的灰斗、灰桶等要放稳。

A. 2 m　　B. 3 m　　C. 4 m　　D. 5 m

三、多项选择题

1. 下列选项中，关于土石方工程的施工安全技术，叙述正确的有（　　）。

A. 挖土方不得在危岩、孤石的下边或贴近未加固的危险建筑物的下面进行

B. 操作时应随时注意土壁的变动情况，如果发现有裂纹或部分坍塌现象，应及时进行支撑或放坡，并注意支撑的稳固和土壁的变化

C. 机械多台阶同时开挖，应验算边坡的稳定，挖土机离边坡应有一定的安全距离，以防坍方，造成翻机事故

D. 在有支撑的基坑槽中使用机械挖土时，应防止碰坏支撑。在坑槽边使用机械挖土时，应计算支撑强度，必要时应加强支撑

E. 拆除护壁支撑时，应由上而下逐步拆除，更换支撑时，必须先拆除旧的，再安装新的

2. 下列选项中，关于地基处理工程的施工安全技术，叙述正确的是（　　）。

A. 灰土垫层、灰土桩等施工，粉化石灰和石灰过筛，必须佩戴口罩、风镜、手套、套袖等防护用品，并且站在上风头

B. 夯实地基起重机应支垫平稳，遇软弱地基，须用长枕木或路基板支垫

C. 当夯锤起吊后，吊臂和夯锤下 20 m 范围内禁止站人

D. 深层搅拌机的人工切削和提升搅拌，一旦发生卡钻或停钻现象，应切断电源，将搅拌机强制提起之后，才能启动电动机

E. 已成的孔尚未夯填填料之前，应加盖板，以免人员或物件掉入孔内

3. 下列选项中，对模板拆除能达到安全的说法叙述正确的有（　　）。

A. 在混凝土没有达到设计强度时就可以把模板支撑拆除

B. 拆模时，应逐块拆卸，不得成片松动、撬落或拉倒，严禁作业人员在同一垂直面上同时操作

C. 拆楼层外边模板时，应该有防止高空坠落及防止模板向外倒跌的措施

D. 在模板拆装区域周围，应设置围栏，并挂明显的标志牌，禁止非作业人员入内

E. 拆下的模板可以直接向下边丢弃

4. 下列选项中，关于钢零件及钢部件加工的施工安全技术，叙述正确的有（　　）。

A. 一切机械、砂轮、电动工具、气电焊等设备都必须设有安全防护装置

B. 凡是受力构件用电焊点固后，在焊接时不准在点焊处起弧，防止熔化塌落

C. 焊接、切割锰钢、合金钢、有色金属部件时，应采取防毒措施

D. 带电体与地面、带电体之间，带电体与其他设备和设施之间，均需要保持一定的安全距离。如常用的开关设备的安装高度应为 9～10 m

E. 接触焊件，应用橡胶绝缘板或干燥的木板隔离，并隔离容器内的照明灯具

5. 钢结构安装工程的危害有（　　）。

A. 触电事故　　B. 坠物伤人　　C. 高空坠落

D. 起重机倾翻　　E. 吊装结构失稳

6. 下列选项中，关于钢筋工程的施工安全技术，叙述正确的有（　　）。

A. 制作成型钢筋时，场地要平整，工作台要稳固，照明灯具必须加网罩

B. 搬运钢筋时，应防止钢筋碰撞障碍物，防止在搬运中碰撞电线发生触电事故

C. 对从事钢筋挤压连接和钢筋直螺纹连接施工的有关人员应培训、考核、持证上岗，并经常进行安全教育，防止发生人身和设备安全事故

D. 绑扎 2 m 的柱钢筋必须搭设操作平台，不得站在钢箍上绑扎

E. 在建筑物内的钢筋要分散堆放，高空绑扎、安装钢筋时，不得将钢筋集中堆放在模板或脚手架上

7. 下列选项中，关于开挖基坑（槽）应符合的规定，叙述正确的有（　　）。

A. 土方开挖施工要求标高、断面准确，在开挖过程中要注意随时检查

B. 基坑（槽）挖好后，应立即做垫层或浇筑基础

C. 挖土不得挖至基坑（槽）的设计标高以下，如个别处超挖，应用与基土相同的土料填补，并夯实到要求的密实度

D. 挖土时，若在重要部位超挖时，可使用高强度等级的混凝土填补

E. 挖土时，如用当地土填补不能达到要求的密实度时，则应用碎石类土填补，并仔细夯实到要求的密实度

8. 下列选项中，关于混凝土的运输，叙述正确的有（　　）。

A. 搬运袋装水泥时，必须逐层从上往下阶梯式搬运，禁止从下抽拿

B. 存放水泥时，必须压槎码放，水泥袋码放不得靠近墙壁

C. 使用手推车运料，向搅拌机料斗内倒砂石时，应设挡掩，不得撒把倒料

D. 垂直运输使用井架、龙门架、外用电梯运送混凝土时，车把不得超出吊盘（笼）以外，车轮挡掩，稳起稳落

E. 用塔吊运送混凝土时，小车必须焊有牢固吊环，吊点不得少于5个

9. 下列关于饰面板（砖）工程的施工安全技术，叙述正确的有（　　）。

A. 操作人员进入施工现场必须戴好安全帽，系好风紧扣

B. 高空作业必须佩戴安全带，上架子作业前必须检查脚手板搭放是否安全可靠，确认无误后方可上架进行作业

C. 上架工作，禁止穿硬底鞋、拖鞋、高跟鞋，且架子上的人不得集中在一块

D. 脚手架的操作面上可以堆积大量的面砖和砂浆

E. 小型电动工具必须安装“漏电保护”装置，使用时应经试运转合格后方可操作

10. 下列关于涂装工程的施工安装技术，叙述正确的有（　　）。

A. 油漆施工前应集中工人进行安全教育，并进行口头交底

B. 施工现场严禁设油漆材料仓库，场外的油漆仓库应有足够的消防设施，且设有严禁烟火标语

C. 严禁在民用建筑工程室内用有机溶剂清洗施工用具

D. 油漆使用后，应及时封闭存放，废料应及时清出室内，施工时室内应保持良好通风，但不宜有过堂风

E. 每天收工后应尽量不剩油漆材料，剩余油漆不准乱倒，应收集后集中处理。废弃物（如废油桶、油刷、棉纱等）按环保要求分类销纳

四、案例分析题

1. 某混凝土工程工地夏天夜间施工，因为工程才开始不久，照明设施没有完全设置好。操作人员王某因为有事，让张某帮助操作，张某此时还没有取得上岗证。王某急急忙忙换掉绝缘靴和绝缘手套后离开。1 个小时后，王某满身是汗的赶回工地。回来后，王某立即进入操作场地，但是忘记戴上绝缘手套。因为操作现场昏暗，王某一不小心接触到电源开关，触电身亡。

请根据以上情况，回答下列问题：

（1）引起此起事故的原因有哪些?

（2）简述混凝土工程施工安全技术规定。

2. 在钢结构安装工程中，技术人员丁某发现起重机吊装结构出现问题，于是未向上级汇报私自进行起重机改装，结果造成起吊过程中吊装结构失稳，发生钢筋掉落事故。

请根据以上情况，回答下列问题：

（1）此起事故的直接原因是什么?

（2）在钢结构安装工程中，防止吊装结构失稳的措施有哪些?

模块3

建筑施工专项安全技术

【模块概述】

本模块重点讲述建筑施工专项安全技术，其中包括高处作业安全技术、季节施工安全技术、施工用电安全技术、塔式起重机与起重吊装安全技术、施工机械安全技术、职业卫生工程安全技术等内容。

【学习目标】

1. 熟悉高处作业的定义与分级。
2. 掌握建筑施工安全“三宝”“四口”的安全技术要求。
3. 掌握临边、洞口、攀登、悬空作业的安全防护规定及技术要求。
4. 掌握雨期施工的防火、防触电、防雷、防坍塌的安全措施。
5. 掌握暑期施工的防火、防暑降温安全措施。
6. 熟悉冬期防火、防冻与防滑的安全措施。
7. 掌握施工用电的安全技术要求。
8. 掌握塔式起重机安全技术要求。
9. 掌握起重吊装的安全技术要求。
10. 掌握挖掘机、推土机、铲运机、桩工机械设备的安全使用。
11. 掌握各种混凝土机械设备的安全使用要求。
12. 掌握各种钢筋加工及焊接机械设备的安全使用要求。
13. 掌握灰浆搅拌机、灰浆泵的安全使用要求。

3.1 高处作业安全技术

3.1.1 高处作业的定义、分级与基本规定

1. 高处作业的定义

《高处作业分级》(GB/T 3608—2008)规定:“在坠落高度基准面 2m 或 2m 以上,有可能坠落的高处进行的作业称为高处作业。”

所谓坠落高度基准面,是指通过可能坠落范围内最低处的水平面。如从作业位置可能坠落到的最低点的地面、楼面、楼梯平台、相邻较低建筑物的屋面、基坑的底面、脚手架的通道板等。

以作业位置为中心,6 m 为半径,划出垂直于水平面的柱形空间的最低处与作业位置间的高度差称为基础高度。

以作业位置为中心,以可能坠落范围的半径为半径划成的与水平面垂直的柱形空间,称为可能坠落范围。高处作业可能坠落范围用坠落半径表示,用以确定不同高度作业时,其安全平网的防护宽度。坠落半径与高处作业的基础高度相关,如表 3-1 所示。

表 3-1　　高处作业基础高度与坠落半径

高处作业基础高度(m)	坠落半径(m)	高处作业基础高度(m)	坠落半径(m)
2～5 m	3	15～30 m	5
5～15 m	4	>30 m	6

作业区各作业位置至相应坠落高度基准面的垂直距离的最大值,称为该作业区的高处作业高度,简称作业高度。高处作业高度分为 2～5m、5～15m、15～30m 及 30m 以上 4 个区段。

2. 高处作业的分类与分级

直接引起坠落的客观危险因素分为以下 11 种。

(1)阵风风力 5 级(风速 8.0 m/s)以上。

(2)《高温作业分级》(GB/T 4200—2008)规定的Ⅱ级或Ⅱ级以上的高温条件。

(3)平均气温等于或低于 5℃的作业环境。

(4)接触冷水气温等于或低于 12℃的作业环境。

(5)作业场地有冰、雪、霜、水、油等易滑物。

(6)作业场所光线不足,能见度差。

(7)作业活动范围与危险电压带电体的距离小于表 3-2 的规定。

(8)摆动,立足处不是平面或只有很小的平面,即任一边小于 500 mm 的矩形平面、直径小于 500 mm 的圆形平面或具有类似尺寸的其他形状的平面,致使作业者无法维持正常姿势。

(9)《体力劳动强度分级》(GB 3869—1997)规定的Ⅲ级或Ⅲ级以上的体力劳动强度。

表 3-2 作业活动范围与坠落半径危险电压带电体的距离

危险电压带电体的电压等级/kV	距离/m	危险电压带电体的电压等级/kV	距离/m
≤10	1.7	220	4.0
35	2.0	330	5.0
63～110	2.5	500	6.0

（10）有毒气体或空气中含氧量低于 0.195 的作业环境。

（11）可能会引起各种灾害事故的作业环境。

高处作业可分为一般高处作业和特殊高处作业，不存在上述 11 种因素中的任一种客观危险因素的高处作业，为一般高处作业，又称 A 类高处作业，按表 3-3 规定 A 类法分级；存在上述 11 种因素中的一种或一种以上的客观危险因素的高处作业，称为特殊高处作业，又称为 B 类高处作业，按表 3-3 规定 B 类法分级。

表 3-3 高处作业分级

分类法	高处作业高度（m）			
	2≤*hw*≤5	5≤*hw*≤15	15≤*hw*≤30	*hw*＞30
A	Ⅰ	Ⅱ	Ⅲ	Ⅳ
B	Ⅱ	Ⅲ	Ⅳ	Ⅳ

3. 高处作业的事故隐患

高处作业极易发生高处坠落事故，也容易因高处作业人员违章或失误，发生物体打击事故。高处作业的事故隐患主要包括以下内容

（1）安全网未取得有关部门的准用证。

（2）上下传递物件抛掷。

（3）安全网规格材质不合要求。

（4）立体交叉作业未采取隔离防护措施。

（5）未每隔四层并不大于 10 m 张设平网。

（6）未按高挂低用要求正确系好安全带。

（7）防护措施未采用定型化工具化。

（8）在建工程未用密目式安全网封闭。

（9）未设置上杆 1.2 m、下杆 0.5～0.6 m 的上下两道防护栏杆。

（10）框架结构施工作业面（点）无防护或防护不完善。

（11）阳台楼板屋面临边无防护或防护不牢固。

（12）25 cm × 25 cm 以上洞口不按规定设置防护栏、盖板、安全网。

（13）未按规定安装防护门或护栏，安装后高度低于 1.5 m。

（14）出入口未搭设防护棚或搭设不符合规范要求。

（15）使用钢模板和其他板厚小于 5 cm 的板料作脚手板。

（16）安全帽、网、带未进行定期检查。

（17）护栏高度低于 1.2 m，未上下设置栏杆并没有密目网遮挡。

（18）未按规定安全高度 1.8 m 的防护门。

（19）恶劣天气进行高空起重吊装作业。

4. 高处作业的基本规定

为了防止高处坠落与物体打击、杜绝高处作业事故隐患，《建筑施工高处作业安全技术规范》（JGJ 80—91）对工业与民用房屋建筑及一般构筑物施工时，高处作业中临边、洞口、攀登、悬空、操作平台及交叉等项作业，以及属于高处作业的各类洞、坑、沟、槽等工程施工的安全要求作出了明确规定。其中，高处作业的基本安全规定如下。

（1）高处作业的安全技术措施必须列入工程的施工组织设计。

（2）施工前，应逐级进行安全技术教育及交底，落实所有安全技术措施和人身防护用品，未经落实时不得进行施工。

（3）高处作业中的安全标志、工具、仪表、电气设施和各种设备，必须在施工前加以检查，确认其完好，方能投入使用。

（4）攀登和悬空高处作业人员以及搭设高处作业安全设施的人员，必须经过专业技术培训及专业考试合格，持证上岗，并必须定期进行体格检查。

（5）高处作业人员的衣着要灵便，必须正确穿戴好个人防护用品。

（6）高处作业中所用的物料，均应堆放平稳，不妨碍通行和装卸。工具应随手放入工具袋；作业中的走道、通道板和登高用具，应随时清扫干净；拆卸下的物件及余料和废料均应及时清理运走，不得任意乱置或向下丢弃；传递物件禁止抛掷。

（7）雨天和雪天进行高处作业时，必须采取可靠的防滑、防寒和防冻措施。凡水、冰、霜、雪均应及时清除。对进行高处作业的高耸建筑物，应事先设置避雷设施。遇有6级以上强风、浓雾等恶劣气候，不得进行露天攀登与悬空高处作业。暴风雪及台风暴雨后，应对高处作业安全设施逐一加以检查，发现有松动、变形、损坏或脱落等现象，应立即修理完善。

（8）用于高处作业的防护设施，不得擅自拆除。确因作业需要，临时拆除或变动安全防护设施时，必须经施工负责人同意，并采取相应的可靠措施，作业后应立即恢复。

（9）建筑物出入口应搭设长6 m，且宽于出入通道两侧各1 m的防护棚，棚顶满铺不小于5 cm厚的脚手板，防护棚两侧必须封严。

（10）对人或物构成威胁的地方，必须支搭防护棚，保证人和物安全。

（11）高处作业的防护棚搭设与拆除时，应设置警戒区并应派专人监护。严禁上下同时拆除。

（12）施工中如果发现高处作业的安全设施有缺陷和隐患，必须及时解决。危及人身安全时，必须停止作业。

（13）高处作业安全设施的主要受力杆件，力学计算按一般结构力学公式，强度及挠度计算按现行有关规范进行，但钢的受弯构件的强度计算不考虑塑性影响，构造上应符合现行的相应规范的要求。

（14）高处作业应建立和落实各级安全生产责任制，对高处作业安全设施，应做到防护要求明确，技术合理，经济适用。

3.1.2 安全帽、安全带、安全网

进入施工现场必须戴安全帽、登高作业必须戴安全带，在建建筑物四周必须用绿色的密目式安全网全部封闭，这是多年来在建筑施工中对安全生产的规定。安全帽、安全带、安全网一

般被称为“救命三宝”。目前，这三种防护用品都有产品标准。我们在使用时，也应选择符合建筑施工要求的产品。

1. 安全帽

安全帽是用来避免或减轻外来冲击和碰撞对头部造成伤害的防护用品，由帽壳、帽衬、下颏带、附件组成（见图 3-1）。安全帽必须满足耐冲击、耐穿透、耐低温、侧向刚性、电绝缘性、阻燃性等基本技术性能的要求。

安全帽的佩戴要符合标准，使用要符合规定。如果佩戴和使用不正确，就起不到充分的防护作用。一般应注意下列事项：

（1）新领的安全帽，首先检查是否有“LA”标志及产品合格证，再看是否破损、薄厚不均，缓冲层及调整带和弹性带是否齐全有效。不符合规定要求的要立即调换。

图 3-1　安全帽

（2）每次之前应检查安全帽的外观是否有裂纹、碰伤痕迹、凸凹不平、磨损，帽衬是否完整，帽衬的结构是否处于正常状态，安全帽上如存在影响其性能的明显缺陷就及时报废，以免影响防护作用。任何受过重击、有裂痕的安全帽，不论有无损坏现象，均应报废。

（3）应注意在有效期内使用安全帽，植物枝条编织的安全帽有效期为 2 年，塑料安全帽的有效期限为 2 年半，玻璃钢（包括维纶钢）和胶质安全帽的有效期限为 3 年半，超过有效期的安全帽应报废。

（4）戴安全帽前应将帽后调整带按自己头型调整到适合的位置，然后将帽内弹性带系牢。缓冲衬垫的松紧由带子调节，人的头顶和帽体内顶部的空间垂直距离一般在 25～50 mm 之间，至少不要小于 32 mm 为好。佩戴者在使用时一定要将安全帽戴正、戴牢，不能晃动，要系紧下颏带。

（5）使用者不得随意在安全帽上打孔、拆卸或添加附件，不能随意调节帽衬的尺寸。不要把安全帽歪戴，也不要把帽沿戴在脑后方。

（6）施工人员在现场作业中，不得将安全帽脱下，搁置一旁，或当坐垫使用。

（7）平时使用安全帽时应保持整洁，不能接触火源，不要任意涂刷油漆。

（8） 安全帽不能在有酸、碱或化学试剂污染的环境中存放，不能放置在高温、日晒或潮湿的场所中，以免其老化变质。

2. 安全带

安全带是预防高处作业人员坠落事故的个人防护用品，由带子、绳子和金属配件组成，总称安全带（见图 3-2）。

（1）安全带的日常管理规定。

① 安全带采购回来后必须经过专职安全员检查并报验监理单位验收合格后才能使用，进场时查验是否具备合格证、厂家检验报告，是否附有永久标识。不合格的安全防具用品一律不准进入施工现场。

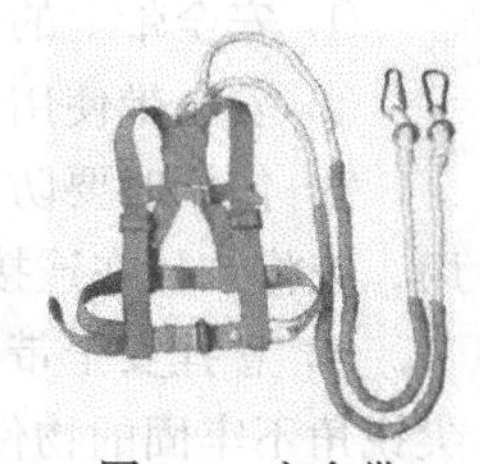

图 3-2　安全带

② 安全带应在每次使用前都应进行外观检查。外观检查的项目主要包

括：组件完整、无短缺、无伤残破损；绳索、编带无脆裂、断股或扭结；皮革配件完好、无伤残；所有的缝纫点的针线无断裂或者磨损；金属配件无裂纹、焊接无缺陷、无严重锈蚀；挂钩的钩舌咬口平整不错位，保险装置完整可靠。

③ 对使用中的安全带每周进行一次外观检查。

④ 安全带每年要进行一次静负荷重试验。

⑤ 安全带每次受力后，必须做详细的外观检查和静负荷重试验，不合格的不得继续使用。

⑥ 使用频繁的绳，要经常做外观检查，发现异常时，应立即更换新绳，更换新绳时要注意加绳套。

⑦ 安全带上的各种部件不得任意拆掉。

⑧ 安全带使用 2 年以后，使用单位应按购进批量的大小，选择一定比例的数量，作一次抽检，即用 80kg 的砂袋做自由落体试验，若未破断可继续使用，但抽检的样带应更换新的挂绳才能使用；如试验不合格，购进的这批安全带就应报废。

⑨ 安全带的使用期为 3 至 5 年，若使用期间发现异常，应提前报废；超过使用规定年限后，必须报废。

（2）安全带的穿戴步骤。

① 抓住 D 型环提起，并理顺扭曲的带子［见图 3-3（a）］。

（a）提起安全带

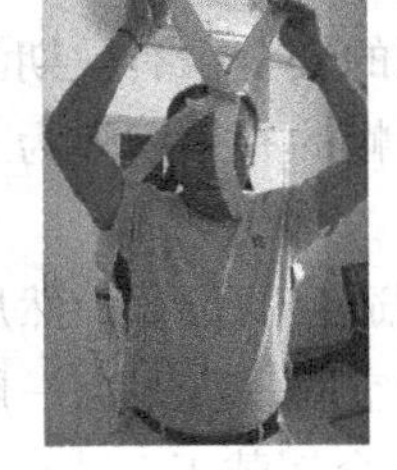

（b）安全带置于肩膀上

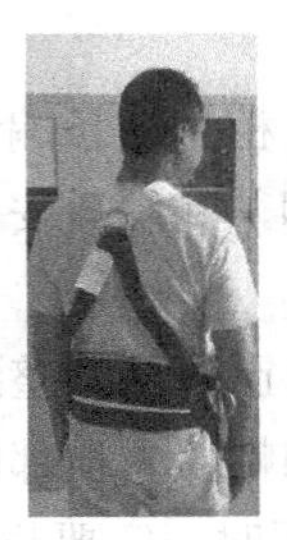

（c）调节 D 型环

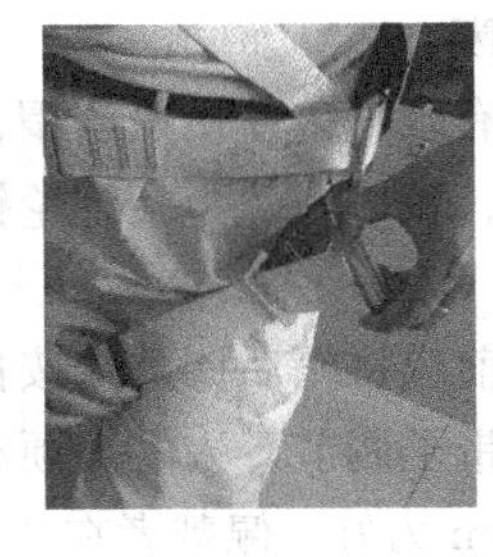

（d）锁扣腿带

（e）连接腰带

图 3-3　安全带的穿戴步骤

② 将包裹下部盆骨的带子放于身后，提起安全带置于肩膀上［见图 3-3（b）］。

③ 调节滑动的 D 型环置于背部肩胛骨的位置［见图 3-3（c）］。

④ 锁扣腿带。把腿带套在腿上，拉紧或松开吊带末端，调节到感觉紧且舒适时，锁住扣件［见图 3-3（d）］。

⑤ 连接腰带。将腰带系在腰下面、臀部上面的胯部位，调节至舒适的位置，连接扣紧腰带［见图 3-3（e）］。

（3）安全带的使用和维护。

① 安全带上的各种部件不得任意拆掉。

② 安全带使用时必须高挂低用，且悬挂点高度不应低于自身腰部。

③ 使用时要防止摆动碰撞，严禁使用打结和继接的安全绳，不准将钩直接挂在安全绳上使用，应将钩挂在连接环上用。

④ 悬挂安全带必须有可靠的锚固点，即安全带要挂在牢固可靠的地方，禁止挂在移动及带尖锐角不牢固的物件上。

⑤ 安全绳的长度限制在 1.5～2.0 m，使用 3 m 以上长绳应加缓冲器。

⑥ 在温度较低的环境中使用安全带时，要注意防止安全绳的硬化割裂。

⑦ 使用后，将安全带、绳卷成盘放在无化学试剂、阳光的场所中，切不可折叠。应在金属配件上涂些机油，以防生锈。

⑧ 安全带不使用时要妥善保管，不可接触高温、明火、强酸、强碱或尖锐物体，不要存放在潮湿的仓库中保管。

3. 安全网

安全网是用来防止人、物坠落，或用来避免、减轻坠落物击伤人的网具。

安全网（见图 3-4）按构造形式可分为平网（P）、立网（L）、密目网（ML）3 种。平网是指其安装平面平行于水平面，主要用来承接人和物的坠落。每张平网的重量一般不小于 5.5 kg，不超过 15 kg，并要能承受 800 N 的冲击力。立网是指其安装平面垂直于水平面，主要用来阻止人和物的坠落。每张立网的重量一般不小于 2.5 kg。平网和立网主要由网绳、边绳、系绳、筋绳组成。密目网，又称"密目式安全立网"，是指网目密度大于 2000 目/100 cm^2、垂直于水平面安装、施工期间包围整个建筑物、用于防止人员坠落及坠物伤害的有色立式网。密目网主要由网体、边绳、环扣及附加系绳构成。每张密目网的重量一般不小于 3 kg。立网、密目网不能代替平网。

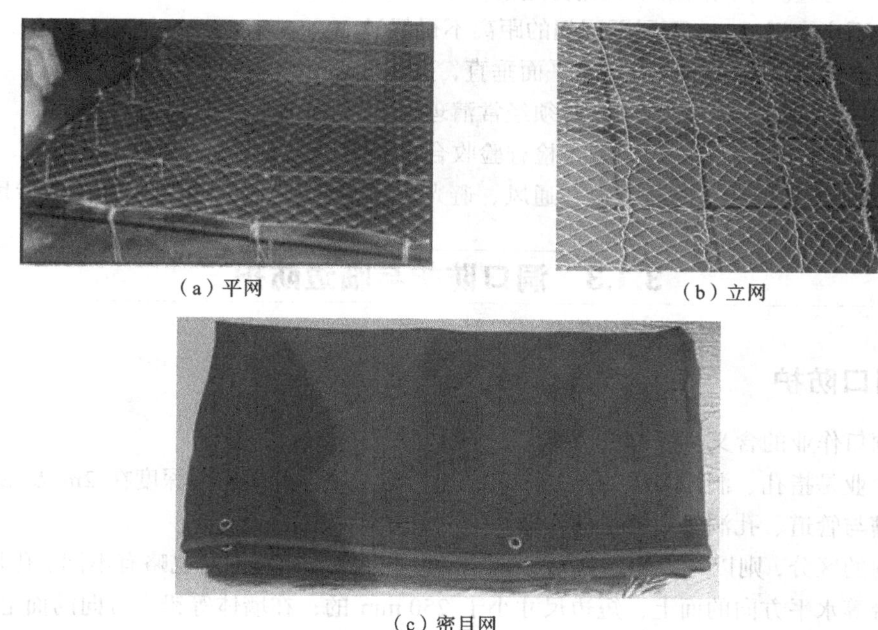

（a）平网　（b）立网　（c）密目网

图 3-4 安全网

自 2012 年 7 月 1 日，《建筑施工安全检查标准》（JGJ59 — 2011）实施后，P3×6 的大网眼的安全平网就只能在电梯井里、外脚手架的跳板下面、脚手架与墙体间的空隙等处使用。在建筑物四周要求用密目网全封闭，它意味着两个方面的要求：（1）在外脚手架的外侧用密目网全封闭；（2）无外脚手架时，在楼层里将楼板、阳台等临边处用密目网全封闭。为了能使用合格的密目网，施工单位采购来以后，除进行外观、尺寸、重量、目数等的检查以外，还要做贯穿试验和冲击试验。

一般情况下，安全网的使用应符合下列规定。

（1）施工现场使用的安全网必须有产品质量检验合格证，旧网必须有允许使用的证明书。

（2）安装前必须对网及支撑物（架）进行检查，要求支撑物（架）有足够的强度、刚性和稳定性，且系网处无撑角及尖锐边缘，确认无误时方可安装。

（3）安全网搬运时，禁止使用钩子，禁止把网拖过粗糙的表面或锐边。

（4）在施工现场安全网的支搭和拆除要严格按照施工负责人的安排进行，不得随意拆毁安全网。

（5）在使用过程中不得随意向网上乱抛杂物或撕坏网片。

（6）安装时，在每个系结点上，边绳应与支撑物（架）靠紧，并用一根独立的系绳连接，系结点沿网边均匀分布，其距离不得大于 750 mm。系结点应符合打结方便，连接牢固又容易解开，受力后又不会散脱的原则。有筋绳的网在安装时，也必须把筋绳连接在支撑物（架）上。

（7）多张网连接使用时，相邻部分应靠紧或重叠，连接绳材料与网相同时，强力不得低于网绳强力。

（8）凡高度在 4 m 以上的建筑物，首层四周必须支搭固定 3 m 宽的平网。安装平网应外高里低，以 15°为宜。平网网面不宜绷得过紧，平网内或下方应避免堆积物品，平网与下方物体表面的距离不应小于 3 m，两层平网间的距离不得超过 10 m。

（9）装立网时，安装平面应与水平面垂直，立网底部必须与脚手架全部封严。

（10）要保证安全网受力均匀，必须经常清理网上落物，网内不得有积物。

（11）安全网安装后，必须经专人检查验收合格签字后才能使用。

（12）安全网暂时不用时应存放在通风、避光、隔热、无化学品污染的仓库或专用场所。

3.1.3 洞口防护与临边防护

1. 洞口防护

（1）洞口作业的含义。

洞口作业是指孔、洞口旁边的高处作业，包括施工现场及通道旁深度在 2m 及 2m 以上的桩孔、沟槽与管道、孔洞等边沿上的作业。

孔与洞的区分，则以其大小作为划分界限，水平方向与铅直方向也略有不同。孔是指楼板、屋面、平台等水平方向的面上，短边尺寸小于 250 mm 的；在墙体等铅直方向的面上，高度小于 750 mm 的孔洞。洞是指楼板、屋面、平台等水平方向的面上，短边尺寸等于或大于 250 mm 的；在墙体等铅直方向的面上，高度等于或大于 750 mm 的孔洞。

凡深度在 2m 及 2m 以上的桩孔、沟槽与管道等孔洞边沿上的高处作业都属于洞口作业范围。如因特殊工序需要而产生使人与物有坠落危险及危及人身安全的各种洞口，都应该按洞口作业加以防护。

建筑施工现场常见的洞口，即通常所称的“四口”，主要有：楼梯口、电梯井口、预留洞口、通道口等。

（2）洞口作业安全防护的方式。

① 板与墙的洞口，必须设置牢固的盖板、防护栏杆、安全网或其他防坠落的防护设施。

② 电梯井口必须设防护栏杆或固定栅门，高度不得低于 1.8 m；电梯井内应每隔两层并最多每隔 10 m 设一道安全网。

③ 钢管桩、钻孔桩等桩孔上口，杯形、条形基础上口，未填土的坑槽，以及人孔、天窗、地板门等处，均应按洞口防护设置稳固的盖件或防护栏杆。

④ 施工现场通道附近的各类洞口与坑槽等处，除设置防护设施与安全标志外，夜间还应设红灯示警。

（3）洞口作业安全防护设施的要求。

洞口根据具体情况采取设防护栏杆、加盖件、张挂安全网与装栅门等措施时，必须符合下列要求。

① 楼板、屋面和平台等面上短边尺寸小于 250 mm，但大于 25 mm 的孔口，必须用坚实的盖板覆盖，盖板应防止挪动移位。

② 楼板面等处边长为 250～500 mm 的洞口、安装预制构件时的洞口以及其他临时形成的洞口，可用竹、木等作盖板，盖住洞口，盖板须能保持四周搁置均衡，并有固定其位置的措施。

③ 边长为 500～1500 mm 的洞口，必须设置以扣件连接钢管而成的网格，并在其上满铺脚手板。也可采用贯穿于混凝土板内的钢筋构成防护网，钢筋网格间距不得大于 200 mm。

④ 边长在 1500 mm 以上的洞口，四周设防护栏杆，洞口下张挂安全平网。

⑤ 垃圾井道和烟道，应随楼层的砌筑或安装而消除洞口，或参照预留洞口作防护；管道井施工时，除按上述要求设置防护外，还应加设明显的标志，如有临时性拆移，需经施工负责人核准，工作完毕后必须恢复防护设施。

⑥ 位于车辆行驶道旁的洞口、深沟与管道坑、槽，所加盖板应能承受不小于当地额定卡车后轮有效承载力 2 倍的荷载。

⑦ 墙面等处的竖向洞口，凡落地的洞口应加装开关式、工具式或固定式的防护门，栅门网格的间距不应大于 150 mm，也可采用防护栏杆，下设挡脚板（笆）。

⑧ 下边沿至楼板或底面低于 800 mm 的窗台等竖向洞口，如侧边落差大于 2m 时，应加设 1. 2m 高的临时护栏。

⑨ 对邻近的人与物有坠落危险性的其他竖向的孔、洞口，均应予以覆盖或加以防护，并有固定其位置的措施。

⑩ 洞口防护设施应进行必要的力学验算，此项计算应纳入施工组织设计的内容。

⑪ 洞口防护设施的构造形式一般分为防护栏杆、防护网和防护门 3 种。

a. 洞口防护栏杆，通常采用钢管。

b. 利用混凝土楼板，采用钢筋防护网等。

c. 垂直方向的电梯井口与洞口，可设木栏门、铁栅门等各种形式防护门。

（4）“四口”防护措施。

① 楼梯口。

焊接简易楼梯栏杆：可用直径 12 mm、长 1200 mm 的钢筋，垂直焊接在楼梯踏步的预埋件上，上端焊接与楼梯坡度平行钢筋，也可安装预制楼梯扶手进行防护。

绑扎栏杆：在两段楼梯的缝中，两端各立一根站杆（接在楼梯顶部），沿楼梯坡度绑扎高

1.2 m 的水平杆，最顶部的梯头横头也应绑上栏杆。

由于某种原因楼梯没跟上施工的高度，这个部位就形成一个大孔洞，这时应在每层铺一片大网，将空洞封严。

② 电梯井口。

a. 电梯门口防护用直径 12 mm 钢筋，根据电梯门口的尺寸焊接单扇门或双扇门，高度为 1.2 m。将门焊接在墙板的钢筋上，一般一次性焊接固定，不宜做活门。

b. 电梯井内每隔两层且不大于 10 m 应设置安全平网防护。

③ 预留洞口。

a. 一般 1 m 见方以下预留洞口，可用直径 10 mm 钢筋，焊接钢筋网，固定在预留口上面，网孔边长不大于 200 mm，最好在 80 mm 左右，以防止掉物；也可以在上面满铺木方或用有标志的盖板盖严。

b. 较大的预留洞口，应按尺寸做成防护围栏，高度 1.2 m。围栏周围有登高作业，可设大网将下面预留口封严。

c. 特殊型预留洞口，要采用脚手杆及跳板将预留口封严。

④ 通道口。

a. 主要通道口搭设防护棚。防护棚的材质、长度应符合规范要求，宽度应大于通道口宽度，两侧应采取封闭措施。

b. 一般通道口下方可架设大网，大网上面铺盖席子，侧边设防护栏杆。

c. 不经常使用的通道口，可用木杆封闭，避免人员随意出入。

2. 临边防护

（1）临边作业的含义。

临边作业是指施工作业时，工作面边沿没有围护设施或围护设施的高度低于 800 mm 时的高处作业。建筑施工现场常见的临边，即通常所称的“五临边”，主要有：楼层周边、楼梯侧边、平台或阳台边、屋面周边和沟、坑、槽、深基础周边等。

（2）临边作业的防护措施。

① 基坑周边，尚未安装栏杆或栏板的阳台、卸料台与悬挑平台周边，雨篷与挑檐边，无外脚手架的屋面与楼层周边及水箱与水塔周边等处，都必须设置防护栏杆。

② 底层墙高度超过 3.2 m 的二层楼面周边，以及无外脚手架的高度超过 3.2 m 的楼层周边，必须在外围架设安全平网一道。

③ 梯段旁边，必须设置两道防护栏杆。

④ 井架与施工用电梯和脚手架等与建筑物通道的两侧边，必须设防护栏杆；地面通道上部应装设安全防护棚；双笼井架通道中间，应予以分隔封闭。

⑤ 各种垂直运输卸料平台，除两侧设防护栏杆外，平台口还应设置安全门或活动防护栏杆。

（3）临边防护栏杆杆件的搭设。

① 防护栏杆的材质、规格及连接要求

a. 毛竹横杆小头有效直径不应小于 70 mm，栏杆柱小头直径不应小于 80 mm，并须用不小于 16 号的镀锌钢丝绑扎，不应少于 3 圈，并无滑动。

b. 原木横杆上栏杆梢直径不应小于 70 mm，下栏杆梢直径不应小于 60 mm，栏杆柱梢直径不应小于 75 mm，并必须用相应长度的圆钉钉紧，或用不小于 12 号的镀锌钢丝绑扎，要求表面平顺和稳固无动摇。

c. 钢筋横杆上杆直径不应小于 16 mm，下杆直径不应小于 14 mm，栏杆柱直径不应小于 18 mm，采用电焊或镀锌钢丝绑扎固定。

d. 钢管栏杆及栏杆柱均采用 Φ48 mm × 3.5 mm 的管材，以扣件或电焊固定。

e. 以其他钢材如角钢等作防护栏杆杆件时，应选用强度相当的规格，以电焊固定。

② 防护栏杆的搭设要求：

a. 防护栏杆应由上、下两道横杆及栏杆柱组成，上栏杆离地高度为 1.0～1.2 m，下栏杆离地高度为 0.5～0.6 m；坡度大于 1:2.2 的层面，防护栏杆应高于 1.5 m，并加挂安全立网。除经设计计算外，横杆长度大于 2 m 时，必须加设栏杆柱。

b. 当在基坑四周固定栏杆柱时，可采用钢管并打入地面 500～700 mm 深。钢管距基坑边的距离不应小于 500 mm，当基坑周边采用板桩时，钢管可打在板桩外侧。

c. 当在混凝土楼面、屋面或墙面固定栏杆柱时，可用预埋件与钢管或钢筋焊牢。采用竹、木栏杆时，可在预埋件上焊接 300 mm 长的∟50 × 5 角钢，其上下各钻一孔，然后用 10 mm 螺栓与竹、木等杆件固定牢固。

d. 当在砖或砌块等砌体上固定栏杆柱时，可预先砌入规格相适应的∟80 × 6 预埋扁钢作预埋铁的混凝土块，然后用上述方法固定。

e. 栏杆柱的固定及其与横向栏杆的连接，其整体构造应使防护栏杆在上横杆任何处，能经受任何方向 1000 N 的外力。当栏杆所处位置有发生人群拥挤、车辆冲击或物件碰撞等可能时，应加大横杆截面或加密柱距。

f. 防护栏杆必须自上而下用安全立网封闭，或在栏杆下边设置严密固定的高度不低于 180 mm 的挡脚板或 400 mm 的挡脚竹笆。挡脚板与挡脚竹笆上如有孔眼，不应大于 25 mm。板与竹笆下边距离底面的空隙不应大于 10 mm。

g. 卸料平台两侧的防护栏杆，必须自上而下加挂安全立网或满扎竹笆。

h. 当临边的外侧面临街道时，除防护栏杆外，敞口立面必须采取满挂安全网或其他可靠措施作全封闭处理。

i. 临边防护栏杆应进行抗弯强度、挠度等力学验算，此项计算应纳入施工组织设计的内容。

3.1.4 攀登与悬空作业

1. 攀登作业

攀登作业是指在施工现场，凡是借助于登高用具或登高设施，在攀登的条件下进行的高处作业。

（1）登高用梯的安全技术要求。

攀登作业经常使用的工具是梯子。不同类型的梯子都有相应的国家标准和要求，如角度、斜度、宽度、高度、连接措施和受力性能等。对梯子的要求主要有以下内容。

① 攀登的用具,结构构造上必须牢固可靠。供人上下的踏板,其使用荷载不应小于 1 100 N。

② 固定式直爬梯应用金属材料制成。梯宽不应大于 500 mm,支撑应采用不小于∟70×6 的角钢,埋设与焊接均必须牢固。梯子顶端的踏板应与攀登的顶面齐平,并加设 1～1.5 m 高的扶手。

③ 移动式梯子均应按现行的国家标准验收其质量。

④ 梯脚底部应坚实,不得垫高使用。梯子的上端应有固定措施。立梯工作角度以 75°±5° 为宜,踏板上下间距以 300 mm 为宜,不得有缺档。

⑤ 梯子如需接长使用,必须有可靠的连接措施,且接头不得超过一处。连接后梯梁的强度,不应低于单梯梯梁的强度。

⑥ 折叠梯使用时,上部夹角以 35°～45°为宜,铰链必须牢固,并应有可靠的拉撑措施。

⑦ 柱、梁和行车梁等构件吊装所需的直爬梯及其他登高用拉攀件,应在构件施工图或说明中作出规定。

⑧ 使用直爬梯进行攀登作业时,攀登高度以 5 m 为宜。超过 2 m 时,宜加设护笼,超过 8 m 时,必须设置梯间平台。

⑨ 上下梯子时,必须面向梯子,且不得手持器物。

⑩ 钢柱安装登高时,应使用钢挂梯或设置在钢柱上的爬梯。

(2)钢屋架安装的安全要求。

① 在层架上下弦登高操作时,对于三角形屋架应在屋脊处,梯形屋架应在两端,设置攀登时上下的梯架。材料可选用毛竹或原木等,踏步间距不应大于 400 mm,毛竹梢径不应小于 70 mm。

② 屋架吊装以前,应在上弦设置防护栏杆。

③ 屋架吊装以前,应预先在下弦挂设安全网。吊装完毕后,即将安全网铺设固定。

(3)其他要求。

① 在施工组织设计中应确定用于现场施工的登高和攀登设施。现场登高应借助建筑结构或脚手架上的登高设施,也可采用载人的垂直运输设备。进行攀登作业时可使用梯子或采用其他攀登设施。

② 作业人员应从规定的通道上下,不得在阳台之间等非规定通道进行攀登,也不得任意利用吊车臂架等施工设备进行攀登。

③ 钢柱的接柱施工,应使用梯子或操作台。操作台横杆高度,当无电焊防风要求时,不宜小于 1 m,有电焊防风要求时,其高度不宜小于 1.8 m。

④ 登高安装钢梁时,应视钢梁高度,在两端设置挂梯或搭设钢管脚手架。

⑤ 在梁面上行走时,其一侧的临时护栏横杆可采用钢索,当改用扶手绳时,绳的自然下垂度不应大于 1/20,并应控制在 100 mm 以内。

2. 悬空作业

悬空作业是指无立足点或无牢靠立足点的条件下,进行的高处作业。

建筑施工现场的悬空作业,主要是指从事建筑物或构筑物结构主体和相关装修施工的悬空操作,一般包括:构件吊装与管道安装,模板支撑与拆卸,钢筋绑扎和安装钢筋骨架,混凝土浇筑,预应力现场张拉,门窗安装作业等六类。

（1）悬空作业的基本安全要求。

① 悬空作业处应有牢靠的立足处，并视具体情况，配置防护栏网、栏杆或其他安全设施。

② 悬空作业所用的索具、脚手板、吊篮、吊笼、平台等设备，均需经过技术鉴定或检证合格后，方可使用。

（2）构件吊装和管道安装悬空作业的安全要求。

① 钢结构吊装前应尽可能先在地面上组装构件，同时还要搭好悬空作业所需的安全防护设施，并随组装后的钢构件同时起吊就位。对拆卸时的安全措施，也应一并考虑并予以落实。吊装预应力混凝土屋架等大型构件前，也应搭好悬空作业所需的安全防护设施。

② 悬空安装大模板、吊装第一块预制构件、吊装单独的大中型预制构件时，必须站在操作平台上操作。

③ 安装管道时，必须有已完结构或操作平台为立足点，严禁在安装中的管道上站立和行走。

（3）模板支撑和拆卸时悬空作业的安全要求。

① 支模应按规定的作业程序进行，模板未固定前不得进行下一道工序。严禁在连接件和支撑件上攀登上下，并严禁在上下同一垂直面上装、拆模板。结构复杂的模板，安装和拆卸应严格按照施工组织设计的措施进行。

② 支设高度在 3 m 以上的柱模板，四周应设斜撑，并应设立操作平台。低于 3 m 的可使用马凳等设施操作。

③ 支设悬挑形式的模板时，应有稳固的立足点。支设临空构筑物模板时，应搭设支架或脚手架。模板上有预留洞时，应在安装后将洞口覆盖。混凝土板上拆模后形成的临边或洞口，应按有关规定进行防护。

④ 拆除模板的高处作业，应配置登高用具或搭设支架，并设置警戒区域，有专人看护。

（4）钢筋绑扎悬空作业时的安全要求。

① 绑扎钢筋和安装钢筋骨架时，必须搭设脚手架和马道。

② 绑扎圈梁、挑梁、挑檐、外墙和边柱等钢筋时，应搭设操作台架和张挂安全网。

③ 悬空大梁钢筋的绑扎，必须在满铺脚手板的支架或操作平台上操作。

④ 在深坑下或较密的钢筋中绑扎钢筋时，照明应采用低压电源，并禁止将高压电线悬挂在钢筋上。

⑤ 绑扎立柱和墙体钢筋时，不得站在钢筋骨架上或攀登骨架上下。3 m 以内的柱钢筋，可在地面或楼面上绑扎，整体竖立。绑扎 3 m 以上的柱钢筋，必须搭设操作平台。

（5）混凝土浇筑悬空作业的安全要求。

① 浇筑离地 2 m 以上框架、过梁、雨篷和小平台时，应设操作平台，不得直接站在模板或支撑件上操作。

② 浇筑拱形结构，应自两边拱脚对称地相向进行。浇筑储仓，下口应先行封闭，并搭设脚手架以防人员坠落。

③ 特殊情况下如无可靠的安全设施，必须系好安全带并扣好保险钩，或架设安全网。

（6）门窗安装悬空作业的安全要求。

① 安装门、窗，油漆及安装玻璃时，严禁操作人员站在窗樘、阳台栏板上操作。门窗临时固定、封填材料未达到强度，以及电焊时，严禁手拉门窗进行攀登。

② 在高处外墙安装门、窗，无外脚手时，应张挂安全网。无安全网时，操作人员应系好安全带，其保险钩应挂在操作人员上方的可靠物件上。

③ 进行各项窗口作业时，操作人员的重心应位于室内，不得在窗台上站立，必要时应系好安全带进行操作。

3.1.5 操作平台与交叉作业

1. 操作平台作业

操作平台是指在建筑施工现场，用以站人、卸料，并可进行操作的平台。操作平台有移动式操作平台和悬挑式操作平台两种。操作平台作业是指供施工操作人员在操作平台上进行砌筑、绑扎、装修以及粉刷等的高处作业。操作平台的安全性能直接影响操作人员的安危。

（1）移动式操作平台的安全要求。

① 操作平台应由专业技术人员按现行的相应规范进行设计，计算书及图样应编入施工组织设计。

② 操作平台的面积不应超过 10 m^2，高度不应超过 5 m，还应进行稳定验算，并采用措施减少立柱的长细比。

③ 装设轮子的移动式操作平台，轮子与平台的接合处应牢固可靠，立柱底端离地面不得超过 80 mm。

④ 操作平台可用 Φ48 mm × 3.5 mm（或 Φ51 mm × 3.0 mm）的钢管，以扣件连接，亦可采用门架式或承插式钢管脚手架部件，按产品使用要求进行组装。平台的次梁，间距不应大于 400 mm；台面应满铺竹笆或不小于 30 mm 厚的木板。

⑤ 操作平台四周必须按临边作业要求设置防护栏杆，并应布置登高扶梯。

（2）悬挑式钢平台的安全要求。

① 悬挑式钢平台应按现行的相应规范进行设计，其结构构造应能防止左右晃动，计算书及图样应编入施工组织设计。

② 悬挑式钢平台的搁支点与上部连接点，必须位于建筑物上，不得设置在脚手架等施工设备上。

③ 斜拉杆或钢丝绳，构造上宜设前后两道，两道中的每一道均应作单道受力计算。

④ 应设置四个经过验算的吊环。吊运平台时应使用卡环，不得使吊钩直接钩挂吊环。吊环应用 Q235 牌号沸腾钢制作。

⑤ 钢平台安装时，钢丝绳应采用专用的挂钩挂牢，采取其他方式时，卡头的卡子不得少于 3 个。建筑物锐角利口围系钢丝绳处应加软垫物，钢平台外口应略高于内口。

⑥ 钢平台左右两侧必须装置固定的防护栏杆。

⑦ 钢平台吊装，需待横梁支撑点电焊固定，接好钢丝绳，调整完毕，经过检查验收后，方可移去起重吊钩，上下操作。

⑧ 钢平台使用时，应有专人进行检查，发现钢丝绳有锈蚀或损坏应及时调换，焊缝脱焊应及时修复。

⑨ 操作平台上应显著地标明容许荷载值。操作平台上人员和物料的总重量，严禁超过设计的容许荷载，应配备专人加以监督。

⑩ 操作平台可以 Φ48 mm × 3.5 mm 镀锌钢管作次梁与主梁，上铺厚度不小于 30 mm 的木板作铺板。铺板应予固定，并以 Φ48 mm × 3.5 mm 的钢管作立柱。

在上述操作平台上进行高处作业时，还应满足临边高处作业的相关安全技术要求。

2. 交叉作业

交叉作业是指在施工现场的不同层次，于空间贯通状态下同时进行的高处作业。

交叉作业时，必须满足以下安全要求。

（1）支模、粉刷、砌墙等各工种进行上下立体交叉作业时，不得在同一垂直方向上操作。下层作业的位置，必须处于依据上层高度确定的可能坠落范围半径之外。不符合以上条件时，应设置安全防护层。

（2）钢模板、脚手架等拆除时，下方不得有其他操作人员。

（3）钢模板部件拆除后，临时堆放处外边缘距离楼层边沿不应小于 1 m，堆放高度不得超过 1 m。楼层临边口、通道口、脚手架边缘等处，严禁堆放任何拆下物件。

（4）结构施工自二层起，凡人员进出的通道口（包括井架、施工用电梯的进出通道口），均应搭设安全防护棚，高度超过 24 m 的层次上的交叉作业，应设双层防护，且高层建筑的防护棚长度不得小于 6 m。

（5）由于上方施工可能坠落物件处或处于起重机悬臂回转范围之内的通道处，在其受影响的范围内，必须搭设顶部能防止穿透的双层防护棚。

3.2 季节施工安全技术

3.2.1 冬期施工

冬期施工，主要要制订防火、防滑、防冻、防煤气中毒、防亚硝酸钠中毒、防风安全措施。

1. 防火要求

（1）加强冬季防火安全教育，提高全体人员的防火意识。将普遍教育与特殊防火工种的教育相结合，根据冬期施工防火工作的特点，入冬前对电气焊工、司炉工、木工、油漆工、电工、炉火安装和管理人员、警卫巡逻人员进行有针对性的教育和考试。

（2）冬期施工中，国家级重点工程、地区级重点工程、高层建筑工程及起火后不易扑救的工程，禁止使用可燃材料作为保温材料，应采用不燃或难燃材料进行保温。

（3）一般工程可采用可燃材料进行保温，但必须进行严格管理。使用可燃材料进行保温的工程，必须设专人进行监护、巡逻检查。人员的数量应根据使用可燃材料的数量、保温的面积而定。

（4）冬期施工中，保温材料定位以后，禁止一切用火、用电作业，且照明线路、照明灯具应远离可燃的保温材料。

（5）冬期施工中，保温材料使用完后，要随时进行清理，集中进行存放保管。

（6）冬季现场供暖锅炉房宜建造在施工现场的下风方向，远离在建工程、易燃可燃建筑、露天可燃材料堆场、料库等。锅炉房应不低于二级耐火等级。

（7）烧蒸汽锅炉的人员必须经过专门培训，取得司炉证后才能独立作业。烧热水锅炉的人员也要经过培训合格后方能上岗。

（8）冬期施工的加热采暖方法，应尽量使用暖气。如果用火炉，必须事先提出方案和防火措施，经消防保卫部门同意后方能开火。但在油漆、喷漆、油漆调料间以及木工房、料库、使用高分子装修材料的装修阶段，禁止用火炉采暖。

（9）各种金属与砖砌火炉，必须完整良好，不得有裂缝。各种金属火炉与模板支柱、斜撑、拉杆等可燃物和易燃保温材料的距离不得小于1 m，已做保护层的火炉距可燃物的距离不得小于70 cm。各种砖砌火炉壁厚不得小于30 cm。在没有烟囱的火炉上方不得有拉杆、斜撑等可燃物，必要时需架设铁板等非燃材料隔热，其隔热板应比炉顶外围的每一边都多出15 cm以上。

（10）在木地板上安装火炉，必须设置炉盘。有脚的火炉炉盘厚度不得小于12 cm，无脚的火炉炉盘厚度不得小于18 cm。炉盘应伸出炉门前50 cm，伸出炉后左右各15 cm。

（11）各种火炉应根据需要设置高出炉身的火档。各种火炉的炉身、烟囱和烟囱出口等部分与电源线和电气设备应保持50 cm以上的距离。

（12）炉火必须由受过安全消防常识教育的专人看守。每人看管火炉的数量不应过多。

（13）火炉看火人应严格执行检查值班制度和操作程序。火炉着火后，不准离开工作岗位，值班时间不允许睡觉或做无关的事情。

（14）移动各种加热火炉时，必须先将火熄灭后方准移动。掏出的炉灰必须随时用水浇灭后倒在指定地点。禁止用易燃、可燃液体点火。填的煤不应过多，以不超出炉口上沿为宜，防止热煤掉出引起可燃物起火。不准在火炉上熬炼油料、烘烤易燃物品等。

（15）工程的每层都应配备灭火器材。

（16）用热电法施工，要加强检查和维修，防止触电和火灾。

2. 防滑要求

（1）冬期施工中，在施工作业前，对斜道、通行道、爬梯等作业面上的霜冻、冰块、积雪要及时清除。

（2）冬期施工中，现场脚手架搭设接高前必须将钢管上的积雪清除，等到霜冻、冰块融化后再施工。

（3）冬期施工中，若通道防滑条有损坏要及时补修。

3. 防冻要求

（1）入冬前，按照冬期施工方案材料要求提前备好保温材料，对施工现场怕受冻的材料和施工作业面（如现浇混凝土）按技术要求采用保温措施。

（2）冬期施工工地（指北方），应尽量安装地下消火栓，在入冬前应进行一次试水，加少量润滑油。

（3）消火栓用草帘、锯末等覆盖，做好保温工作，以防冻结。

（4）冬天下雪时，应及时扫除消火栓上的积雪，以免雪化后将消火栓井盖冻住。

（5）高层临时消防竖管应进行保温或将水放空，消防水泵内应考虑采暖措施，以免冻结。

（6）入冬前，应做好消防水池的保温工作，随时进行检查，发现冻结时应进行破冻处理。一般方法是在水池上盖上木板，木板上再盖上不小于 40～50 cm 厚的稻草、锯末等。

（7）入冬前应将泡沫灭火器、清水灭火器等放入有采暖的地方，并套上保温套。

4. 防中毒要求

（1）冬季取暖炉的防煤气中毒设施必须齐全、有效，建立验收合格证制度，经验收合格发证后，方准使用。

（2）冬期施工现场加热采暖和宿舍取暖用火炉时，要注意经常通风换气。

（3）对亚硝酸钠要加强管理，严格发放制度，要按定量改革小包装并加上水泥、细砂、粉煤灰等，将其改变颜色，以防止误食中毒。

3.2.2 雨期施工

雨期施工，主要应制订防触电、防雷、防坍塌、防火、防台风安全措施。

1. 防触电要求

（1）雨期施工到来之前，应对现场每个配电箱、用电设备、外敷电线、电缆进行一次彻底的检查，采取相应的防雨、防潮保护。

（2）配电箱必须防雨、防水，电器布置符合规定，电器元件不应破损，严禁带电明露。机电设备的金属外壳，必须采取可靠的接地或接零保护。

（3）外敷电线、电缆不得有破损。电源线不得使用裸导线和塑料线，也不得沿地面敷设，防止因短路造成起火事故。

（4）雨季到来前，应检查手持电动工具漏电保护装置是否灵敏。工地临时照明灯、标志灯，其电压不超过 36 V。特别潮湿的场所以及金属管道和容器内的照明灯不超过 12 V。

（5）阴雨天气，电气作业人员应尽量避免露天作业。

2. 防雷要求

（1）雨季到来前，塔机、外用电梯、钢管脚手架、井字架、龙门架等高大设施，以及在施工的高层建筑工程等应安装可靠的避雷设施。

（2）塔式起重机的轨道，一般应设两组接地装置；对较长的轨道应每隔 20 m 补做一组接地装置。

（3）高度在 20 m 及 20 m 以上的井字架、门式架等垂直运输的机具金属构架上，应将一侧的中间立杆接高，高出顶端 2 m 作为接闪器，在该立杆的下部设置接地线与接地极相连，同时应将卷扬机的金属外壳可靠接地。

（4）在施高大建筑工程的脚手架，沿建筑物四角及四边利用钢脚手本身加高 2～3 m 做接闪器，下端与接地极相连，接闪器间距不应超过 24 m。如施工的建筑物中都有突出高点，也应做类似避雷针。随着脚手架的升高，接闪器也应及时加高。防雷引下线不应少于两处。

（5）雷雨季节拆除烟囱、水塔等高大建（构）筑物脚手架时，应待正式工程防雷装置安装完毕并已接地之后，再拆除脚手架。

（6）塔吊等施工机具的接地电阻应不大于 4 Ω，其他防雷接地电阻一般不大于 10 Ω。

3. 防坍塌要求

（1）暴雨、台风前后，应检查工地临时设施，脚手架、机电设施有无倾斜，基土有无变形、下沉等现象，发现问题及时修理加固，有严重危险的，应立即排除。

（2）雨季中，应尽量避免挖土方、管沟等作业，已挖好的基坑和沟边应采取挡水措施和排水措施。

（3）雨后施工前，应检查沟槽边有无积水，坑槽有无裂纹或土质松动现象，防止积水渗漏，造成塌方。

4. 防火要求

（1）雨期中，生石灰、石灰粉的堆放应远离可燃材料，防止因受潮或雨淋产生高热引起周围可燃材料起火。

（2）雨期中，稻草、草帘、草袋等堆垛不宜过大，垛中应留通气孔，顶部应防雨，防止因受潮、遇雨发生自燃。

（3）雨期中，电石、乙炔瓶、氧气瓶、易燃液体等应在库内或棚内存放，禁止露天存放，防止因受雷雨、日晒发生起火事故。

3.2.3 暑期施工

夏季气候火热，高温时间持续较长，应制订防火防暑降温安全措施。

（1）合理调整作息时间，避开中午高温时间工作，严格控制工人加班加点，工人的工作时间要适当缩短，保证工人有充足的休息和睡眠时间。

（2）对容器内和高温条件下的作业场所，要采取措施，搞好通风和降温。

（3）对露天作业集中和固定的场所，应搭设歇凉棚，防止热辐射，并要经常洒水降温。高温、高处作业的工人，需经常进行健康检查，发现有职业禁忌症者应及时调离高温和高处作业岗位。

（4）要及时供应合乎卫生要求的茶水、清凉含盐饮料、绿豆汤等。

（5）要经常组织医护人员深入工地进行巡回医疗和预防工作。重视年老体弱、患过中暑者和血压较高的工人的身体情况的变化。

（6）及时给职工发放防暑降温的急救药品和劳动保护用品。

3.3 脚手架工程安全技术

3.3.1 脚手架工程的事故隐患与基本安全要求

1. 脚手架工程的事故隐患

脚手架是高处作业设施，在搭设、使用和拆除过程中，为确保作业人员的安全，重点应落实好预防脚手架垮塌、防电、防雷击、预防人员坠落的措施。

脚手架工程的事故隐患主要包括：

（1）20 m 以上高层脚手架未采用刚性连墙件与建筑物可靠连接。

（2）将外径 48 mm 和 51 mm 的钢管混合使用或采用钢竹混搭。

（3）搭拆作业区域和警戒区无监护人。

（4）脚手架高度超过规范规定未进行设计计算。

（5）脚手板、脚手笆不满铺固定，有探头板。

（6）特殊脚手架无专项方案，搭设方法、设计计算书未经上级审批。

（7）步距、立杆的纵距、横距、连墙件的设置部位和间距不符合，连墙件未设置在离主节点 30 cm 内。

（8）剪刀撑未按规定与脚手同步搭设，设置欠缺不连续。

（9）施工层缺 1.2 m 防护栏杆或少于三排高于 18 cm 的挡脚板。

（10）脚手架外侧未设置密目网，或密封不严。

（11）脚手架离结构处未按规定设置隔离。

（12）脚手架与建筑物未按规定设置连墙件（包括首步拉结）。

（13）脚手架搭设前地基处理不当。

（14）脚手架钢管、扣件、脚手笆、脚手板、密目网材质不符合要求。

（15）雨、雪、大风、雷雨等恶劣天气、高压线、恶劣环境附近搭拆作业。

（16）剪刀撑设置角度过大或过小，斜杆下端未支撑在垫块或垫板上。

（17）脚手各杆件扣件力矩未达到 45 N · m。

（18）临边处脚手架安装人员无防护措施。

（19）脚手架用料选材不严。

（20）拆架不按安全规定操作。

（21）脚手架未按规定高于作业面 1.5 m。

（22）作业层的施工负载超过规定要求。

（23）脚手架立柱采用搭接（顶排除外）。

（24）搭设前无交底，搭设时无分阶段验收合格挂牌使用。

（25）落地式脚手架搭设前地基不平整，地基无排水，未作验收。

（26）拆除作业未由上而下逐层进行，未做到一步一清。

（27）落地式脚手底座、垫板和立杆间距不符合规定要求。

（28）用脚手固定模板、拉揽风、固定混凝土砂浆泵管、悬挂起重设备。

（29）脚手架一次搭设高度超过连墙件以上两步。

（30）卸料平台无设计计算，搭设投入使用未按规定验收挂牌。

（31）结构、构造、材料、安装不符合设计要求。

（32）拆除连墙件整层和数层再拆脚手，分段拆除高差大于 2 步。

（33）高层脚手架未按规定设置避雷措施。

（34）脚手架未按规定设置上下登高，斜道未设防滑条。

（35）悬挑脚手架作业层以下无平网或其他安全防护措施。

（36）脚手架堆载不均匀，负荷超过规定。

（37）架子工作业无可靠的立足点，未系好安全带。

（38）落地式脚手架未按规定设置纵横向扫地杆。

（39）落地式脚手架基础开挖未采取加固措施。

（40）两挂脚手架之间空隙未加设有效盖板。

（41）卸料平台支撑系统和脚手架相连。

2. 脚手架工程的基本安全技术

（1）脚手架防护要求。

① 搭设过程中必须严格按照脚手架专项安全施工组织设计和安全技术措施交底要求设置安全网和采取安全防护措施。

② 脚手架搭至两步及以上时，必须在脚手架外立杆内侧设置 1.2 m 高的防护栏杆。

③ 架体外侧必须用密目式安全网封闭，网体与操作层不应有大于 10 mm 的缝隙；网间不应有大于 25 mm 的缝隙。

④ 施工操作层及以下连续三步应铺设脚手板和 180 mm 高的挡脚板。

⑤ 施工操作层以下每隔 10 m 应用平网或其他措施封闭隔离。

⑥ 施工操作层脚手架部分与建筑物之间应用平网或竹笆等实施封闭，当脚手架里立杆与建筑物之间的距离大于 200 mm 时，还应自上而下做到四步一隔离。

⑦ 操作层的脚手板应设护栏和挡脚板。脚手板必须满铺且固定，护栏高度 1 m，挡脚板应与立杆固定。

（2）脚手架技术要求。

① 不管搭设哪种类型的脚手架，脚手架所用的材料和加工质量必须符合规定要求，绝对禁止使用不合格材料搭设脚手架，以防发生意外事故。

② 一般脚手架必须按脚手架安全技术操作规程搭设，对于高度超过 15 m 以上的高层脚手架，必须有设计、有计算、有详图、有搭设方案、有上一级技术负责人审批、有书面安全技术交底，然后才能搭设。

③ 对于危险性大而且特殊的吊、挑、挂、插口、堆料等架子也必须经过设计和审批，编制单独的安全技术措施，才能搭设。

④ 施工队伍接受任务后，必须组织全体人员，认真领会脚手架专项安全施工组织设计和安全技术措施交底，研讨搭设方法，并派技术好、有经验的技术人员负责搭设技术指导和监护。

（3）脚手架使用要求。

① 作业层上的施工荷载应符合设计要求，不得超载。

② 不得将模板支架、缆风绳、泵送混凝土和砂浆的输送管等固定在脚手架上；严禁悬挂起重设备。

③ 在脚手架使用期间，严禁拆除主节点处的纵横向水平杆和扫地杆、连墙件。如因施工确需拆除，应事先办理拆除申请手续。有关拆除加固方案应经工程技术负责人和原脚手架工程安全技术措施审批人书面同意后，方可实施。

④ 在脚手架上进行电、气焊作业时，必须有防火措施和专人监护。

⑤ 工地临时用电线路的架设及脚手架接地、避雷措施等，应按《施工现场临时用电安全技术规范》（JGJ 46—2005）的有关规定执行。

⑥ 遇 6 级以上大风或大雾、雨雪等恶劣天气时应暂停脚手架作业。

（4）脚手架搭设要求。

① 搭设时，认真处理好地基，确保地基具有足够的承载力，垫木应铺设平稳，不能有悬空，避免脚手架发生整体或局部沉降。

② 确保脚手架整体平稳牢固，并具有足够的承载力，作业人员搭设时必须按要求与结构拉接牢固。

③ 搭设时，必须按规定的间距搭设立杆、横杆、剪刀撑、栏杆等。

④ 搭设时，必须按规定设连墙杆、剪刀撑和支撑。脚手架与建筑物间的连结应牢固，脚手架的整体应稳定。

⑤ 搭设时，脚手架必须有供操作人员上下的阶梯、斜道。严禁施工人员攀爬脚手架。

⑥ 脚手架的操作面必须满铺脚手板，不得有空隙和探头板。木脚手板有腐朽、劈裂、大横透节、有活动节子的均不能使用。使用过程中严格控制荷载，确保有较大的安全储备，避免因荷载过大造成脚手架倒塌。

⑦ 金属脚手架应设避雷装置。遇有高压线必须保持大于 5 m 或相应的水平距离，搭设隔离防护架。

⑧ 6 级以上大风、大雪、大雾天气下应暂停脚手架的搭设及在脚手架上作业。斜边板要钉防滑条，如有雨水、冰雪，要采取防滑措施。

⑨ 脚手架搭好后，必须进行验收，合格后方可使用。使用中，遇台风、暴雨，以及使用期较长时，应定期检查，及时排除安全隐患。

⑩ 因故闲置一段时间或发生大风、大雨等灾害性天气后，重新使用脚手架时必须认真检查加固后方可使用。

（5）脚手架拆除要求。

① 施工人员必须听从指挥，严格按方案和操作规程进行拆除，防止脚手架大面积倒塌和物体坠落砸伤他人。

② 脚手架拆除时要划分作业区，周围用栏杆围护或竖立警戒标志，地面设有专人指挥，并配备良好的通信设施。警戒区内严禁非专业人员人内。

③ 拆除前检查吊运机械是否安全可靠，吊运机械不允许搭设在脚手架上。

④ 拆除过程中建筑物所有窗户必须关闭锁严，不允许向外开启或向外伸挑物件。

⑤ 所有高处作业人员，应严格按高处作业安全规定执行，上岗后，先检查、加固松动部分，

清除各层留下的材料、物件及垃圾块。清理物品应安全输送至地面，严禁高处抛掷。

⑥ 运至地面的材料应按指定地点，随拆随运，分类堆放，当天拆当天清，拆下的扣件或铁丝等要集中回收处理。

⑦ 脚手架拆除过程中不能碰坏门窗、玻璃、水落管等物品，也不能损坏已做好的地面和墙面等。

⑧ 在脚手架拆除过程中，不得中途换人，如必须换人时，应将拆除情况交代清楚后方可离开。

⑨ 拆除时要统一指挥，上下呼应，动作协调，当解开与另一人有关的结扣时，应先通知对方，以防坠落。

⑩ 在大片架子拆除前应将预留的斜道、上料平台等先行加固，以便拆除后能确保其完整、安全和稳定。

⑪ 脚手架拆除程序，应由上而下按层按步骤进行拆除，先拆护身栏、脚手板和横向水平杆，再依次拆剪刀撑的上部扣件和接杆。拆除全部剪刀撑、抛撑以前，必须搭设临时加固斜支撑，预防脚手架倾倒。

⑫ 拆脚手架杆件，必须由 2～3 人协同操作，拆纵向水平杆时，应由站在中间的人向下传递，严禁向下抛掷。

⑬ 拆除大片架子应加临时围栏。作业区内电线及其他设备有妨碍时，应事先与有关部门联系拆除、转移或加防护栏。

⑭ 脚手架拆至底部时，应先加临时固定措施后，再拆除。

⑮ 夜间拆除作业，应有良好照明。遇大风、雨、雪等特殊天气，不得进行拆除作业。

3.3.2 扣件式钢管脚手架

1. 一般安全要求

（1）脚手架必须有足够的强度、刚度和稳定性，在允许施工荷载作用下，确保不变形、不倾斜、不摇晃。

（2）脚手架搭设前应清除障碍物，平整场地，夯实基土，做好排水，根据脚手架专项安全施工组织设计（施工方案）和安全技术措施交底的要求，基础验收合格后，放线定位。

（3）垫板宜采用长度不少于 2 跨，厚度不小于 5 cm 的木板，也可采用槽钢，底座应准确放在定位位置上。

（4）扣件安装应符合下列规定。

① 扣件规格必须与钢管外径相同。

② 螺栓拧紧扭力矩不应小于 40 N · m，且不应大于 65 N · m。

③ 在主节点处固定横向水平杆、纵向水平杆、剪刀撑、横向斜撑等用的直角扣件、旋转扣件的中心点的相互距离不应大于 1150 mm。

④ 对接扣件开口应朝上或朝内。

⑤ 各杆件端头伸出扣件盖板边缘的长度不应小于 100 mm。

（5）脚手板的铺设应符合下列规定。

① 脚手板应铺满、铺稳，离开墙面的距离不应大于 150 mm。

② 采用对接或搭接时均应符合《建筑施工扣件式钢管脚手架安全技术规范》（JGJ 130—2011）的规定。脚手板探头应用直径 3.2 mm 的镀锌钢丝固定在支承杆件上。

③ 在拐角、斜道平台口处的脚手板，应用镀锌钢丝固定在横向水平杆上，防止滑动。

④ 脚手板下用安全网双层兜底。施工层以下每隔 10 m 用安全网封闭。

（6）脚手架必须配合施工进度搭设，一次搭设高度不应超过相邻连墙件两步以上。

（7）每搭完一步脚手架后，应按规定校正步距、纵距、横距及立杆的垂直度。

2. 搭设安全要求

（1）立杆搭设。

① 严禁将外径 48 mm 与 51 mm 的钢管混合使用。

② 相邻立杆的对接扣件不得在同一高度内。

③ 开始搭设立杆时，应每隔 6 跨设置一根抛撑，直至连墙件安装稳定后，方可根据情况拆除。

④ 当搭至有连墙件的构造点时，在搭设完该处的立杆、纵向水平杆、横向水平杆后，应立即设置连墙件。

⑤ 立杆接长除顶层顶步外，其余各层各步接头必须采用对接扣件连接。

⑥ 立杆顶端宜高出女儿墙上皮 1 m，高出檐口上皮 1.5 m。

（2）纵向水平杆搭设。

① 纵向水平杆宜设置在立杆内侧，其长度不宜小于 3 跨。

② 纵向水平杆接长宜采用对接扣件连接，也可采用搭接。

③ 纵向水平杆的对接扣件应交错布置，两根相邻纵向水平杆的接头不宜设置在同步或同跨内。

④ 不同步或不同跨两个相邻接头在水平方向错开的距离不应小于 500 mm。各接头中心至最近主节点的距离不宜大于纵距的 1/3。

⑤ 搭接长度不应小于 1 m，应等间距设置 3 个旋转扣件固定，端部扣件盖板边缘至搭接纵向水平杆杆端的距离不应小于 100 mm

⑥ 当使用冲压钢脚手板、木脚手板、竹串片脚手板时，纵向水平杆应作为横向水平杆的支座，用直角扣件固定在立杆上。

⑦ 当使用竹笆脚手板时，纵向水平杆应采用直角扣件固定在横向水平杆上，并应等间距设置，间距不应大于 400 mm。

⑧ 在封闭型脚手架的同一步中，纵向水平杆应四周交圈设置，用直角扣件与内外角部立杆固定。

（3）横向水平杆搭设。

① 主节点处必须设置一根横向水平杆，用直角扣件扣接，且严禁拆除。

② 作业层上非主节点处的横向水平杆，宜根据支承脚手板的需要等间距设置，最大间距不应大于纵距的 1/2。

③ 当使用冲压钢脚手板、木脚手板、竹串片脚手板时，双排脚手架的横向水平杆两端均应采用直角扣件固定在纵向水平杆上。单排脚手架的横向水平杆的一端，应用直角扣件固定在纵

向水平杆上，另一端应插入墙内，插入长度不应小于 180 mm。

④ 使用竹笆脚手板时，双排脚手架的横向水平杆两端，应用直角扣件固定在立杆上。单排脚手架的横向水平杆的一端，应用直角扣件固定在立杆上，另一端应插入墙内，插入长度亦不应小于 180 mm。

⑤ 双排脚手架横向水平杆的靠墙一端至墙装饰面的距离不宜大于 100 mm。

⑥ 单排脚手架的横向水平杆不应设置在下列部位。

a. 留脚手眼的部位。

b. 过梁上与过梁两端成 60°角的三角形范围内及过梁净跨度 1/2 的高度范围内。

c. 宽度小于 1 m 的窗间墙。

d. 梁或梁垫下及其两侧各 500 mm 的范围内。

e. 砖砌体的门窗洞口两侧 200 mm 和转角处 450 mm 的范围内，其他砌体的门窗洞口两侧 300 mm 和转角处 600 mm 的范围内。

f. 独立或附墙砖柱。

（4）门洞搭设。

① 单、双排脚手架门洞宜采用上升斜杆、平行弦杆桁架结构形式，斜杆与地面的倾角，应在 45°～60°之间。

② 单排脚手架门洞外，应在平面桁架的每一节间设置一根斜腹杆。双排脚手架门洞处的空间桁架，除下弦平面外，应在其余 5 个平面内设置一根斜腹杆。

③ 斜腹杆宜采用旋转扣件固定在与之相交的横向水平杆的伸出端上，旋转扣件中心线至主节点的距离不宜大于 150 mm。

④ 当斜腹杆在 1 跨内跨越 2 个步距时，宜在相交的纵向水平杆处，增设一根横向水平杆，将斜腹杆固定在其伸出端上。

⑤ 斜腹杆宜采用通长杆件，当必须接长使用时，宜采用对接扣件连接，也可采用搭接。

⑥ 单排脚手架过窗洞时，应增设立杆或一根纵向水平杆。

⑦ 门洞桁架下的两侧立杆应为双管立杆，副立杆高度应高于门洞口 1～2 步。

⑧ 门洞桁架中伸出上下弦杆的杆件端头，均应增设一个防滑扣件，该扣件宜紧靠主节点处的扣件。

（5）剪刀撑与横向斜撑搭设。

① 双排脚手架应设剪刀撑与横向斜撑，单排脚手架应设剪刀撑。

② 每道剪刀撑跨越立杆的根数宜按表 3-4 的规定确定。

表 3-4　剪刀撑跨越立杆的最多根数

剪刀撑斜杆与地面的倾角（α）	45°	50°	60°
剪刀撑跨越立杆的最多根数（n）	7	6	5

③ 每道剪刀撑宽度不应小于 4 跨，且不应小于 6 m，斜杆与地面的倾角宜在 45°～60°之间。

④ 高度在 24 m 以下的单、双排脚手架，均必须在外侧立面的两端各设置一道剪刀撑，并应由底至顶连续设置。

⑤ 高度在 24 m 以上的双排脚手架应在外侧立面整个长度和高度上连续设置剪刀撑。

⑥ 剪刀撑斜杆的接长宜采用搭接。

⑦ 剪刀撑斜杆应用旋转扣件固定在与之相交的横向水平杆的伸出端或立杆上，旋转扣件中心线至主节点的距离不宜大于 150 mm。

⑧ 横向斜撑的设置应符合下列规定。

a. 横向斜撑应在同一节间，由底至顶呈之字形连续布置。

b. 一字形、开口形双排脚手架两端均必须设置横向斜撑。

c. 高度在 24 m 以下的封闭型双排脚手架可不设横向斜撑，高度在 24 m 以上的封闭型脚手架，除拐角应设置横向斜撑外，中间应每隔 6 跨设置一道。

⑨ 剪刀撑、横向斜撑搭设应随立杆、纵向和横向水平杆等同步搭设。

（6）斜道搭设。

① 人行道并兼作材料运输的斜道的形式宜按下列要求确定。

a. 高度不大于 6 m 的脚手架，宜采用一字形斜道。

b. 高度大于 6 m 的脚手架，宜采用之字形斜道。

② 斜道宜附着外脚手架或建筑物设置。

③ 运料斜道宽度不宜小于 1.5 m，坡度宜采用 1:6。人行斜道宽度不宜小于 1 m，坡度宜采用 1:3。

④ 拐弯处应设置平台，其宽度不应小于斜道宽度。

⑤ 斜道两侧及平台外围均应设置栏杆及挡脚板。栏杆高度应为 1.2 m，挡脚板高度不应小于 180 mm。

⑥ 运料斜道两侧、平台外围和端部均应按规范规定设置连墙件。每两步应加设水平斜杆，并按规范规定设置剪刀撑和横向斜撑。

⑦ 斜道脚手板构造应符合下列规定。

a. 脚手板横铺时，应在横向水平杆下增设纵向支托杆，纵向支托杆间距不应大于 500 mm。

b. 脚手板顺铺时，接头宜采用搭接，下面的板头应压住上面的板头，板头的凸棱处宜采用三角木填顺。

c. 人行斜道和运料斜道的脚手板上应每隔 250～300 mm 设置一根防滑木条，木条厚度宜为 20～30 mm。

（7）栏杆和挡脚板搭设。

① 栏杆和挡脚板均应搭设在外立杆的内侧。

② 上栏杆上皮高度应为 1.2 m。

③ 挡脚板高度不应小于 180 mm。

④ 中栏杆应居中设置。

（8）纵向、横向扫地杆搭设。

① 脚手架必须设置纵、横向扫地杆。

② 纵向扫地杆应采用直角扣件固定在距底座上皮不大于 200 mm 处的立杆上。

③ 横向扫地杆亦应采用直角扣件固定在紧靠纵向扫地杆下方的立杆上。

④ 当立杆基础不在同一高度上时，必须将高处的纵向扫地杆向低处延长两跨与立杆固定，高低差不应大于 1 m。

⑤ 靠边坡上方的立杆轴线到边坡的距离不应小于 500 mm。

（9）连墙件搭设。

① 宜靠近主节点设置，偏离主节点的距离不应大于 300 mm。

② 应从底层第一步纵向水平杆处开始设置，当该处设置有困难时，应采用其他可靠措施固定。

③ 宜优先采用菱形布置，也可采用方形、矩形布置。

④ 一字形、开口形脚手架的两端必须设置连墙件，连墙件的垂直间距不应大于建筑物的层高，并不应大于 4 m（两步）。

⑤ 对高度在 24 m 以下的单、双排脚手架，宜采用刚性连墙件与建筑物可靠连接，亦可采用拉筋和顶撑配合使用的附墙连接方式。严禁使用仅有拉筋的柔性连墙件。

⑥ 对高度 24 m 以上的双排脚手架，必须采用刚性连墙件与建筑物可靠连接。

⑦ 连墙件中的连墙杆或拉筋宜呈水平设置，当不能水平设置时，与脚手架连接的一端应下斜连接，不应采用上斜连接。

⑧ 当脚手架下部暂不能设连墙件时，可搭设抛撑。抛撑应采用通长杆件与脚手架可靠连接，与地面的倾角应在 45°～60°之间。连接点中心至主节点的距离不应大于 300 mm。抛撑应在连墙件搭设后，方可拆除。

⑨ 当脚手架施工操作层高出连墙件二步时，应采取临时稳定措施，直到上一层连墙件搭设完后，方可根据情况拆除。

3. 拆除安全要求

（1）拆除脚手架前应全面检查脚手架的扣件连接、连墙件、支撑体系等是否符合构造要求。

（2）应根据检查结果，补充完善施工组织设计中的拆除顺序和措施，经主管部门批准后，方可实施拆除。

（3）拆除脚手架前应由单位工程负责人进行拆除安全技术交底。

（4）拆除脚手架前，应清除脚手架上杂物及地面障碍物。

（5）拆除作业必须由上而下逐层进行，严禁上下同时作业。

（6）连墙件必须随脚手架逐层拆除，严禁先将连墙件整层或数层拆除后，再拆脚手架。分段拆除高差不应大于两步，如高差大于两步，应增设连墙件加固。

（7）当脚手架拆至下部最后一根长立杆的高度（约 6.5 m）时，应先在适当位置搭设临时抛撑加固后，再拆除连墙件。

（8）当脚手架采取分段、分立面拆除时，对不拆除的脚手架两端，应先设置连墙件和横向斜撑加固。

（9）拆除的各构配件严禁抛掷至地面。

（10）运至地面的构配件应按规定及时检查、整修与保养，并按品种、规格，随时码堆存放。

3.3.3 门式钢管脚手架

1. 施工准备

（1）脚手架搭设前，工程技术负责人应按本规程和施工组织设计要求向搭设和使用人员做技术和安全作业要求的交底。

（2）对门架、配件、加固件应按《建筑施工门式钢管脚手架安全技术规范》（JGJ 128—2010）相关要求进行检查、验收。严禁使用不合格的门架、配件。

（3）对脚手架的搭设场地应进行清理、平整，并做好排水。

2. 地基与基础安全要求

（1）门式脚手架与模板支架的地基与基础施工，应符合《建筑施工门式钢管脚手架安全技术规范》（JGJ 128—2010）第 6.8 节的规定和专项施工方案的要求。

（2）在搭设前，应先在基础上标出门架立杆位置线，垫板、底座安放位置应准确，标高应一致。

3. 门式钢管脚手架的搭设安全要求

（1）门式脚手架与模板支架搭设程序应符合下列规定。

① 门式脚手架的搭设应与施工进度同步，一次搭设高度不宜超过最上层连墙件两步，且自由高度不应大于 4 m。

② 门架的组装应自一端向另一端延伸，应自下而上按步架设，并应逐层改变搭设方向；不应自两端相向搭设或自中间向两端搭设。

③ 每搭设完两步门架后，应校验门架的水平度及立杆的垂直度。

（2）搭设门架及配件除应符合《建筑施工门式钢管脚手架安全技术规范》（JGJ 128—2010）第 6 章的规定外，尚应符合下列要求。

① 交叉支撑、脚手板应与门架同时安装。

② 连接门架的锁臂、挂钩必须处于锁住状态。

③ 钢梯的设置应符合专项施工方案组装布置图的要求，底层钢梯底部应加设钢管，并应采用扣件扣紧在门架立杆上。

④ 在施工作业层外侧周边应设置 180 mm 高的挡脚板和两道栏杆，上道栏杆高度应为 1.2 m，下道栏杆应居中设置。挡脚板和栏杆均应设置在门架立杆的内侧。

（3）加固杆的搭设应符合下列规定。

① 水平加固杆、剪刀撑加固杆必须与门架同步搭设。

② 水平加固杆应设于门架立杆内侧，剪刀撑应设于门架立杆外侧。

（4）门式脚手架连墙件的安装必须符合下列规定。

① 连墙件的安装必须随脚手架搭设同步进行，严禁滞后安装。

② 当脚手架操作层高出相邻连墙件以上两步时，在连墙件安装完毕前，必须采用确保脚手架稳定的临时拉结措施。

（5）加固杆、连墙件等杆件与门架采用扣件连接时，应符合下列规定。

① 扣件规格应与所连接钢管的外径相匹配。

② 扣件螺栓拧紧扭力矩值应为 40～65 N · m。

③ 杆件端头伸出扣件盖板边缘长度不应小于 100 mm。

（6）门式脚手架通道口的搭设应符合《建筑施工门式钢管脚手架安全技术规范》（JGJ 128—2010）第 6.6 节的要求，斜撑杆、托架梁及通道口两侧的门架立杆加强杆件应与门架同步搭设，严禁滞后安装。

4. 门式钢管脚手架的拆除安全要求

（1）拆除作业必须符合下列规定。

① 架体的拆除应从上而下逐层进行，严禁上下同时作业。

② 同一层的构配件和加固件必须按先上后下、先外后内的顺序进行拆除。

③ 连墙件必须随脚手架逐层拆除，严禁先将连墙件整层或数层拆除后再拆架体。拆除作业过程中，当架体的自由高度大于两步时，必须加设临时拉结。

④ 连接门架的剪刀撑等加固杆件必须在拆卸该门架时拆除。

（2）拆卸连接部件时，应先将止退装置旋转至开启位置，然后拆除，不得硬拉，严禁敲击。拆除作业中，严禁使用手锤等硬物击打、撬别。

（3）当门式脚手架需分段拆除时，架体不拆除部分的两端应采取加固措施后再拆除。

（4）门架与配件应采用机械或人工运至地面，严禁抛投。

（5）拆卸的门架与配件、加固杆等不得集中堆放在未拆架体上，并应及时检查、整修与保养，并宜按品种、规格分别存放。

3.3.4 碗扣式钢管脚手架

1. 施工准备

（1）脚手架施工前必须制定施工设计或专项方案，保证其技术可靠和使用安全。经技术审查批准后方可实施。

（2）脚手架搭设前工程技术负责人应按脚手架施工设计或专项方案的要求对搭设和使用人员进行技术交底。

（3）对进入现场的脚手架构配件，使用前应对其质量进行复检。

（4）构配件应按品种、规格分类放置在堆料区内或码放在专用架上，清点好数量备用。脚手架堆放场地排水应畅通，不得有积水。

（5）连墙件如采用预埋方式，应提前与设计协商，并保证预埋件在混凝土浇筑前埋入。

（6）脚手架搭设场地必须平整、坚实、排水措施得当。

2. 地基与基础处理安全要求

（1）脚手架地基基础必须按施工设计进行施工，按地基承载力要求进行验收。

（2）地基高低差较大时，可利用立杆 0.6 m 节点位差调节。

（3）土壤地基上的立杆必须采用可调底座。

（4）脚手架基础经验收合格后，应按施工设计或专项方案的要求放线定位。

3. 脚手架搭设安全要求

（1）底座和垫板应准确地放置在定位线上。垫板宜采用长度不少于 2 跨，厚度不小于 50 mm 的木垫板。底座的轴心线应与地面垂直。

（2）脚手架搭设应按立杆、横杆、斜杆、连墙件的顺序逐层搭设，每次上升高度不大于 3 m。底层水平框架的纵向直线度应≤L/200，横杆间水平度应≤L/400。

（3）脚手架的搭设应分阶段进行，第一阶段的撂底高度一般为 6 m，搭设后必须经检查验收后方可正式投入使用。

（4）脚手架的搭设应与建筑物的施工同步上升，每次搭设高度必须高于即将施工楼层 1.5 m。

（5）脚手架全高的垂直度应小于 L/500，最大允许偏差应小于 100 mm。

（6）脚手架内外侧加挑梁时，挑梁范围内只允许承受人行荷载，严禁堆放物料。

（7）连墙件必须随架子高度上升及时在规定位置处设置，严禁任意拆除。

（8）作业层设置应符合下列要求。

① 必须满铺脚手板，外侧应设挡脚板及护身栏杆。

② 护身栏杆可用横杆在立杆的 0.6 m 和 1.2 m 的碗扣接头处搭设两道。

③ 作业层下的水平安全网应按安全技术规范规定设置。

（9）采用钢管扣件作加固件、连墙件、斜撑时应符合《建筑施工扣件式钢管脚手架安全技术规范》（JGJ 130-2011）的有关规定。

（10）脚手架搭设到顶时，应组织技术、安全、施工人员对整个架体结构进行全面的检查和验收，及时解决存在的结构缺陷。

4. 脚手架拆除安全要求

（1）应全面检查脚手架的连接、支撑体系等是否符合构造要求，经按技术管理程序批准后方可实施拆除作业。

（2）脚手架拆除前现场工程技术人员应对在岗操作工人进行有针对性的安全技术交底。

（3）脚手架拆除时必须划出安全区，设置警戒标志，派专人看管。

（4）拆除前应清理脚手架上的器具及多余的材料和杂物。

（5）拆除作业应从顶层开始，逐层向下进行，严禁上下层同时拆除。

（6）连墙件必须拆到该层时方可拆除，严禁提前拆除。

（7）拆除的构配件应成捆用起重设备吊运或人工传递到地面，严禁抛掷。

（8）脚手架采取分段、分立面拆除时，必须事先确定分界处的技术处理方案。

（9）拆除的构配件应分类堆放，以便于运输、维护和保管。

5. 检查与验收

（1）进入现场的碗扣架构配件应具备以下证明资料。

① 主要构配件应有产品标识及产品质量合格证。

② 供应商应配套提供管材、零件、铸件、冲压件等材质、产品性能检验报告。

（2）构配件进场质量检查的重点：钢管管壁厚度，焊接质量，外观质量，可调底座和可调托撑丝杆直径与螺母配合间隙及材质。

（3）脚手架搭设质量应按阶段进行检验。

① 首段以高度为 6 米进行第一阶段（撂底阶段）的检查与验收。

② 架体应随施工进度定期进行检查，达到设计高度后进行全面的检查与验收。

③ 遇 6 级以上大风、大雨、大雪后特殊情况的检查。

④ 停工超过一个月恢复使用前的检查。

（4）对整体脚手架应重点检查以下内容。

① 保证架体几何不变形的斜杆、连墙件、十字撑等设置是否完善。

② 基础是否有不均匀沉降，立杆底座与基础面的接触有无松动或悬空情况。

③ 立杆上碗扣是否可靠锁紧。

④ 立杆连接销是否安装、斜杆扣接点是否符合要求、扣件拧紧程度。

（5）搭设高度在 20 m 以下（含 20 m）的脚手架，应由项目负责人组织技术、安全及监理人员进行验收；对于高度超过 20 m 脚手架超高、超重、大跨度的模板支撑架，应由其上级安全生产主管部门负责人组织架体设计及监理等人员进行检查验收。

（6）脚手架验收时，应具备下列技术文件。

① 施工组织设计及变更文件。

② 高度超过 20 m 的脚手架的专项施工设计方案。

③ 周转使用的脚手架构配件使用前的复验合格记录。

④ 搭设的施工记录和质量检查记录。

（7）高度大于 8 m 的模板支撑架的检查与验收要求与脚手架相同。

6. 安全管理与维护

（1）作业层上的施工荷载应符合设计要求，不得超载，不得在脚手架上集中堆放模板、钢筋等物料。

（2）混凝土输送管、布料杆及塔架拉结缆风绳不得固定在脚手架上。

（3）大模板不得直接墩放在脚手架上。

（4）遇 6 级及以上大风、雨雪、大雾天气时应停止脚手架的搭设与拆除作业。

（5）脚手架使用期间，严禁擅自拆除架体结构杆件，如需拆除必须报请技术主管同意，确定补救措施后方可实施。

（6）严禁在脚手架基础及邻近处进行挖掘作业。

（7）脚手架应与架空输电线路保持安全距离。工地临时用电线路架设及脚手架接地防雷措施等应按现行行业标准《施工现场临时用电安全技术规范》（JGJ 46—2005）的有关规定执行。

（8）使用后的脚手架构配件应清除表面粘结的灰渣，校正杆件变形，表面作防锈处理后待用。

3.3.5 承插型盘扣式钢管脚手架

1. 施工准备

（1）脚手架施工前必须制定专项施工方案，保证其技术可靠和使用安全。经技术审查批准后方可实施。

（2）承插型盘扣式钢管脚手架施工前应结合工程具体情况选用钢管支架型号，并编制专项施工方案。

（3）承插型盘扣式钢管脚手架的搭设高度不宜大于 24 m。

（4）脚手架施工前应根据施工对象情况、地基承载力、搭设高度，按规程的基本要求编制专项施工方案，并应经审核批准后方可实施。

（5）搭设操作人员必须经过专业技术培训及专业考试合格，持证上岗。模板支架及脚手架搭设前工程技术负责人应按专项施工方案的要求对搭设作业人员进行技术和安全作业交底。

（6）对进入施工现场的钢管支架及构配件应进行验收。使用前应对其外观进行检查，并应核验其检验报告以及出厂合格证，严禁使用不合格的产品。

（7）经验收合格的构配件应按品种、规格分类码放，并标挂数量规格铭牌备用。构配件堆放场地排水应畅通，无积水。

（8）当采用预埋方式设置脚手架连墙件时，应确保预埋件在混凝土浇筑前埋入。

2. 地基与基础处理安全要求

（1）脚手架搭设场地必须坚实、平整，排水措施得当。

（2）直接支承在土体上的脚手架，立杆底部应设置可调底座，土体应采取压实、铺设块石或浇筑混凝土垫层等加固措施防止不均匀沉陷，也可在立杆底部垫设垫板，垫板的长度不宜少于 2 跨。

（3）当地基高差较大时，可利用可调底座调整立杆，使相邻立杆上安装同一根水平杆的连接盘在同一水平面。

（4）脚手架地基基础验收合格方可使用。

3. 脚手架的搭设与拆除安全要求

（1）脚手架立杆应定位准确，搭设必须配合施工进度，一次搭设高度不应超过相邻连墙件以上两步距。

（2）连墙件必须随脚手架高度上升在规定位置处设置，严禁任意拆除。

（3）作业层设置应符合下列要求。

① 必须满铺脚手板；脚手架外侧应设挡脚板及护身栏杆；护身栏杆可用水平杆在立杆的 0.5 m 和 1.0m 的盘扣节点处布置两道，并应在外侧满挂密目安全网。

② 作业层与主体结构间的空隙应设置内侧防护网。

（4）加固件、斜杆必须与脚手架同步搭设。采用扣件钢管做加固件、斜撑时应符合现行行业标准《建筑施工扣件式钢管脚手架安全技术规程》（JGJ 130—2011）的有关规定。

（5）当架体搭设至顶层时，外侧立杆高出顶层架体平台不应小于 1 000 mm，用作顶层的防护立杆。

（6）当搭设悬挑外脚手架时，立杆的套管连接接长部位必须采用螺栓作为立杆连接件固定。

（7）脚手架可分段搭设分段使用，应由工程项目技术负责人组织相关人员进行验收，符合专项施工方案后方可使用。

（8）脚手架应经单位工程负责人确认并签署拆除许可令后方可拆除。

（9）脚手架拆除时必须划出安全区，设置警戒标志，派专人看管。

（10）拆除前应清理脚手架上的器具及多余的材料和杂物。

（11）脚手架拆除必须按照后装先拆、先装后拆的原则进行，严禁上下同时作业。连墙件必须随脚手架逐层拆除，严禁先将连墙件整层或数层拆除后再拆脚手架，分段拆除高度差不应大于两步距，如高度差大于两步距，必须增设连墙件加固。

（12）拆除的脚手架构件应安全地传递至地面，严禁抛掷。

4. 检查与验收

（1）对进入现场的钢管支架构配件的检查与验收应符合下列规定。

① 应有钢管支架产品标识及产品质量合格证。

② 应有钢管支架产品主要技术参数及产品使用说明书。

③ 应对进入现场的构配件的管径、构件壁厚等抽样核查，还应进行外观检查，外观质量应符合《建筑施工扣件式钢管脚手架安全技术规程》第3.2.7条规定。

④ 如有必要可对支架杆件进行质量抽检和试验。

（2）对脚手架的检查与验收应重点检查以下内容。

① 连墙件应设置完善。

② 立杆基础不应有不均匀沉降，立杆可调底座与基础面的接触不应有松动或悬空现象。

③ 斜杆和剪刀撑设置应符合要求。

④ 外侧安全立网和内侧层间水平网应符合专项施工方案的要求。

⑤ 周转使用的支架构配件使用前复检合格记录。

⑥ 搭设的施工记录和质量检查记录应及时、齐全。

（3）双排外脚手架验收后应形成记录，记录表应符合《建筑施工扣件式钢管脚手架安全技术规程》附录E的要求。

5. 安全管理与维护

（1）脚手架搭设和拆除的人员应参加建设行政主管部门组织的建筑施工特种作业培训且考核合格，取得上岗资格证。

（2）支架搭设作业人员必须正确戴安全帽、系安全带、穿防滑鞋。

（3）脚手架使用期间，严禁擅自拆除架体结构杆件，如需拆除必须报请工程项目技术负责人以及总监理工程师同意，确定防控措施后方可实施。

（4）严禁在脚手架基础及邻近处进行挖掘作业。

（5）脚手架应与架空输线电路保持安全距离，工地临时用电线路架设及脚手架接地防雷击措施等应按现行行业标准《施工现场临时用电安全技术规程》（JGJ 46—2005）的有关规定执行。

3.3.6 满堂脚手架与悬挑式脚手架

1. 满堂脚手架

（1）满堂脚手架搭设高度不宜超过36 m。满堂脚手架施工层不得超过1层。

（2）满堂脚手架立杆的构造应符合相关规定。立杆接长接头必须采用对接扣件连接。立杆对接扣件布置应符合相关规定。水平杆的连接应符合有关规定，水平杆长度不宜小于3跨。

（3）满堂脚手架应在架体外侧四周及内部纵、横向每6～8 m由底至顶设置连续竖向剪刀撑。当架体搭设高度在8 m以下时，应在架顶部设置连续水平剪刀撑；当架体搭设高度在8m及以上时，应在架体底部、顶部及竖向间隔不超过8 m分别设置连续水平剪刀撑。水平剪刀撑宜在竖向剪刀撑斜杆相交平面设置。剪刀撑宽度应为6～8 m。

（4）剪刀撑应用旋转扣件固定在与之相交的水平杆或立杆上，旋转扣件中心线至主节点的距离不宜大于150 mm。

（5）满堂脚手架的高宽比不宜大于3，当高宽比大于2时，应在架体的外侧四周和内部水平间隔6～9 m，竖向间隔4～6 m设置连墙件与建筑结构拉结，当无法设置连墙件时，应采取设置钢丝绳张拉固定等措施。

（6）跨数为2～3跨的满堂脚手架，宜按连墙件的规定设置连墙件。

（7）当满堂脚手架局部承受集中荷载时，应按实际荷载计算并应局部加固。

（8）满堂脚手架应设爬梯，爬梯踏步间距不得大于300 mm。

（9）满堂脚手架操作层支撑脚手板的水平杆间距不应大于1/2跨距。脚手板的铺设应符合有关规定。

2. 悬挑式脚手架

悬挑式脚手架是指其垂直方向荷载通过底部型钢支承架传递到主体结构上的施工用外脚手架。悬挑式脚手架由型钢支承架、扣件式钢管脚手架及连墙件等组合而成。

（1）施工准备。

① 悬挑式脚手架在搭设之前，应制定专项施工方案和安全技术措施，并绘制施工图指导施工。施工图应包括平面图、立面图、剖面图、主要节点图及其他必要的构造图。

② 悬挑式脚手架专项施工方案和安全技术措施必须经企业技术负责人审核批准后方可组织实施。

③ 预埋件等隐蔽工程的设置应按设计要求执行，保证质量。隐蔽工程验收手续应齐全。

④ 脚手架搭设人员必须持证上岗，并定期参加体检；搭拆作业时必须戴安全帽、系安全带、穿防滑鞋。

⑤ 悬挑式脚手架搭设时，连墙件、型钢支承架对应的主体结构混凝土必须达到设计计算要求的强度，上部的脚手架搭设时型钢支承架对应的混凝土强度不得小于C15。

（2）安装要求。

① 悬挑式脚手架搭设之前，方案编制人员和专职安全员必须按专项施工方案和安全技术措施的要求对参加搭设人员进行安全技术书面交底，并履行签字手续。

② 悬挑式脚手架搭设过程中，应保证搭设人员有安全的作业位置，安全设施及措施应齐全，对应的地面位置应设置临时围护和警戒标志，并应有专人监护。

③ 悬挑式脚手架的底部及外侧应有防止坠物伤人的防护措施。

④ 应按专项施工方案的要求准确放线定位，并应按照规定的尺寸构造和顺序进行搭设。

⑤ 悬挑式脚手架的特殊部位（如阳台、转角、采光井、架体开口处等），必须按专项施工

方案和安全技术措施的要求施工。

⑥ 搭设过程中应将脚手架及时与主体结构拉结或采用临时支撑，以确保安全。对没有完成的外架，在每日收工时，应确保架子稳定，必要时可采取其他可靠措施固定。

⑦ 搭设过程中应按《悬挑式脚手架安全技术规程》（DG/TJ08—2002-2006）附录A中7～10项的要求及时校正步距、纵距、横距及立杆垂直度。每搭设完10～12m高度后应按《悬挑式脚手架安全技术规程》（DG/TJ08—2002-2006）附录A中4～17项的要求进行安全检查，检查合格后方可继续搭设。

（3）使用要求。

① 悬挑式脚手架搭设完毕投入使用之前，应组织方案编制人员和专职安全员等有关人员按专项施工方案、安全技术措施及有关规范的要求进行验收，验收合格方可投入使用。

② 悬挑式脚手架在使用过程中，架体上的施工荷载必须符合设计要求，结构施工阶段不得超过2层同时作业，装修施工阶段不得超过3层同时作业，在一个跨距内各操作层施工均布荷载标准值总和不得超过6 kN/m^2，集中堆载不得超过300 kg。架体上的建筑垃圾及其他杂物应及时清理。

③ 严禁随意扩大悬挑式脚手架的使用范围。

④ 使用过程中，严禁进行下列违章作业。

a．利用架体吊运物料。

b．在架体上推车。

c．任意拆除架体结构件或连接件。

d．任意拆除或移动架体上的安全防护设施。

e．其他影响悬挑式脚手架使用安全的违章作业。

⑤ 在脚手架上进行电、气焊作业时，必须有防火措施和安全监护。

⑥ 6级（含6级）以上大风及雷雨、雾、大雪等天气时严禁继续在脚手架上作业。雨、雪后上架作业前应清除积水、积雪，并应有防滑措施。夜间施工应制订专项施工方案，提供足够的照明及采取必要的安全措施。

⑦ 悬挑式脚手架在使用过程中，应定期（1个月不少于1次）进行安全检查，不合格部位应立即整改。

⑧ 悬挑式脚手架停用时间超过1个月或遇6级（含6级）以上大风或大雨（雪）后，应进行安全检查，检查合格后方可继续使用。

（4）拆卸要求。

① 拆卸作业前，方案编制人员和专职安全员必须按专项施工方案和安全技术措施的要求对参加拆卸人员进行安全技术书面交底，并履行签字手续。

② 拆除脚手架前应全面检查脚手架的扣件、连墙件、支撑体系等是否符合构造要求，同时应清除脚手架上的杂物及影响拆卸作业的障碍物。

③ 拆卸作业时，应设置警戒区，严禁无关人员进入施工现场。施工现场应当设置负责统一指挥的人员和专职监护的人员。作业人员应严格执行施工方案及有关安全技术规定。

④ 拆卸时应有可靠的防止人员与物料坠落的措施。拆除杆件及构配件均应逐层向下传递，严禁抛掷物料。

⑤ 拆除作业必须由上而下逐层拆除，严禁上下同时作业。

⑥ 拆除脚手架时连墙件必须随脚手架逐层拆除，严禁先将连墙件整层或数层拆除后再拆脚手架。

⑦ 当脚手架采取分段、分立面拆除时，事先应确定技术方案，对不拆除的脚手架两端，事先必须采取必要的加固措施。

（5）悬挑式脚手架的检验。

① 悬挑式脚手架在安装前应查对隐蔽工程验收记录，符合要求方可进行安装；安装完毕投入使用前应组织有关人员验收。

② 验收合格后方可投入使用。

③ 使用过程中应加强动态管理。

④ 拆卸前应对悬挑式脚手架进行检查。

3.3.7 附着式升降脚手架与高处作业吊篮

1. 附着式升降脚手架

（1）安装、使用和拆卸附着升降脚手架的工人必须经过专业培训。未经培训，任何人（含架子工）严禁从事此操作。

（2）附着升降脚手架安装前，必须认真组织学习专项安全施工组织设计（施工方案）和安全技术措施交底，研究安装方法，明确岗位责任。控制中心必须设专人负责操作，严禁未经同意人员操作。

（3）组装附着升降脚手架的水平梁及竖向主框架，在两相邻附着支撑结构处的高差应不大于 20 mm，竖向主框架和防倾导向装置的垂直偏差应不大于 0.05% 或 60 mm。

（4）附着升降脚手架组装完毕，必须经技术负责人组织进行检查验收，合格后签字，方准投入使用。

（5）升降操作必须严格遵守升降作业程序。严禁任何人（含操作人员）停留在架体上，特殊情况必须经领导批准，采取安全措施后，方可实施。严格控制并确保架子的荷载。所有妨碍架体升降的障碍物必须拆除。

（6）升降脚手架过程中，架体下方严禁有人进入，设置安全警戒区，并派人负责监护。

（7）严格按设计规定控制各提升点的同步性，相邻提升点间的高差不得大于 30 mm，整体架最大升降差不得大于 80 mm。升降过程中必须实行统一指挥，规范指令。升降指令只允许由总指挥一人下达。但当有异常情况出现时，任何人均可立即发出停止指令。

（8）架体螺栓连接件、升降动力设备、防倾装置、防坠装置、电控设备等应定期（至少半月）检查维修保养 1 次和不定期的抽检，发现异常，立即解决，严禁“带病”使用。

（9）严禁利用架体吊运物料和张拉吊装缆绳（索）。不准在架体上推车。不准任意拆卸结构件，或松动连接件，或移动架体上的安全防护设施。

（10）架体升降到位后，必须及时按使用状况进行附着固定。在架体没有完成固定前，作业人员不得擅离岗位或下班。在未办理交付使用手续前，必须逐项进行点检，合格后，方准交付使用。

（11）6 级以上强风停止升降或作业，复工时必须先逐项检查后，方准复工。

（12）附着升降脚手架的拆卸工作，必须按专项安全施工组织设计（施工方案）和安全技术措施交底规定要求执行。拆卸时，必须按顺序先搭后拆，先上后下，先拆附件，后拆架体，必须有预防人员、物体坠落等措施。严禁向下抛扔物料。

2. 高处作业吊篮

（1）吊篮的负荷量（包括人体的质量）不准超过 1176 N/m^2，人员和材料要对称分布，保证吊篮两端负载平衡。

（2）严禁在吊篮的防护以外和护头棚上作业，任何人不准擅自拆改吊篮。

（3）吊篮里皮距建筑物以 10 cm 为宜，两吊篮之间间距不得大于 20 cm，不准将两个或几个吊篮边连在一起同时升降。

（4）以手扳葫芦为吊具的吊篮，钢丝绳穿好后，必须将保险扳把拆掉，系牢保险绳，并将吊篮与建筑物拉牢。

（5）吊篮长度一般不得超过 8 m，吊篮宽度以 0.8～1 m 为宜。单层吊篮高度以 2 m、双层吊篮高度以 3.8 m 为宜。

（6）用钢管组装的吊篮，立杆间距不准大于 2 m，大小面均须打戗。采用焊接边框的吊篮，立杆间距不准超过 2.5 m，长度超过 3 m 的大面要打戗。

（7）单层吊篮至少设 3 道横杆，双层吊篮至少设 5 道横杆。双层吊篮要设爬梯，留出活动盖板，以便人员上下。

（8）承重受力的预埋吊环，应用直径不小于 16 mm 的圆钢。吊环埋入混凝土内的长度应大于 36 cm，并与墙体主筋焊接牢固。预埋吊环距支点的距离不得小于 3 m。

（9）安装挑梁探出建筑物一端稍高于另一端，挑梁之间用杉篙或钢管连接牢固，挑梁应用不小于 14 号工字钢强度的材料。

（10）挑梁挑出的长度与吊篮的吊点必须保持垂直。阳台部位的挑梁的挑出部分的顶端要加斜撑抱桩，斜撑下要加垫板，并且将受力的阳台板和以下的两层阳台板设立柱加固。

（11）吊篮升降使用的手扳葫芦应用 3 t 以上的专用配套的钢丝绳。倒链应用 2 t 以上承重的钢丝绳，直径应不小于 12.5 mm。

（12）钢丝绳不得接头使用，与挑梁连接处要有防剪措施，至少用 3 个卡子进行卡接。

（13）吊篮长度在 8 m 以下、3 m 以上的要设三个吊点，长度在 3 m 以下的可设两个吊点，但篮内人员必须挂好安全带。

（14）吊篮搭设构造必须遵照专项安全施工组织设计（施工方案）规定，组装或拆除时，应 3 人配合操作，严格按搭设程序作业，任何人不允许改变方案。

（15）吊篮的脚手板必须铺平、铺严，并与横向水平杆固定牢，横向水平杆的间距可根据脚手板厚度而定，一般以 0.5～1 m 为宜。吊篮作业层外排和两端小面均应设两道护身栏，并挂密目安全网封严，系死下角，里侧应设护身栏。

（16）两个吊篮接头处应与窗口、阳台作业面错开。

（17）吊篮使用期间，应经常检查吊篮防护、保险、挑梁、手扳葫芦、倒链和吊索等，发现隐患，立即解决。

（18）吊篮组装、升降、拆除、维修必须由专业架子工进行。

3.4 施工用电安全技术

3.4.1 施工用电基本要求

1. 施工用电组织设计

（1）临时用电组织设计范围。

按照《施工现场临时用电安全技术规范》（JGJ46—2005）的规定，临时用电设备在5台及5台以上或设备总容量在50 kW及50 kW以上者，应编制临时用电施工组织设计，临时用电设备在5台以下或设备总容量在50 kW以下者，应制定安全用电技术措施及电气防火措施。

（2）临时用电组织设计的主要内容。

① 现场勘测。

② 确定电源进线、变电所或配电室、配电装置、用电设备位置及线路走向。

③ 进行负荷计算。

④ 选择变压器。

⑤ 设计配电系统。主要内容包括：设计配电线路、配电装置和接地装置等。

⑥ 设计防雷装置。

⑦ 确定防护措施。

⑧ 制定安全用电措施和电气防火措施。

（3）临时用电组织设计程序

① 临时用电工程图纸应单独绘制。临时用电工程应按图施工。

② 临时用电组织设计及变更时，必须履行“编制、审核、批准”程序，由电气工程技术人员组织编制，经相关部门审核及具有法人资格企业的技术负责人批准后实施。变更用电组织设计时应补充有关图纸资料。

③ 临时用电工程必须经编制、审核、批准部门和使用单位共同验收，合格后方可投入使用。

（4）临时用电施工组织设计审批手续

① 施工现场临时用电施工组织设计必须由施工单位的电气工程技术人员编制，技术负责人审核。封面上要注明工程名称、施工单位、编制人并加盖单位公章。

② 施工单位所编制的临时用电施工组织设计，必须符合《施工现场临时用电安全技术规范》（JGJ 46—2005）中的有关规定。

③ 临时用电施工组织设计必须在开工前15日内报上级主管部门审核，批准后方可进行临时用电施工。施工时要严格执行审核后的施工组织设计，按图施工。当需要变更施工组织设计时，应补充有关图纸资料。同样需要上报主管部门批准，待批准后，按照修改前、后的临时用电施工组织设计对照施工。

2. 施工用电的人员要求与技术交底

（1）施工用电的人员要求

① 电工必须经过按国家现行标准考核合格后，持证上岗工作；其他用电人员必须通过相关安全教育培训和技术交底，考核合格后方可上岗工作。

② 安装、巡检、维修或拆除临时用电设备和线路，必须由电工完成，并应有人监护。

③ 电工等级应同工程的难易程度和技术复杂性相适应。

④ 各类用电人员应掌握安全用电基本知识和所用设备的性能。

⑤ 使用电气设备前必须按规定穿戴和配备好相应的劳动防护用品，并应检查电气装置和保护设施，严禁设备带"缺陷"运转。

⑥ 用电人员负责保管和维护所用设备，发现问题及时报告解决。

⑦ 现场暂时停用设备的开关箱必须分断电源隔离开关，并应关门上锁。

⑧ 用电人员移动电气设备时，必须经电工切断电源并做妥善处理后进行。

（2）施工用电的安全技术交底

对于现场中一些固定机械设备的防护，应和操作人员进行如下交底。

① 开机前，认真检查开关箱内的控制开关设备是否齐全有效，漏电保护器是否可靠，发现问题及时向工长汇报，工长派电工处理。

② 开机前，仔细检查电气设备的接零保护线端子有无松动。严禁赤手触摸一切带电绝缘导线。

③ 严格执行安全用电规范。凡一切属于电气维修、安装的工作，必须由电工来操作。严禁非电工进行电工作业。

④ 施工现场临时用电施工，必须执行施工组织设计和安全操作规程。

3. 施工用电安全技术档案

（1）施工现场临时用电必须建立安全技术档案，并应包括下列内容。

① 用电组织设计的全部资料。

② 修改用电组织设计的资料。

③ 用电技术交底资料。

④ 用电工程检查验收表。

⑤ 电气设备的试、检验凭单和调试记录。

⑥ 接地电阻、绝缘电阻和漏电保护器漏电动作参数测定记录表。

⑦ 定期检（复）查表。

⑧ 电工安装、巡检、维修、拆除工作记录。

（2）安全技术档案应由主管现场的电气技术人员负责建立与管理。其中，电工安装、巡检、维修、拆除工作记录可指定电工代管，每周由项目经理审核认可，并应在临时用电工程拆除后统一归档。

（3）临时用电工程应定期检查。定期检查时，应复查接地电阻值和绝缘电阻值。

（4）临时用电工程定期检查应按分部分项工程进行，对安全隐患必须及时处理，并应履行复查验收手续。

4. 用电作业存在的事故隐患

（1）施工现场临时用电未建立安全技术档案。
（2）未按要求使用安全电压。
（3）停用设备未拉闸断电，并锁好开关箱。
（4）电气设备设施采用不合格产品。
（5）灯具金属外壳未做保护接零。
（6）电箱内的电器和导线有带电明露部分，相线使用端子板连接。
（7）电缆过路无保护措施。
（8）36 V 安全电压照明线路混乱和接头处未用绝缘胶布包扎。
（9）电工作业未穿绝缘鞋，作业工具绝缘破坏。
（10）用铝导体、螺纹钢作接地体或垂直接地体。
（11）配电不符合三级配电二级保护的要求。
（12）搬迁或移动用电设备未切断电源，未经电工妥善处理。
（13）施工用电设备和设施线路裸露，电线老化破皮未包。
（14）照明线路混乱，接头未绝缘。
（15）停电时未挂警示牌。带电作业现场无监护人。
（16）保护零线和工作零线混接。
（17）配电箱的箱门内无系统图和开关电器未标明用途无专人负责。
（18）未使用五芯电缆，使用四芯加一芯代替五芯电缆。
（19）外电与设施设备之间的距离小于安全距离又无防护或防护措施不符合要求。
（20）电气设备发现问题未及时请专业电工检修。
（21）在潮湿场所不使用安全电压。
（22）闸刀损坏或闸具不符合要求。
（23）电箱无门、无锁、无防雨措施。
（24）电箱安装位置不当，周围杂物多，没有明显的安全标志。
（25）高度小于 2.4 m 的室内未用安全电压。
（26）现场缺乏相应的专业电工，电工不掌握所有用电设备的性能。
（27）接触带电导体或接触与带电体（含电源线）连通的金属物体。
（28）用其他金属丝代替熔丝。
（29）开关箱无漏电保护器或失灵，漏电保护装置参数不匹配。
（30）各种机械未做保护接零或无漏电保护器。

3.4.2 配电系统安全技术

施工现场临时用电必须采用三级配电系统。三级配电是指施工现场从电源进线开始至用电设备之间，应经过三级配电装置配送电力，即由总配电箱（一级箱）或配电室的配电柜开始，依次经由分配电箱（二级箱）、开关箱（三级箱）到用电设备。

1. 配电系统设置规则

三级配电系统应遵守四项规则，即分级分路规则，动照分设规则，压缩配电间距规则和环境安全规则。

（1）分级分路。

① 从一级总配电箱（配电柜）向二级分配电箱配电可以分路。

② 从二级分配电箱向三级开关箱配电同样也可以分路。

③ 从三级开关箱向用电设备配电实行所谓“一机一闸”制，不存在分路问题。

按照分级分路规则的要求，在三级配电系统中，任何用电设备均不得越级配电，即其电源线不得直接连接分配电箱或总配电箱，任何配电装置不得挂接其他临时用电设备，否则，三级配电系统的结构形式和分级分路规则将被破坏。

（2）动照分设。

① 动力配电箱与照明配电箱宜分别设置。若动力与照明合置于同一配电箱内共箱配电，则动力与照明应分路配电。

② 动力开关箱与照明开关箱必须分箱设置，不存在共箱分路设置问题。

（3）压缩配电间距。压缩配电间距规则是指除总配电箱、配电室（配电柜）外，分配电箱与开关箱之间，开关箱与用电设备之间的空间间距应尽量缩短。按照《施工现场临时用电安全技术规范》的规定，压缩配电间距规则可用以下 3 个要点说明。

① 分配电箱应设在用电设备或负荷相对集中的场所。

② 分配电箱与开关箱的距离不得超过 30 m。

③ 开关箱与其供电的固定式用电设备的水平距离不宜超过 3 m。

（4）环境安全。环境安全规则是指配电系统对其设置和运行环境安全因素的要求。主要是指对易燃易爆物、腐蚀介质、机械损伤、电磁辐射、静电等因素的防护要求，防止由其引发设备损坏、触电和电气火灾事故。

2. 配电室及自备电源

（1）配电室的位置要求。

① 靠近电源。

② 靠近负荷中心。

③ 进出线方便。

④ 周边道路畅通。

⑤ 周围环境灰尘少、潮气少、振动少、无腐蚀介质、无易燃易爆物、无积水。

⑥ 避开污染源的下风侧和易积水场所的正下方。

（2）配电室的布置。配电室的布置主要是指配电室内配电柜的空间排列。

① 配电柜正面的操作通道宽度，单列布置或双列背对背布置时不小于 1.5 m；双列面对面布置时不小于 2 m。

② 配电柜后面的维护通道宽度，单列布置或双列面对面布置时不小于 0.8 m；双列背对背布置时不小于 1.5 m；个别地点有建筑物结构突出的空地，则此点通道宽度可减少 0.2 m。

③ 配电柜侧面的维护通道宽度不小于 1 m。

④ 配电室内设值班室或检修室时，该室边缘距配电柜的水平距离大于 1 m，并采取屏障隔离。

⑤ 配电室内的裸母线与地面通道的垂直距离不小于 2.5 m，小于 2.5 m 时应采取遮栏隔离，遮拦下面的通道高度不小于 1.9 m。

⑥ 配电室围栏上端与其正上方带电部分的净距不小于 75 mm。

⑦ 配电装置上端（包括配电柜顶部与配电母线）距离天棚不小于 0.5 m。

⑧ 配电室经常保持整洁，无杂物。

（3）配电室的照明。配电室的照明应包括两个彼此独立的照明系统，一是正常照明，二是事故照明。

（4）自备电源的设置。按照《施工现场临时用电安全技术规范》规定，施工现场设置的自备电源，是指自行设置的 230/400V 发电机组。施工现场设置自备电源主要是基于以下两种情况。

① 正常用电时，由外电线路电源供电，自备电源仅作为外电线路电源停止供电时的后备接续供电电源。

② 正常用电时，无外电线路电源可用，自备电源即作为正常用电的电源。

3. 配电箱及开关箱

（1）配电箱和开关箱的安装要求。

① 位置选择。总配电箱位置应综合考虑便于电源引入，靠近负荷中心，减少配电线路等因素确定。

分配电箱应考虑用电设备分布状况，分片装在用电设备或负荷相对集中的地区，一般分配电箱与开关箱距离应不超过 30 m。

② 环境要求。配电箱、开关箱应装设在干燥通风及常温场所，无严重瓦斯、烟气、蒸汽、液体及其他有害介质，无外力撞击和强烈振动、液体浸溅及热源烘烤的场所，否则应做特殊处理。

配电箱、开关箱周围应有足够二人同时工作的空间和通道，附近不应堆放任何妨碍操作、维修的物品，不得有灌木、杂草。

③ 安装高度。固定式配电箱、开关箱的中心点与地面垂直距离应为 1.4～1.6 m。移动式分配电箱、开关箱中心点与地面的垂直距离宜为 0.8～1.6 m。

（2）配电装置的选择。

① 总配电箱应装设总隔离开关和分路隔离开关、总熔断器和分熔断器（或自动开关和分路自动开关）以及漏电保护器。若漏电保护器同时具备短路、过载、漏电保护功能，则可不设总路熔断器或分路自动开关。总开关电器的额定值、动作整定值应与分路开关电器的额定值、动作整定值相适应。

总配电箱应设电压表，总电流表，总电度表及其他仪器。

② 分配电箱应装设总隔离开关和分路隔离开关总熔断器和分熔断器（或自动开关和分路自动开关）。总开关电器的额定值、动作整定值应与分路开关电器的额定值、动作整定值相适应。

③ 每台用电设备应有各自的开关箱，箱内必须装有隔离开关和漏电保护器。漏电保护器应安装在隔离开关的负荷侧，严禁用同一个开关电器直接控制两台及两台以上用电设备（包括插座）（即“一机一闸一防一箱”）。

④ 关于隔离开关。隔离开关一般多用于高压变配电装置中。《施工现场临时用电安全技术规范》考虑到施工现场实际情况，规定了总配电箱、分配电箱以及开关箱中，都要装设隔离开关，满足在任何情况下都可以使用电设备实现电源隔离。

隔离开关必须是能使工作人员可以看见的在空气中有一定间隔的断路点。一般可将闸刀开关、闸刀型转换开关和熔断器用作电源隔离开关。但空气开关（自动空气断路器）不能作隔离开关。

一般隔离开关没有灭弧能力，绝对不可带负荷拉闸合闸，否则造成电弧伤人和其他事故。因此在操作中，必须在负荷开关切断后，才能拉开隔离开关；只有在先合上隔离开关后，再合负荷开关。

（3）其他要求。

① 配电箱、开关箱应采用冷轧钢板或阻燃绝缘材料制作，钢板厚度应为 1.2～2.0 mm，其中开关箱箱体钢板厚度不得小于 1.2 mm，配电箱箱体钢板厚度不得小于 1.5 mm，箱体表面应做防腐处理。

② 配电箱、开关箱应装设端正、牢固。固定式配电箱、开关箱的中心点与地面垂直距离应为 1.4～1.6 m。移动式分配电箱、开关箱中心点与地面的垂直距离宜为 0.8～1.6 m。

③ 配电箱、开关箱内的电器（包括插座）应先安装在金属或非木质阻燃绝缘电器安装板上，然后方可整体固定在配电箱、开关箱箱体内。

④ 配电箱、开关箱内的电器（包括插座）应按其规定位置固定在电器安装板上，不得歪斜和松动。

⑤ 配电箱的电器安装板上必须分设 N 线端子板和 PE 线端子板。N 线端子板必须与金属电器安装板绝缘；PE 线端子板必须与金属电器安装板做电气连接。

进出线中的 N 线必须通过 N 线端子板连接，PE 线必须通过 PE 线端子板连接。

⑥ 配电箱金属箱体及箱内不应带电金属体都必须做保护接零，保护零线应通过接线端子连接。

⑦ 配电箱、开关箱的电源进线端严禁采用插头和插座做活动连接。

⑧ 配电箱、开关箱的导线的进线和出线应设在箱体的下端，严禁设在箱体的上顶面、侧面、后面或箱门处。进出线应加护套，分路成束并做防水套，导线不得与箱体进出口直接接触。

⑨ 所有的配电箱均应标明其名称、用途并做出分路标记。

⑩ 所有的配电箱、开关箱应每月进行检查和维修一次。检查、维修人员必须是专业电工。检查维修时必须按规定穿戴绝缘鞋、手套，必须使用电工绝缘工具。

⑪ 对配电箱、开关箱进行检查、维修时，必须将其前一级相应的电源分闸断电，并悬挂“禁止合闸，有人工作”的停电标志牌，严禁带电作业。

⑫ 现场停止作业 1 小时以下时，应将动力开关箱断电上锁。

⑬ 所有配电箱、开关箱在使用过程中必须按照下述操作顺序。

送电操作顺序为：总配电箱—分配电箱—开关箱。

停电操作顺序为：开关箱—分配电箱—总配电箱。

4. 配电线路

（1）配电线的选择。

① 架空线的选择。架空线的选择主要是选择架空线路导线的种类和导线的截面，其选择依

据主要是线路敷设的要求和线路负荷计算的计算电流值。

架空线中各导线截面与线路工作制的关系为：三相四线制工作时，N 线和 PE 线截面不小于相线（L 线）截面的 50%；单相线路的零线截面与相线截面相同。

架空线的材质为：绝缘铜线或铝线，优先采用绝缘铜线。

② 电缆的选择。电缆的选择主要是选择电缆的类型、截面和芯线配置，其选择依据主要是线路敷设的要求和线路负荷计算的计算电流值。

根据基本供配电系统的要求，电缆中必须包含线路工作所需要的全部工作芯线和 PE 线。特别需要指出，需要三相四线制配电的电缆线路必须采用五芯电缆，而采用四芯电缆外加一条绝缘线等配置方法都是不规范的。

③ 室内配线的选择。室内配线必须采用绝缘导线或电缆，其选择要求基本与架空线路或电缆线路相同。

除以上三种配线方式以外，在配电室里还有一个配电母线问题。由于施工现场配电母线常常采用裸扁铜板或裸扁铝板制作成所谓裸母线，因此其安装时，必须用绝缘子支撑固定在配电柜上，以保持对地绝缘和电磁（力）稳定性。母线规格主要由总负荷计算电流确定。

（2）架空线路的敷设。

① 架空线路的组成。架空线路的组成一般包括四部分，即电杆、横担、绝缘子和绝缘导线。

② 架空线相序排列顺序。

Ⅰ. 动力线、照明线在同一横担上架设时，导线相序排列顺序是：面向负荷从左侧起依次为 L_1、N、L_2、L_3、PE。

Ⅱ. 动力线、照明线在二层横担上分别架设时，导线相序排列顺序是：上层横担面向负荷从左侧起依次为 L_1、L_2、L_3；下层横担面向负荷从左侧起依次为 L_1、L_2、L_3、N、PE。

③ 架空线路电杆、横担、绝缘子、导线的选择和敷设方法应符合《施工现场临时用电安全技术规范》的规定。严禁集束缠绕，严禁架设在树木、脚手架及其他设施上或从其中穿越。

④ 架空线路与邻近线路或固定物的防护距离应符合《施工现场临时用电安全技术规范》的规定。

（3）电缆线路的敷设。电缆敷设应采用埋地或架空两种方式，严禁沿地面明设，以防机械损伤和介质腐蚀。架空电缆应沿电杆、支架、墙壁敷设，并用绝缘子固定，绝缘线绑扎。严禁沿树木、脚手架及其他设施敷设或从其中穿越。

电缆埋地宜采用直埋方式，埋设深度不应小于 0.7 m，埋设方法应符合《施工现场临时用电安全技术规范》的规定。直埋电缆在穿越建筑物，构筑物，道路，易受机械损伤、介质腐蚀场所及引出地面从 2 m 高到地下 0.2 m 处必须加设防护套管，防护套管内径不应小于电缆外径的 1.5 倍。埋地电缆的接头应设在地面以上的接线盒内，电缆接线盒应能防水、防尘、防机械损伤，并远离易燃、易爆、易腐蚀场所。

（4）室内配线的敷设。安装在现场办公室、生活用房、加工厂房等暂设建筑内的配电线路，通称为室内配电线路，简称室内配线。

室内配线分为明敷设和暗敷设两种。它们有以下特点。

① 明敷设可采用瓷瓶、瓷（塑料）夹配线，嵌绝缘槽配线和钢索配线三种方式，不得悬空乱拉。明敷主干线的距地高度不得小于 2.5 m。

② 暗敷设可采用绝缘导线穿管埋墙或埋地方式和电缆直埋墙或直埋地方式。

③ 暗敷设线路部分不得有接头。

④ 暗敷设金属穿管应做等电位连接，并与 PE 线相连接。

⑤ 潮湿场所或埋地非电缆（绝缘导线）配线必须穿管敷设，管口和管接头应密封。严禁将绝缘导线直埋墙内或地下。

3.4.3 施工照明、保护系统及外电防护安全技术

1. 施工照明

（1）施工照明的一般安全规定。

① 在坑、洞、井内作业、夜间施工或厂房、道路、仓库、办公室、食堂、宿舍、料具堆放场及自然采光差的场所，应设一般照明、局部照明或混合照明。在一个工作场所内，不得只装设局部照明。停电后，操作人员需及时撤离的施工现场，必须装设自备电源的应急照明。

② 照明器的选择必须按下列环境条件确定。

Ⅰ. 正常湿度的一般场所，选用密闭型防水照明器。

Ⅱ. 潮湿或特别潮湿的场所，选用密闭型防水照明器或配有防水灯头的开启式照明器。

Ⅲ. 含有大量尘埃但无爆炸和火灾危险的场所，选用防尘型照明器。

Ⅳ. 有爆炸和火灾危险的场所，按危险场所等级选用防爆型照明器。

Ⅴ. 存在较强振动的场所，选用防振型照明器。

Ⅵ. 有酸碱等强腐蚀介质的场所，采用耐酸碱型照明器。

③ 照明器具和器材的质量应符合国家现行有关强制性标准的规定，不得使用绝缘老化或破损的器具和器材。

④ 无自然采光的地下大空间施工场所，应编制单项照明用电方案。

（2）照明供电安全规定。

① 一般场所宜选用额定电压为 220 V 的照明器。

② 下列特殊场所应使用安全特低电压照明器。

Ⅰ. 隧道、人防工程、高温、有导电灰尘、比较潮湿或灯具离地面高度低于 2.5 m 等场所的照明，电源电压不应大于 36 V。

Ⅱ. 潮湿和易触及带电体场所的照明，电源电压不得大于 24 V。

Ⅲ. 特别潮湿的场所、导电良好的地面、锅炉或金属容器内的照明，电源电压不得大于 12 V。

③ 使用行灯应符合下列要求。

Ⅰ. 电源电压不大于 36 V。

Ⅱ. 灯体与手柄应坚固、绝缘良好并耐热耐潮湿。

Ⅲ. 灯头与灯体结合牢固，灯头无开关。

Ⅳ. 灯泡外部有金属保护网。

Ⅴ. 金属网、反光罩、悬吊挂钩固定在灯具的绝缘部位上。

④ 照明变压器必须使用双绕组型安全隔离变压器，严禁使用自耦变压器。

⑤ 照明系统宜使三相负荷平衡，其中每一个单相回路上，灯具和插座数量不宜超过 25 个，负荷电流不宜超过 15 A。

⑥ 携带式变压器的一次侧电源线应采用橡皮护套或塑料护套软电缆，中间不得有接头，长度不宜超过 3 m，其中绿/黄双色线只可作 PE 线使用，电源插销应有保护触头。

⑦ 工作零线截面应按下列规定选择。

Ⅰ. 单相二线及二相二线线路中，零线截面与相线截面相同。

Ⅱ. 三相四线制线路中，当照明器为白炽灯时，零线截面不小于相线截面的 50%；当照明器为气体放电灯时，零线截面按最大负载的电流选择。

Ⅲ. 在逐相切断的三相照明电路中，零线截面与最大负载相线截面相同。

（3）照明装置安全规定

① 照明灯具的金属外壳必须与 PE 线相连接。照明开关箱内必须装设隔离开关、短路与过载保护器和漏电保护器。

② 室外 220 V 灯具距地面不得低于 3 m，室内 220 V 灯具距地面不得低于 2.5 m。普通灯具与易燃物距离不宜小于 300 mm；聚光灯、碘钨灯等高热灯具与易燃物距离不宜小于 500 mm，且不得直接照射易燃物。达不到规定安全距离时，应采取隔热措施。

③ 路灯的每个灯具应单独装设熔断器保护。灯头线应做防水弯。

④ 荧光灯管应采用管座固定或用吊链悬挂。荧光灯的镇流器不得安装在易燃的结构物上。

⑤ 碘钨灯及钠、铊、铟等金属卤化物灯具的安装高度宜在 3 m 以上，灯线应固定在杆线上，不得靠近灯具表面。

⑥ 螺口灯头及其接线应符合下列要求。

Ⅰ. 灯头的绝缘外壳无损伤、无漏电。

Ⅱ. 相线接在与中心触头相连的一端，零线接在与螺纹口相连的一端。

⑦ 灯具内的接线必须牢固。灯具外的接线必须做可靠的防水绝缘包扎。

⑧ 暂设工程的照明灯具宜采用拉线开关控制。开关安装位置宜符合下列要求。

Ⅰ. 拉线开关距地面高度为 2～3 m，与出入口的水平距离为 0.15～0.2 m。拉线的出口应向下。

Ⅱ. 其他开关距地面高度为 1.3 m，与出入口的水平距离为 0.15～0.2 m。

⑨ 灯具的相线必须经开关控制，不得将相线直接引入灯具。

⑩ 对于夜间影响飞机或车辆通行的在建工程及机械设备，必须安装醒目的红色信号灯。其电源应设在施工现场电源总开关的前侧，并应设置外电线路停止供电时应急自备电源。

2. 保护系统

（1）保护系统的种类。施工现场临时用电必须采用 TN-S 接地、接零保护系统，二级漏电保护系统，过载、短路保护系统等三种保护系统。

① TN-S 接地、接零保护系统。接地是指将电气设备的某一可导电部分与大地之间用导体作为电气连接，简单地说，是设备与大地做金属性连接。接零是指电气设备与零线连接。TN-S 接地、接零保护系统，简称 TN-S 系统，即变压器中性点接地、保护零线 PE 与工作零线 N 分开的三相五线制低压电力系统。其特点是变压器低压侧中性点直接接地，变压器低压侧引出 5 条线（3 条相线、1 条工作零线、1 条保护零线）。TN-S 符号的含义是：T 表示接地，N 表示接零，S 表示保护零线与工作零线分开。

② 二级漏电保护系统。二级漏电保护是指在整个施工现场临时用电工程中，总配电箱中必须装设漏电保护器，开关箱中也必须装设漏电保护器。这种由总配电箱和所有开关箱中的漏电

保护器所构成的漏电保护系统称为二级漏电保护系统。

③ 过载、短路保护系统。预防过载、短路故障危害的有效技术措施就是在基本供配电系统中设置过载、短路保护系统。过载、短路保护系统可通过在总配电箱、分配电箱、开关箱中设置过载、短路保护电器实现。这里需要指出，过载、短路保护系统必须按三级设置，即在总配电箱、分配电箱、开关箱及其各分路中都要设置过载、短路保护电器。用作过载、短路保护的电器主要有各种类型的断路器和熔断器。

（2）接零接地及防雷存在的事故隐患。

① 固定式设备未使用专用开关箱，未执行“一机、一闸、一漏、一箱”的规定。

② 施工现场的电力系统利用大地作相线和零线。

③ 电气设备的不带电的外露导电部分，未做保护接零。

④ 使用绿/黄双色线作负荷线。

⑤ 现场专用中性点直接接地的电力线路未采用TN-S接零保护系统。

⑥ 作防雷接地的电气设备未同时作重复接地。

⑦ 保护零线未单独敷设，并作他用。

⑧ 电力变压器的工作接地电阻大于4 Ω。

⑨ 塔式起重机（含外用电梯）的防雷冲击接地电阻值大于10 Ω。

⑩ 保护零线装设开关或熔断器，零线有拧缠式接头。

⑪ 同一供电系统一部分设备作保护接零，另一部分设备保护接地（除电梯、塔吊设备外）。

⑫ 保护零线未按规定在配电线路做重复接地。

⑬ 重复接地装置的接地电阻值大于10 Ω。

⑭ 潮湿和条件特别恶劣的施工现场的电气设备未采用保护接零。

（3）接零与接地的一般规定。

① 在施工现场专用变压器供电的TN-S接零保护系统中，电气设备的金属外壳必须与保护零线连接。保护零线应由工作接地线、配电室（总配电箱）电源侧零线或总漏电保护器电源侧零线处引出。

② 当施工现场与外电线路共用同一供电系统时，电气设备的接地、接零保护应与原系统保持一致，不得一部分设备做保护接零，另一部分设备做保护接地。

③ 采用TN系统做保护接零时，工作零线（N线）必须通过总漏电保护器，保护零线（PE线）必须由电源进线零线重复接地处或总漏电保护器电源侧零线处，引出形成局部TN-S接零保护系统。

④ 在TN接零保护系统中，通过总漏电保护器的工作零线与保护零线之间不得再做电气连接。

⑤ 在TN接零保护系统中，PE零线应单独敷设。重复接地线必须与PE线相连接，严禁与N线相连接。

⑥ 使用一次侧由50 V以上电压的接零保护系统供电，二次侧为50 V及以下电压的安全隔离变压器时，二次侧不得接地，并应将二次线路用绝缘管保护或采用橡皮护套软线。

⑦ 当采用普通隔离变压器时，其二次侧一端应接地，且变压器正常不带电的外露可导电部分应与一次回路保护零线相连接。

⑧ 变压器应采取防直接接触带电体的保护措施。

⑨ 施工现场的临时用电电力系统严禁利用大地做相线或零线。

⑩ TN 系统中的保护零线除必须在配电室或总配电箱处做重复接地外，还必须在配电系统的中间处和末端处做重复接地。

⑪ 在 TN 系统中，严禁将单独敷设的工作零线再做重复接地。

⑫ 接地装置的设置应考虑土壤干燥或冻结及季节变化的影响。但防雷装置的冲击接地电阻值只考虑在雷雨季节中土壤干燥状态的影响。

⑬ PE 线所用材质与相线、工作零线（N 线）相同时，其最小截面应符合表 3-5 的规定。

⑭ 保护零线必须采用绝缘导线。

⑮ 配电装置和电动机械相连接的 PE 线应为截面不小于 2.5 mm^2 的绝缘多股铜线。手持式电动工具的 PE 线应为截面不小于 1.5 mm^2 的绝缘多股铜线。

⑯ PE 线上严禁装设开关或熔断器，严禁通过工作电流，且严禁断线。

⑰ 相线、N 线、PE 线的颜色标记必须符合以下规定：相线 L1（A）、L2（B）、L3（C）相序的绝缘颜色依次为黄、绿、红色；N 线的绝缘颜色为淡蓝色；PE 线的绝缘颜色为绿—黄双色。任何情况下上述颜色标记严禁混用和互相代用。

表 3-5　PE 线截面与相线截面的关系

相线芯线截面 S（mm^2）	PE 线最小截面（mm^2）
$S \leqslant 16$	S
$16 < S \leqslant 35$	16
$S > 35$	S/2

（4）接零与接地的安全技术要点。

① 保护接零。

Ⅰ. 在 TN 系统中，下列电气设备不带电的外露可导电部分应做保护接零。

a. 电机、变压器、电器、照明器具、手持式电动工具的金属外壳。

b. 电气设备传动装置的金属部件。

c. 配电柜与控制柜的金属框架。

d. 配电装置的金属箱体、框架及靠近带电部分的金属围栏和金属门。

e. 电力线路的金属保护管、敷线的钢索、起重机的底座和轨道、滑升模底板金属操作平台等。

f. 安装在电力线路杆（塔）上的开关、电容器等电气装置的金属外壳及支架。

Ⅱ. 城防、人防、隧道等潮湿或条件特别恶劣施工现场的电气设备必须采用保护接零。

Ⅲ. 在 TN 系统中，下列电气设备不带电的外露可导电部分，可不做保护接零。

a. 在木质、沥青等不良导电地坪的干燥房间内，交流电压 380V 及以下的电气装置金属外壳（当维修人员可能同时触及电气设备金属外壳和接地金属物件时除外）。

b. 安装在配电柜、控制柜金属框架和配电箱的金属箱体上，且与其可靠电气连接的电气测量仪表、电流互感器、电器的金属外壳。

② 接地与接地电阻。

Ⅰ. 单台容量超过 100 kV · A 或使用同一接地装置并联运行且总容量超过 100 kV · A 的电力变压器或发电机的工作接地电阻值不得大于 4 Ω。

Ⅱ. 单台容量不超过 100 kV · A 或使用同一接地装置并联运行且总容量不超过 100 kV · A 的电力变压器或发电机的工作接地电阻值不得大于 10 Ω。

Ⅲ. 在土壤电阻率大于 1000 Ω · m 的地区，当接地电阻值达到 10 Ω有困难时，工作接地电阻值可提高到 30 Ω。

Ⅳ. 在 TN 系统中，保护零线每一处重复接地装置的接地电阻值不应大于 10 Ω。在工作接地电阻值允许达到 10 Ω的电力系统中，所有重复接地的等效电阻值不应大于 10 Ω。

Ⅴ. 每一接地装置的接地线应采用 2 根及以上导体，在不同点与接地体做电气连接。

Ⅵ. 不得采用铝导体作为接地体或地下接地线。垂直接地体宜采用角钢、钢管或光面圆钢，不得采用螺纹钢。

Ⅶ. 接地可利用自然接地体，但应保证其电气连接和热稳定。

Ⅷ. 移动式发电机供电的用电设备，其金属外壳或底座应与发电机电源的接地装置有可靠的电气连接。

Ⅸ. 在有静电的施工现场内，对集聚在机械设备上的静电应采取接地泄漏措施。每组专设的静电接地体的接地电阻值不应大于 100 Ω，高土壤电阻率地区不应大于 1000 Ω。

（5）防雷安全技术。

① 在土壤电阻率低于 200 Ω · m 区域的电杆，可不另设防雷接地装置，但在配电室的架空进线或出线处应将绝缘于铁脚与配电室的接地装簧相连接。

② 施工现场内的起重机、井字架、龙门架等机械设备，以及钢脚手架和正在施工的在建工程等的金属结构，当在相邻建筑物、构筑物等设施的防雷装置接闪器的保护范围以外时，应按表 3-6 规定安装防雷装置。

当最高机械设备上避雷针（接闪器）的保护范围能覆盖其他设备，且又最后退出现场，则其他设备可不设防雷装置。

确定防雷装置接闪器的保护范围可采用《施工现场临时用电安全技术规范》（JGJ 46—2005）附录 B 的滚球法。

表 3-6　施工现场内机械设备及高架设施需安装防雷装置的规定

地区年平均雷暴日（d）	机械设备高度（m）
≤15	≥50
>15，<40	≥32
≥40，<90	≥20

③ 机械设备或设施的防雷引下线可利用该设备或设施的金属结构体，但是应保证电气连接。

④ 机械设备上的避雷针（接闪器）长度应为 1～2 m。塔式起重机可另设避雷针（接闪器）。

⑤ 安装避雷针（接闪器）的机械设备，所有固定的动力、控制、照明、信号及通信线路，应采用钢管敷设。钢管与该机械设备的金属结构体应做电气连接。

⑥ 施工现场内所有防雷装置的冲击接地电阻值不得大于 30 Ω。

⑦ 作防雷接地机械上的电气设备，所连接的 PE 线必须同时做重复接地。同一台机械电气设备的重复接地和机械的防雷接地可共用同一接地体。但是接地电阻应符合重复接地电阻值的要求。

3. 外电防护安全技术

在施工现场周围往往存在一些高、低压电力线路，这些不属于施工现场的外界电力线路统称为外电线路。外电线路一般为 10 kV 以上或 220/380 V 的架空线路，个别现场也会遇到电缆线路。由于外电线路的位置已固定，因而其与施工现场的相对距离也难以改变，这就给施工现场作业安全带来了一个不利影响因素。如果施工现场距离外电线路较近，往往会因施工人员搬运物料、器具（尤其是金属料具）或操作不慎意外触及外电线路，从而发生直接接触触电伤害事故。因此，当施工现场邻近外电线路作业时，为了防止外电线路对施工现场作业人员可能造成的危害，施工现场必须对其采取相应的防护措施，这种对外电线路可能引起触电伤害的防护称为外电线路防护，简称外电防护。

外电线路存在的安全隐患主要包括以下方面。

（1）起重机和吊物边缘与架空线的最小水平距离小于安全距离，未搭设安全防护设施，未悬挂醒目的警告标示牌。

（2）在高低压线路下施工、搭设作业棚、建造生活设施或堆放构件、架体和材料。

（3）机动车道和架空线路交叉，垂直距离小于安全距离。

（4）土方开挖非热管道与埋地电缆之间的距离小于 0.5 m。

（5）架设外电防护设施无电气工程技术人员和专职安全员负责监护。

（6）外电架空线路附近开沟槽时无防止电杆倾倒措施。

（7）在建工程和脚手架外侧边缘与外电架空线路的边线未达到安全距离并未采取防护措施，并未悬挂醒目的警告标示牌。

外电防护属于对直接接触触电的防护。直接接触防护的基本措施是：绝缘、屏护、安全距离、限制放电能量、采用 24 V 及以下安全特低电压。上述五项基本措施具有普遍适用的意义。但是外电防护这种特殊的防护对于施工现场，其防护措施主要应是做到绝缘、屏护、安全距离。概括来说：第一，保证安全操作距离；第二，架设安全防护设施；第三，无足够安全操作距离，且无可靠安全防护设施的施工现场暂停作业。

（1）保证安全操作距离。

① 在建工程不得在外电架空线路正下方施工、搭设作业棚、建造生活设施或堆放构件、架具、材料及其他杂物等。

② 在建工程（含脚手架）的周边与外电架空线路的边线之间应保持的最小安全操作距离为：

Ⅰ. 距 1 kV 以下线路，不小于 4.0 m；

Ⅱ. 距 1～10 kV 线路，不小于 6.0 m；

Ⅲ. 距 35～110 kV 线路，不小于 8.0 m；

Ⅳ. 距 220 kV 线路，不小于 10 m；

Ⅴ. 距 330～500 kV 线路，不小于 15 m。

应当注意，上、下脚手架的斜道不宜设在有外电线路的一侧。

③ 施工现场的机动车道与外电架空线路交叉时，架空线路的最低点与路面间应保持的最小距离为：

Ⅰ. 距 1 kV 以下线路，不小于 6.0 m；

Ⅱ. 距 1～10 kV 线路，不小于 7.0 m；

Ⅲ. 距 35 kV 线路，不小于 7.0 m。

④ 起重机严禁越过无防护设施的外电架空线路作业。在外电架空线路附近吊装时，起重机的任何部位或被吊物边缘在最大偏斜时与外电架空线路边线之间的最小安全距离应符合表 3-7 规定。

表 3-7　起重机与架空线路边线的最小安全距离

电压（kV） 安全距离（m）	<1	10	35	110	220	330	500
沿垂直方向	1.5	3.0	4.0	5.0	6.0	7.0	8.5
沿水平方向	1.5	2.0	3.5	4.0	6.0	7.0	8.5

⑤ 施工现场开挖沟槽时，如临近地下存在外电埋地电缆，则开挖沟槽与电缆沟槽之间应保持不小于 0.5 m 的距离。

如果上述安全操作距离不能保证，则必须在在建工程与外电线路之间架设安全防护。

（2）架设安全防护设施。外电线路防护，可通过采用木、竹或其他绝缘材料增设屏障、遮栏、围栏、保护网等防护设施与外电线路实现强制性绝缘隔离。防护设施应坚固稳定，能防止直径为 2.5 mm 以上的固体异物穿越，并应在防护隔离处悬挂醒目的警告标志牌。架设安全防护设施须与有关部门沟通，由专业人员架设，架设时应有监护人和保安措施。

（3）无足够安全操作距离，且无可靠安全防护设施时的处置。

当施工现场与外电线路之间既无足够的安全操作距离，又无可靠的安全防护设施时，必须首先暂停作业，继而采取相关外电线路暂时停电、改线或改变工程位置等措施。在未采取任何安全措施的情况下严禁强行施工。

3.5 施工机械安全技术

3.5.1 塔式起重机

1. 塔式起重机常见事故隐患

塔机事故主要有五大类：整机倾覆、起重臂折断或碰坏、塔身折断或底架碰坏、塔机出轨、机构损坏，其中塔机的倾覆和断臂等事故占了 70%。引起这些事故发生的隐患主要有以下内容。

（1）塔机安拆人员未经过培训、安拆企业无塔机装拆资质或无相应的资质。

（2）高塔基础不符合设计要求。

（3）行走式起重机路基不坚实不平整、轨道铺设不符合要求。

（4）无力矩限制器或失效。

（5）无超高变幅行走限位或失效。

（6）吊钩无保险或吊钩磨损超标。

（7）轨道无极限位置阻挡器或设置不合理。
（8）两台以上起重机作业无防碰撞措施。
（9）升降作业无良好的照明。
（10）塔吊升降时仍进行回转。
（11）顶升撑脚就位后未插上安全销。
（12）轨道无接地接零或不符合要求。
（13）塔吊、卷扬机滚筒无保险装置。
（14）起重机的接地电阻大于 4Ω。
（15）塔吊高度超过规定不安装附墙。
（16）起重机与架空线路小于安全距离无防护。
（17）行走式起重机作业完不使用夹轨钳固定。
（18）塔吊起重作业时吊点附近有人员站立和行走。
（19）塔身支承梁未稳固仍进行顶升作业。
（20）内爬后遗留下的开孔位未做好封闭措施。
（21）自升塔吊爬升套架未固定牢或顶升撑脚未固定就顶升。
（22）固定内爬框架的楼层楼板未达到承载要求仍作为固定点。
（23）附墙距离和附墙间距超过使用标准未经许可仍使用。
（24）附墙构件和附墙点的受力未满足起重机附墙要求。
（25）塔吊悬臂自由端超过使用标准仍使用。
（26）作业中遇停电或电压下降时未及时将控制器回到零位。
（27）动臂式起重机吊运载荷达到额定起重量 90% 以上仍进行变幅运行。
（28）塔吊内爬升降过程仍进行起升、回转、变幅等作业。
（29）作业时未清除或避开回转半径内的障碍物。
（30）动臂式起重机变幅与起升或回转行走等同时进行。
（31）塔吊升降时标准节和顶升套架间隙超过标准不调整继续升降。
（32）塔吊升降时起重臂和平衡臂未处于平衡状态下进行顶升。
（33）起重指挥失误或与司机配合不当。
（34）超载起吊或违章斜吊。
（35）没有正确地挂钩，盛放或捆绑吊物不妥。
（36）恶劣天气进行起重机拆装和升降工作。
（37）设备缺乏定期检修保养，安全装置失灵、违章修理。

2. 塔式起重机安装、使用、拆卸的基本规定

（1）塔式起重机安装、拆卸单位必须在资质许可范围内，从事塔式起重机的安装、拆卸业务。

一级企业可承担各类起重设备的安装与拆卸；二级企业可承担单项合同额不超过企业注册资本金 5 倍的 1000 kN•m 及以下塔式起重机等起重设备，120 t 及以下起重机和龙门吊的安装与拆卸；三级企业可承担单项合同额不超过企业注册资本金 5 倍的 800 kN•m 及以下塔式起重机等起重设备、60 t 及以下起重机和龙门吊的安装与拆卸。

（2）塔式起重机安装、拆卸单位应具备安全管理保证体系，有健全的安全管理制度。

（3）塔式起重机安装、拆卸作业应配备下列人员。

① 持有安全生产考核合格证书的项目和安全负责人、机械管理人员。

② 具有建筑施工特种作业操作资格证书的建筑起重机械安装拆卸工、起重信号工、起重司机、司索工等特种作业操作人员。

（4）塔式起重机应具有特种设备制造许可证、产品合格证、制造监督检验证明，并已在建设行政主管部门备案登记。

（5）塔式起重机应符合现行国家标准《塔式起重机安全规程》（GB 5144—2006）及《塔式起重机》（GB/T 5031—2008）的相关规定。

（6）塔机启用前应检查下列项目。

① 塔式起重机的备案登记证明等文件。

② 建筑施工特种作业人员的操作资格证书。

③ 专项施工方案。

④ 辅助起重机械的合格证及操作人员资格证。

（7）应对塔式起重机建立技术档案，其技术档案应包括下列内容。

① 购销合同、制造许可证、产品合格证、制造监督检验证明、安装使用说明书、备案证明等原始资料。

② 定期检验报告、定期自行检查记录、定期维护保养记录、维修和技术改造记录、运行故障和生产安全事故记录、累计运转记录等运行资料。

③ 历次安装验收资料。

（8）有下列情况的塔式起重机严禁使用。

① 国家明令淘汰的产品。

② 超过规定使用年限经评估不合格的产品。

③ 不符合国家或行业标准的产品。

④ 没有完整安全技术档案的产品。

（9）塔式起重机的选型和布置应满足工程施工要求，便于安装和拆卸，并不得损害周边其他建（构）筑物。

（10）塔式起重机安装、拆卸前，应编制专项施工方案，指导作业人员实施安装、拆卸作业。专项施工方案应根据塔式起重机产品说明书和作业场地的实际情况编制，并应符合相关法规、规程、标准的要求。专项施工方案应由本单位技术、安全、设备等部门审核、技术负责人审批后，经监理单位批准实施。

（11）当多台塔式起重机在同一施工现场交叉作业时，应编制专项方案，并应采取防碰撞的安全措施。任意两台塔式起重机之间的最小架设距离应符合下列规定。

① 低位塔式起重机的起重臂端部与另一台塔式起重机的塔身之间的距离不得小于 2 m。

② 高位塔式起重机的最低位置的部件（吊钩升至最高点或平衡重的最低部位）与低位塔式起重机中处于最高位置部件之间的垂直距离不得小于 2 m。

（12）塔式起重机在安装前和使用过程中，应按相关规定进行检查，发现有下列情况之一的，不得安装和使用。

① 结构件上有可见裂纹和严重锈蚀的。

② 主要受力构件存在塑性变形的。

③ 连接件存在严重磨损和塑性变形的。

④ 钢丝绳达到报废标准的。

⑤ 安全装置不齐全或失效的。

（13）在塔式起重机的安装、使用及拆卸阶段，进入现场的作业人员必须佩戴安全帽、防滑鞋、安全带等防护用品，无关人员严禁进入作业区域内。在安装、拆卸作业期间，应设立警戒区。

（14）塔式起重机使用时，起重臂和吊物下方严禁有人员停留；物件吊运时，严禁从人员上方通过。

（15）严禁用塔式起重机载运人员。

3. 塔式起重机安装安全技术

（1）塔式起重机安装条件。

① 塔式起重机安装前，必须经维修保养，并应进行全面的检查，确认合格后方可安装。

② 塔式起重机的基础及其地基承载力应符合产品说明书和设计图纸的要求。安装前应对基础进行验收，合格后方能安装。基础周围应有排水设施。

③ 行走式塔式起重机的轨道及基础应按产品说明书的要求进行设置，且应符合现行国家标准《塔式起重机安全规程》（GB5144—2006）及《塔式起重机》（GB/T 5031—2008）的规定。

④ 内爬式塔式起重机的基础、锚固、爬升支承结构等应根据产品说明书提供的荷载进行设计计算，并应对内爬式塔式起重机的建筑承载结构进行验算。

（2）安装作业，应根据专项施工方案要求实施。安装作业人员应分工明确、职责清楚。安装前应对安装作业人员进行安全技术交底，交底人和被交底人双方应在交底书上签字，专职安全员应监督整个交底过程。

（3）安装辅助设备就位后，应对其机械和安全性能进行检验，合格后方可作业。

（4）安装所使用的钢丝绳、卡环、吊钩和辅助支架等起重机具均应符合《建筑施工塔式起重机安装、使用、拆卸安全技术规程》（JGJ 196—2010）的规定，并应经检查合格后方可使用。

（5）安装作业中应统一指挥，明确指挥信号。当视线受阻、距离过远时，应采用对讲机或多级指挥。

（6）自升式塔式起重机的顶升加节，应符合下列要求。

① 顶升系统必须完好。

② 结构件必须完好。

③ 顶升前，塔式起重机下支座与顶升套架应可靠连接。

④ 顶升前，应确保顶升横梁搁置正确。

⑤ 顶升前，应将塔式起重机配平；顶升过程中，应确保塔式起重机的平衡。

⑥ 顶升加节的顺序，应符合产品说明书的规定。

⑦ 顶升过程中，不应进行起升、回转、变幅等操作。

⑧ 顶升结束后，应将标准节与回转下支座可靠连接。

⑨ 塔式起重机加节后需进行附着的，应按照先装附着装置、后顶升加节的顺序进行，附着装置的位置和支撑点的强度应符合要求。

（7）塔式起重机的独立高度、悬臂高度应符合产品说明书的要求。

（8）雨雪、浓雾天严禁进行安装作业。安装时塔式起重机最大高度处的风速应符合产品说明书的要求，且风速不得超过 12 m/s。

（9）塔式起重机不宜在夜间进行安装作业。特殊情况下，必须在夜间进行塔式起重机安装和拆卸作业时，应保证提供足够的照明。

（10）特殊情况，当安装作业不能连续进行时，必须将已安装的部位固定牢靠并达到安全状态，经检查确认无隐患后，方可停止作业。

（11）电气设备应按产品说明书的要求进行安装，安装所用的电源线路应符合现行行业标准《施工现场临时用电安全技术规范》（JGJ 46—2005）的要求。

（12）塔式起重机的安全装置必须齐全，并应按程序进行调试合格。

塔式起重机的安全装置主要包括以下内容。

① 载荷限制装置。其中包括起重量限制器、力矩限制器。

② 行程限位装置。其中包括起升高度限位器、幅度限位器、回转限位器、行走限位器。

③ 保护装置。其中包括断绳保护及断轴保护装置、安装缓冲器及止挡装置、风速仪、障碍指示灯、钢丝绳防脱钩装置等。

（13）联接件及其防松防脱件应符合规定要求，严禁用其他代用品代用。联接件及其防松防脱件应使用力矩扳手或专用工具紧固联接螺栓，使预紧力矩达到规定要求。

（14）安装完毕后，应及时清理施工现场的辅助用具和杂物。

（15）安装单位应对安装质量进行自检，并填写自检报告书。

（16）安装单位自检合格后，应委托有相应资质的检验检测机构进行检测。检验检测机构应出具检测报告书。

（17）安装质量的自检报告书和检测报告书应存入设备档案。

（18）经自检、检测合格后，应由总承包单位组织出租、安装、使用、监理等单位进行验收，合格后方可使用。

（19）塔式起重机停用 6 个月以上的，在复工前，应由总承包单位组织有关单位重新进行验收，合格后方可使用。

4. 塔式起重机使用安全技术

（1）塔式起重机起重司机、起重信号工、司索工等操作人员应取得特种作业人员资格证书，严禁无证上岗。

（2）塔式起重机使用前，应对起重司机、起重信号工、司索工等作业人员进行安全技术交底。

（3）塔式起重机的力矩限制器、重量限制器、变幅限位器、行走限位器、高度限位器等安全保护装置不得随意调整和拆除，严禁用限位装置代替操纵机构。

（4）塔式起重机回转、变幅、行走、起吊动作前应示意警示。起吊时应统一指挥，明确指挥信号；当指挥信号不清楚时，不得起吊。

（5）塔式起重机起吊前，当吊物与地面或其他物件之间存在吸附力或摩擦力而未采取处理措施时，不得起吊。

（6）塔式起重机起吊前，应对安全装置进行检查，确认合格后方可起吊；安全装置失灵时，不得起吊。

（7）塔式起重机起吊前，应对吊具与索具进行检查，确认合格后方可起吊；吊具与索具不符合相关规定的，不得用于起吊作业。

（8）作业中遇突发故障，应采取措施将吊物降落到安全地点，严禁吊物长时间悬挂在空中。

（9）遇有风速在 12 m/s 及以上的大风或大雨、大雪、大雾等恶劣天气时，应停止作业。雨雪过后，应先经过试吊，确认制动器灵敏可靠后方可进行作业。夜间施工应有足够照明，照明的安装应符合现行国家标准《施工现场临时用电安全技术规范》（JGJ 46—2005）的要求。

（10）塔式起重机不得起吊重量超过额定载荷的吊物，并不得起吊重量不明的吊物。

（11）在吊物荷载达到额定载荷的 90%时，应先将吊物吊离地面 200～500 mm 后，检查机械状况、制动性能、物件绑扎情况等，确认无误后方可起吊。对有晃动的物件，必须拴拉溜绳使之稳固。

（12）物件起吊时应绑扎牢固，不得在吊物上堆放或悬挂其他物件；零星材料起吊时，必须用吊笼或钢丝绳绑扎牢固。当吊物上站人时不得起吊。

（13）标有绑扎位置或记号的物件，应按标明位置绑扎。钢丝绳与物件的夹角宜为 45°～60°，且不得小于 30°。吊索与吊物棱角之间应有防护措施；未采取防护措施的，不得起吊。

（14）作业完毕后，应松开回转制动器，各部件应置于非工作状态，控制开关应置于零位，并应切断总电源。

（15）行走式塔式起重机停止作业时，应锁紧夹轨器。

（16）塔式起重机使用高度超过 30 m 时应配置障碍灯，起重臂根部铰点高度超过 50 m 时应配备风速仪。

（17）严禁在塔式起重机塔身上附加广告牌或其他标语牌。

（18）每班作业应做好例行保养，并应做好记录。记录的主要内容应包括：结构件外观、安全装置、传动机构、连接件、制动器、索具、夹具、吊钩、滑轮、钢丝绳、液位、油位、油压、电源、电压等。

（19）实行多班作业的设备，应执行交接班制度，认真填写交接班记录，接班司机经检查确认无误后，方可开机作业。

（20）塔式起重机应实施各级保养。转场时，应做转场保养，并有记录。

（21）塔式起重机的主要部件和安全装置等应进行经常性检查，每月不得少于一次，并应留有记录，发现有安全隐患时应及时进行整改。

（22）当塔式起重机使用周期超过一年时，应进行一次全面检查，合格后方可继续使用。

（23）使用过程中塔式起重机发生故障时，应及时维修，维修期间应停止作业。

5. 塔式起重机拆卸安全技术

（1）塔式起重机拆卸作业宜连续进行；当遇特殊情况，拆卸作业不能继续时，应采取措施保证塔式起重机处于安全状态。

（2）当用于拆卸作业的辅助起重设备设置在建筑物上时，应明确设置位置、锚固方法，并应对辅助起重设备的安全性及建筑物的承载能力等进行验算。

（3）拆卸前应检查下列项目：主要结构构件、连接件、电气系统、起升机构、回转机构、变幅机构、顶升机构等。发现隐患应采取措施，解决后方可进行拆卸作业。

（4）附着式塔式起重机应明确附着装置的拆卸顺序和方法。

（5）自升式塔式起重机每次降节前，应检查顶升系统和附着装置的联接等，确认完好后方可进行作业。

（6）拆卸时应先降节、后拆除附着装置。塔式起重机的自由端高度应符合规定要求。

（7）拆卸完毕后，为塔式起重机拆卸作业而设置的所有设施应拆除，清理场地上作业时所用的吊索具、工具等各种零配件和杂物。

6. 吊索具使用安全技术

（1）一般规定。

① 塔式起重机安装、使用、拆卸时，所使用的起重机具应符合相关规定。起重吊具、索具应符合下列要求。

Ⅰ. 吊具与索具产品应符合现行行业标准《起重机械吊具与索具安全规程》（LD48—93）的规定。

Ⅱ. 吊具与索具应与吊运种类、吊运具体要求以及环境条件相适应。

Ⅲ. 作业前应对吊具与索具进行检查，当确认完好时方可投入使用。

Ⅳ. 吊具承载时不得超过额定起重量，吊索（含各分支）不得超过安全工作载荷。

Ⅴ. 塔式起重机吊钩的吊点，应与吊重重心在同一条铅垂线上，使吊重处于稳定平衡状态。

② 新购置或修复的吊具、索具，应进行检查，确认合格后，方可使用。

③ 吊具、索具在每次使用前应进行检查，经检查确认符合要求的，方可继续使用。当发现有缺陷时，应停止使用。

④ 吊具与索具每半年应进行定期检查，并应做好记录。检验记录应作为继续使用、维修或报废的依据。

（2）钢丝绳。

① 钢丝绳作吊索时，其安全系数不得小于6倍。

② 钢丝绳的报废应符合现行国家标准《起重机用钢丝绳检验和报废实用规范》（GB/T 5972—2009）的规定。

③ 当钢丝绳的端部采用编结固接时，编结部分的长度不得小于钢丝绳直径的20倍，并不应小于300 mm，插接绳股应拉紧，凸出部分应光滑平整，且应在插接末尾留出适当长度，用金属丝扎牢。

④ 绳夹压板应在钢丝绳受力绳一边，绳夹间距A不应小于钢丝绳直径的6倍（图3-5）。

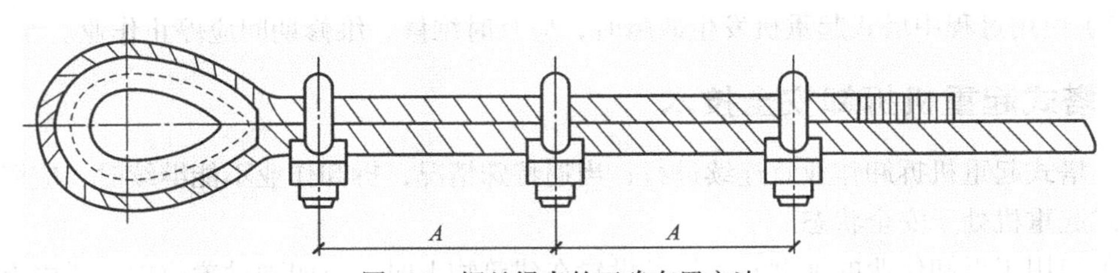

图3-5 钢丝绳夹的正确布置方法

⑤ 吊索必须由整根钢丝绳制成，中间不得有接头。环形吊索只允许有一处接头。

⑥ 采用二点吊或多点吊时，吊索数宜与吊点数相符，且各根吊索的材质、结构尺寸、索眼端部固定连接、端部配件等性能应相同。

⑦ 钢丝绳严禁采用打结方式系结吊物。

⑧ 当吊索弯折曲率半径小于钢丝绳公称直径的 2 倍时，应采用卸扣将吊索与吊点拴接。

⑨ 卸扣应无明显变形、可见裂纹和弧焊痕迹。销轴螺纹应无损伤现象。

（3）吊钩与滑轮

① 吊钩应符合现行行业标准《起重机械吊具与索具安全规程》（LD 48—93）中的相关规定。

② 吊钩禁止补焊，有下列情况之一的应予以报废。

Ⅰ. 表面有裂纹。

Ⅱ. 挂绳处截面磨损量超过原高度的 10%。

Ⅲ. 钩尾和螺纹部分等危险截面及钩筋有永久性变形。

Ⅳ. 开口度比原尺寸增加 15%。

Ⅴ. 钩身的扭转角超过 100。

③ 滑轮的最小绕卷直径，应符合现行国家标准《塔式起重机设计规范》（GB/T 13752—1992）的相关规定。

④ 滑轮有下列情况之一的应予以报废。

Ⅰ. 裂纹或轮缘破损。

Ⅱ. 轮槽不均匀磨损达 3 mm。

Ⅲ. 滑轮绳槽壁厚磨损量达原壁厚的 20%。

Ⅳ. 铸造滑轮槽底磨损达钢丝绳原直径的 30%，焊接滑轮槽底磨损达钢丝绳原直径的 15%。

⑤ 滑轮、卷筒均应设有钢丝绳防脱装置，吊钩应设有钢丝绳防脱钩装置。

3.5.2 施工升降机

施工升降机，又称为施工电梯，是一种在高层建筑施工中运送施工人员及建筑材料与工具设备的垂直运输设施，是一种使工作笼（吊笼）沿导轨作垂直运动的机械。

1. 施工升降机常见事故隐患

由于施工升降机是一种危险性较大的设备，易导致重大伤亡事故。常见的事故隐患及其产生的原因主要有以下内容。

（1）施工升降机的装拆。

① 有些施工企业将施工升降机的装拆作业发包给无相应资质的队伍或个人，或装拆单位虽有相应资质，但由于业务量多而人手不足时，盲目拆装，造成施工升降机的装拆质量和安全运行存在很大的安全隐患。

② 不执行施工升降机装拆方案施工，或根本无装拆方案，有时即使有方案也无针对性，拆装过程中无专人统一指挥，使得拆装作业无序进行，危险性大。

③ 施工升降机完成安装作业后即投入使用，不履行相关的验收手续和必经的试验程序，甚至不向当地建设行政主管部门指定的专业检测机构申报检测，使得各类事故多发。

④ 装拆人员未经专业培训即上岗作业。

⑤ 装拆作业前未进行详细的、有针对性的安全技术交底，作业时又缺乏必要的监护措施，现场违章作业随处可见，极易发生高处坠落、落物伤人等重大事故。

（2）安全装置装设不当甚至不装，使得吊笼在运行过程中一旦发生故障而安全装置却无法发挥作用。

（3）楼层门设置不符合要求，层门净高偏低，迫使有些运料人员把头伸出门外观察吊笼运行情况时而发生恶性伤亡事故。

（4）施工升降机的司机未持证上岗，一旦遇到意外情况不知所措，酿成事故。

（5）不按升降机额定荷载控制人员数量和物料重量，使升降机长期处于超载运行的状态，导致吊笼及其他受力部件变形，给升降机的安全运行带来了严重的安全隐患。

（6）限速器未按规定进行每 3 个月 1 次的坠落试验，一旦发生吊笼下坠失速，限速器失灵，必将产生严重后果。

（7）金属结构和电气金属外壳不接地或接地不符合安全要求、悬挂配重的钢丝绳安全系数达不到 8 倍、电气装置不设置相序和断相保护器等都是施工升降机使用过程中常见的事故通病。

2. 施工升降机安装与拆卸

（1）每次安装与拆卸作业之前，施工单位应根据施工现场工作环境及辅助设备情况编制安装拆卸方案，经技术负责人审批同意后方能实施。

（2）每次安装或拆除作业之前，作业人员应持专门的资格证书上岗，对作业人员按不同的工种和作业内容进行详细的技术、安全交底。

（3）升降机的装拆作业必须由具有起重设备安装专业承包资质的施工企业实施。

（4）每次安装升降机后，施工企业应当组织有关职能部门和专业人员对升降机进行必要的试验和验收。确认合格后应当向当地建设行政主管部门认定的检测机构申报，经专业检测机构检测合格后，才能正式投入使用。

（5）施工升降机在安装作业前，应对升降机的各部件做如下检查。

① 导轨架、吊笼等金属结构的成套性和完好性。

② 传动系统的齿轮、限速器的安装质量。

③ 电气设备主电路和控制电路是否符合国家规定的产品标准。

④ 基础位置和做法是否符合该产品的设计要求。

⑤ 附墙架设置处的混凝土强度和螺栓孔是否符合安装条件。

⑥ 各安全装置是否齐全，安装位置是否正确牢固，各限位开关动作是否灵敏、可靠。

⑦ 升降机安装作业环境有无影响作业安全的因素。

（6）安装作业应严格按照预先制定的安装方案和施工工艺要求实施，安装过程中有专人统一指挥，划出警戒区域，并有专人监控。

（7）安装与拆卸工作宜在白天进行，遇恶劣天气应停止作业。

（8）作业人员施工时应按高处作业的要求，系好安全带。

（9）拆卸时物件严禁从高处向下抛掷。

3. 施工升降机安全使用

（1）升降机安装后，应经企业技术负责人会同有关部门对基础和附壁支架以及升降机架设安装的质量、精度等进行全面检查，并应按规定程序进行技术试验（包括坠落试验），经试验合格签证后，方可投入运行。

（2）升降机的防坠安全器，在使用中不得任意拆检调整，需要拆检调整时或每用满 1 年后，均应由生产厂或指定的认可单位进行调整、检修或鉴定。

（3）新安装或转移工地重新安装以及经过大修后的升降机，在投入使用前，必须经过坠落试验。升降机在使用中每隔3个月，应进行一次坠落试验。试验程序应按说明书规定进行，当试验中梯笼坠落超过1.2 m制动距离时，应查明原因，并应调整防坠安全器，切实保证不超过1.2 m制动距离。试验后以及正常操作中每发生一次防坠动作，均必须对防坠安全器进行复位。

（4）作业前重点检查项目应符合下列要求。

① 各部结构无变形，连接螺栓无松动。

② 齿条与齿轮、导向轮与导轨均接合正常。

③ 各部钢丝绳固定良好，无异常磨损。

④ 运行范围内无障碍。

（5）启动前，应检查并确认电缆、接地线完整无损，控制开关在零位。电源接通后，应检查并确认电压正常，应测试无漏电现象。应试验并确认各限位装置、梯笼、围护门等处的电器联锁装置良好可靠，电器仪表灵敏有效。启动后，应进行空载升降试验，测定各传动机构制动器的效能，确认正常后，方可开始作业。

（6）升降机在每班首次载重运行时，当梯笼升离地面1～2 m时，应停机试验制动器的可靠性；当发现制动效果不良时，应调整或修复后方可运行。

（7）梯笼内乘人或载物时，应使载荷均匀分布，不得偏重。严禁超载运行。

（8）操作人员应根据指挥信号操作。作业前应鸣声示意。在升降机未切断总电源开关前，操作人员不得离开操作岗位。

（9）当升降机运行中发现有异常情况时，应立即停机并采取有效措施将梯笼降到底层，排除故障后方可继续运行。在运行中发现电气失控时，应立即按下急停按钮；在未排除故障前，不得打开急停按钮。

（10）升降机在大雨、大雾、6级及以上大风以及导轨架、电缆等结冰时，必须停止运行，并将梯笼降到底层，切断电源。暴风雨后，应对升降机各有关安全装置进行一次检查，确认正常后，方可运行。

（11）升降机运行到最上层或最下层时，严禁用行程限位开关作为停止运行的控制开关。

（12）当升降机在运行中由于断电或其他原因而中途停止时，可进行手动下降，将电动机尾端制动电磁铁手动释放拉手缓缓向外拉出，使梯笼缓慢地向下滑行。梯笼下滑时，不得超过额定运行速度，手动下降必须由专业维修人员进行操纵。

（13）作业后，应将梯笼降到底层，各控制开关拨到零位，切断电源，锁好开关箱，闭锁梯笼门和围护门。

3.5.3 物料提升机

物料提升机，又称为井架（龙门架），是建筑施工现场常用的一种输送物料的垂直运输设备。它以卷扬机为动力，以底架、立柱及天梁为架体，以钢丝绳为传动，以吊笼（吊篮）为工作装置。在架体上装设滑轮、导轨、导靴、吊笼、安全装置等和卷扬机配套构成完整的垂直运输体系。

1. 物料提升机常见事故隐患

（1）设计制造方面。企业为减少资金投入，擅自自行设计或制造龙门架或井架，未经设计计算和有关部门的验收便投入使用；盲目改制提升机或不按图纸的要求搭设，任意修改原设计参数、随意增大额定起重量、提高起升速度等。

（2）架体的安装与拆除。架体的安装与拆除前未制定装拆方案和相应的安全技术措施，作业人员无证上岗，施工前未进行详尽的安全技术交底，作业中违章操作等以致发生人员高处坠落、架体坍塌、落物伤人等事故。

（3）安全装置不全或设置不当、失灵。未按规范要求设置安全装置，或安全装置设置不当；平时对各类安全装置疏于检查和维修，安全装置功能失灵而未察觉，带病运行。

（4）使用不当。人员违章乘坐吊篮上下；严重超载，导致架体变形、钢丝绳断裂、吊篮坠落等恶性事故的发生。

（5）管理不合理。提升机缺乏必要的通信联络装置，或装置失灵，司机无法清楚看到吊篮需求信号，各楼层作业人员无法知道吊篮的运行情况，物料提升机未经验收便投入使用，缺乏定期检查和维修保养，电气设备不符规范要求，卷扬机设置位置不合理等都将引起安全事故。

2. 物料提升机的安装与拆除安全技术

（1）安装前准备工作。

① 根据施工现场工作条件及设备情况组织设计架体的安装方案。

② 提升机作业人员必须持证上岗，作业人员根据方案进行安全技术交底，明确指挥人员与确定讯号。

③ 划定安全警戒区域，指定监护人员，非工作人员不得进入警戒区内。

④ 提升机架体和实际安装高度不得超出设计所允许的最大高度，并做好以下检查。

Ⅰ. 金属结构的成套性和完好性。

Ⅱ. 提升机构是否完整良好。

Ⅲ. 电气设备是否齐全可靠。

Ⅳ. 基础位置和做法是否符合要求。

Ⅴ. 地锚位置、附墙架（连墙杆）连接埋件的位置是否正确，埋设是否牢靠。

Ⅵ. 提升机周围环境条件有无影响作业安全的因素。尤其是缆风绳是否跨越或靠近外电线路以及其他架空输电线路。必须靠近时，应保证最小安全距离（表 3-8），并应采取相应的安全防护措施。

表 3-8　缆风绳距外电线路最小安全距离

外电线路电压（kV）	<1	1～10	35～110	154～220	330～500
最小安全距离（m）	4	6	8	10	15

（2）架体安装。

① 安装架体时，应先将地梁与基础连接牢固。每安装两个标准节（一般不大于 8 m），应采取临时支撑或临时缆风绳固定，并进行初校正，在确认稳定时，方可继续作业。

② 安装龙门架时，两边立柱应交替进行，每安装两节，除将单支柱进行临时固定外，尚应

将两立柱横向连接成一体。

③ 装设摇臂把杆时，应符合以下要求。

Ⅰ. 把杆不得装在架体的自由端。

Ⅱ. 把杆底座要高出工作面，其顶部不得高出架体。

Ⅲ. 把杆与水平面夹角应为45°～70°，转向时不得碰到缆风绳。

Ⅳ. 把杆应安装保险钢丝绳。起重吊钩应采用符合有关规定的吊具并设置吊钩上极限限位装置。

④ 架体安装完毕后，企业必须组织有关职能部门和人员对提升机进行试验和验收，检查验收合格后，方能交付使用，并挂上验收合格牌。

（3）卷扬机安装。

① 卷扬机应安装在平整坚实的位置上，宜远离危险作业区，视线应良好。因施工条件限制，卷扬机安装位置距施工作业区较近时，其操作棚的顶部应按防护棚的要求架设。

② 固定卷扬机的锚桩应牢固可靠，不得以树木、电杆代替锚桩。

③ 当钢丝绳在卷筒中间位置时，架体底部的导向滑轮应与卷筒轴心垂直，否则应设置辅助导向滑轮，并用地锚、钢丝绳拴牢。

④ 提升机的钢丝绳运行时应架起，使之不挨近地面和被水浸泡。必须穿越主要干道时，应挖沟槽并加保护措施，严禁在钢丝绳穿行的区域内堆放物料。

（4）架体拆除。

① 拆除前检查。

Ⅰ. 查看提升机与建筑物的连接情况，特别是有无与脚手架连接的现象。

Ⅱ. 查看提升机架体有无其他牵拉物。

Ⅲ. 临时缆风绳及地锚的设置情况。

Ⅳ. 架体或地梁与基础的连接情况。

② 在拆除缆风绳或附墙架前，应先设置临时缆风绳或支撑，确保架体自由高度不得大于两个标准节（一般不大于8 m）。

③ 拆除作业中，严禁从高处向下抛掷物件。

④ 拆除作业宜在白天进行；夜间确需作业的，应有良好的照明。因故中断作业时，应采取临时稳固措施。

3. 物料提升机安全使用技术

（1）物料提升机应有产品标牌，标明额定起重量、最大提升速度、最大架设高度、制造单位、产品编号及出厂日期。

（2）物料提升机安装后，应由主管部门组织有关人员按规范和设计的要求进行检查验收，确定合格后发给使用证，方可交付使用。

（3）物料提升机必须由取得特殊作业操作证的人员操作。

（4）在安装、拆除以及使用提升机的过程中设置的临时缆风绳，其材料也必须使用钢丝绳，严禁使用铅丝、钢筋、麻绳等代替。

（5）严禁人员攀登、穿越提升机架体和乘坐吊篮上下。

（6）物料在吊篮内应均匀分布，不得超出吊篮。严禁超载使用。

（7）设置灵敏可靠的联系信号装置，司机在通信联络信号不明时不得开机。作业中不论任何人发出紧急停车信号，均应立即执行。

（8）当发生防坠安全器制停吊篮的情况时，应查明制停原因，排除故障，并应检查吊笼、导轨架及钢丝绳，应确认无误并重新调整防坠安全器后运行。

（9）物料提升机在工作状态下，不得进行保养、维修、排除故障等工作；若要进行，则应切断电源并在醒目处挂“有人检修、禁止合闸”的标志牌，必要时应设专人监护。

（10）作业结束时，司机应降下吊篮，切断电源，锁好控制电箱门，防止其他无证人员擅自启动提升机。

（11）物料提升机夜间施工应有足够照明，照明用电应符合现行行业标准《施工现场临时用电安全技术规范》（JCJ 46—2005）的规定。

（12）物料提升机在大雨、大雾、风速 12 m/s 及以上大风等恶劣天气时，必须停止运行。

3.5.4 土方机械与桩工机械

1. 土方机械安全使用技术

（1）土方机械安全使用基本要求。

① 机械进入现场前，应查明行驶路线上的桥梁、涵洞的上部净空和下部承载能力，保证机械安全通过。

② 作业前，应查明施工场地明、暗设置物（电线、地下电缆、管道、坑道等）的地点及走向，并采用明显记号表示。严禁在离电缆 1 m 距离以内作业。

③ 作业中，应随时监视机械各部位的运转及仪表指示值，如发现异常，应立即停机检修。

④ 机械运行中，严禁接触转动部位和进行检修。在修理（焊、铆等）工作装置时，应使其降到最低位置，并应在悬空部位垫上垫木。

⑤ 在电杆附近取土时，对不能取消的拉线、地垄和杆身，应留出土台。土台半径：电杆应为 1.0～1.5 m，拉线应为 1.5～2.0 m。并应根据土质情况确定坡度。

⑥ 机械通过桥梁时，应采用低速档慢行，在桥面上不得转向或制动。承载力不够的桥梁，事先应采取加固措施。

⑦ 在施工中遇下列情况之一时应立即停工，待符合作业安全条件时，方可继续施工：

Ⅰ. 填挖区土体不稳定，有发生坍塌危险时；

Ⅱ. 气候突变，发生暴雨、水位暴涨或山洪暴发时；

Ⅲ. 在爆破警戒区内发出爆破信号时；

Ⅳ. 地面涌水冒泥，出现陷车或因雨发生坡道打滑时；

Ⅴ. 工作面净空不足以保证安全作业时；

Ⅵ. 施工标志、防护设施损毁失效时。

⑧ 配合机械作业的清底、平地、修坡等人员，应在机械回转半径以外工作。当必须在回转半径以内工作时，应停止机械回转并制动好后，方可作业。

⑨ 雨季施工，机械作业完毕后，应停放在较高的坚实地面上。

⑩ 挖掘基坑时，当坑底无地下水，坑深在 5 m 以内，且边坡坡度符合相关规定时，可不加支撑。

⑪ 当挖土深度超过 5 m 或发现有地下水以及土质发生特殊变化等情况时，应根据土的实际性能计算其稳定性，再确定边坡坡度。

⑫ 当对石方或冻土进行爆破作业时，所有人员、机具应撤至安全地带或采取安全保护措施。

（2）推土机的安全使用。

① 推土机在坚硬土壤或多石土壤地带作业时，应先进行爆破或用松土器翻松。在沼泽地带作业时，应更换湿地专用履带板。

② 推土机行驶通过或在其上作业的桥、涵、堤、坝等，应具备相应的承载能力。

③ 不得用推土机推石灰、烟灰等粉尘物料和用作碾碎石块的作业。

④ 牵引其他机械设备时，应有专人负责指挥。钢丝绳的连接应牢固可靠。在坡道或长距离牵引时，应采用牵引杆连接。

⑤ 作业前重点检查项目应符合下列要求。

Ⅰ. 各部件无松动、连接良好。

Ⅱ. 各系统管路无裂纹或泄漏。

Ⅲ. 燃油、润滑油、液压油等符合规定。

Ⅳ. 各操纵杆和制动踏板的行程、履带的松紧度或轮胎气压均符合要求。

⑥ 启动前，应将主离合器分离，各操纵杆放在空挡位置，严禁拖、顶启动。

⑦ 启动后应检查各仪表指示值，液压系统应工作有效；当运转正常、水温达到 55℃、机油温度达到 45℃时，方可全载荷作业。

⑧ 推土机行驶前，严禁有人站在履带或刀片的支架上，机械四周应无障碍物，确认安全后，方可开动。

⑨ 采用主离合器传动的推土机接合应平稳，起步不得过猛，不得使离合器处于半接合状态下运转；液力传动的推土机，应先解除变速杆的锁紧状态，踏下减速器踏板，变速杆应在一定挡位，然后缓慢释放减速器踏板。

⑩ 在块石路面行驶时，应将履带张紧。当需要原地旋转或急转弯时，应采用低速挡进行。当行走机构夹入块石时，应采用正、反向往复行驶使块石排除。

⑪ 在浅水地带行驶或作业时，应查明水深，冷却风扇叶不得接触水面。下水前和出水后，均应对行走装置加注润滑脂。

⑫ 推土机上、下坡或超过障碍物时应采用低速挡。上坡不得换挡，下坡不得空挡滑行。横向行驶的坡度不得超过 10°。当需要在陡坡上推土时，应先进行填挖，使机身保持平衡，方可作业。

⑬ 在上坡途中，当内燃机突然熄火，应立即放下铲刀，并锁住制动踏板。在分离主离合器后，方可重新启动内燃机。

⑭ 下坡时，当推土机下行速度大于内燃机传动速度时，转向动作的操纵应与平地行走时操纵的方向相反，此时不得使用制动器。

⑮ 填沟作业驶近边坡时，铲刀不得越出边缘。后退时，应先换挡，方可提升铲刀进行倒车。

⑯ 在深沟、基坑或陡坡地区作业时，应有专人指挥，其垂直边坡高度不应大于 2 m。

⑰ 在推土或松土作业中不得超载，不得做有损于铲刀、推土架、松土器等装置的动作，各项操作应缓慢平稳。无液力变矩器装置的推土机，在作业中有超载趋势时，应稍微提升刀片或变换低速挡。

⑱ 推树时，树干不得倒向推土机及高空架设物。推屋墙或围墙时，其高度不宜超过 2.5 m。严禁推带有钢筋或与地基基础连接的混凝土桩等建筑物。

⑲ 两台以上推土机在同一地区作业时，前后距离应大于 8 m；左右距离应大于 1.5m。在狭窄道路上行驶时，未得前机同意，后机不得超越。

⑳ 推土机顶推铲运机做助铲时，应符合下列要求。

Ⅰ. 进入助铲位置进行顶推中，应与铲运机保持同一直线行驶。

Ⅱ. 助铲时应均匀用力，不得猛推猛撞，应防止将铲斗后轮胎顶离地面或使铲斗吃土过深。

Ⅲ. 铲斗满载提升时，应减少推力，待铲斗提离地面后即减速脱离接触。

Ⅳ. 后退时，应先看清后方情况，当需绕过正后方驶来的铲运机倒向助铲位置时，宜从来车的左侧绕行。

㉑ 推土机转移行驶时，铲刀距地面宜为 400 mm，不得用高速挡行驶和进行急转弯。不得长距离倒退行驶。

㉒ 作业完毕后，应将推土机开到平坦安全的地方，落下铲刀；有松土器的，应将松土器爪落下。在坡道上停机时，应将变速杆挂低速挡，接合主离合器，锁住制动踏板，并将履带或轮胎楔住。

㉓ 停机时，应先降低内燃机转速，变速杆放在空挡，锁紧液力传动的变速杆，分开主离合器，踏下制动踏板并锁紧，待水温降到 75℃以下，油温降到 90℃以下时，方可熄火。

㉔ 推土机长途转移工地时，应采用平板拖车装运。短途行走转移时，距离不宜超过 10 km，并在行走过程中应经常检查和润滑行走装置。

㉕ 在推土机下面检修时，内燃机必须熄火，铲刀应放下或垫稳。

（3）单斗挖掘机的安全使用。

① 单斗挖掘机的作业和行走场地应平整坚实，松软地面应垫以枕木或垫板，沼泽地区应先做路基处理，或更换湿地专用履带板。

② 轮胎式挖掘机使用前应支好支腿并保持水平位置，支腿应置于作业面的方向，转向驱动桥应置于作业面的后方。采用液压悬挂装置的挖掘机，应锁住两个悬挂液压缸。履带式挖掘机的驱动轮应置于作业面的后方。

③ 平整作业场地时，不得用铲斗进行横扫或用铲斗对地面进行夯实。

④ 挖掘岩石时，应先进行爆破。挖掘冻土时，应采用破冰锤或爆破法使冻土层破碎。

⑤ 挖掘机在正铲作业时，除松散土壤外，其最大开挖高度和深度不应超过机械本身性能规定。在拉铲或反铲作业时，履带距工作面边缘距离应大于 1.0 m，轮胎距工作面边缘距离应大于 1.5 m。

⑥ 作业前重点检查项目应符合下列要求。

Ⅰ. 照明、信号及报警装置等齐全有效。

Ⅱ. 各铰接部分连接可靠。

Ⅲ. 液压系统无泄漏现象。

Ⅳ. 轮胎气压符合规定。

Ⅴ. 燃油、润滑油、液压油符合规定。

⑦ 启动前，应将主离合器分离，各操纵杆放在空挡位置，并应按有关规定启动内燃机。

⑧ 启动后，接合动力输出，应先使液压系统从低速到高速空载循环 10～20 min，无吸空

等不正常噪音，工作有效，并检查各仪表指示值，待运转正常再接合主离合器，进行空载运转，顺序操纵各工作机构并测试各制动器，确认正常后，方可作业。

⑨ 作业时，挖掘机应保持水平位置，将行走机构制动住，并将履带或轮胎楔紧。

⑩ 遇较大的坚硬石块或障碍物时，应清除后方可开挖，不得用铲斗破碎石块、冻土或用单边斗齿硬啃。

⑪ 挖掘悬崖时，应采取防护措施。作业面不得留有伞沿及松动的大块石，当发现有塌方危险时，应立即处理或将挖掘机撤至安全地带。

⑫ 作业时，应待机身停稳后再挖土，当铲斗未离开工作面时，不得做回转、行走等动作。回转制动时，应使用回转制动器，不得用转向离合器反转制动。

⑬ 作业时，各操作过程应平稳，不宜紧急制动。铲斗升降不得过猛。下降时，不得撞碰车架或履带。

⑭ 斗臂在抬高及回转时，不得碰到洞壁、沟槽侧面或其他物体。

⑮ 向运土车辆装车时，宜降低挖铲斗，减小卸落高度，不得偏装或砸坏车厢在汽车未停稳或铲斗需越过驾驶室而司机未离开前不得装车。

⑯ 作业中，当液压缸伸缩将达到极限位时，应动作平稳，不得冲撞极限块。

⑰ 作业中，当需制动时，应将变速阀置于低速挡位置。

⑱ 作业中，当发现挖掘力突然变化，应停机检查，严禁在未查明原因前擅自调整分配阀压力。

⑲ 作业中不得打开压力表开关，且不得将工况选择阀的操纵手柄放在高速挡位置。

⑳ 反铲作业时，斗臂应停稳后再挖土。挖土时，斗柄伸出不宜过长，提斗不得过猛。

㉑ 作业中，履带式挖掘机作短距离行走时，主动轮应在后面，斗臂应在正前方与履带平行，制动住回转机构、铲斗应离地面 1 m。上、下坡道不得超过机械本身允许最大坡度，下坡应慢速行驶。不得在坡道上变速和空挡滑行。

㉒ 轮胎式挖掘机行驶前，应收回支腿并固定好，监控仪表和报警信号灯应处于正常显示状态，气压表压力应符合规定，工作装置应处于行驶方向的正前方，铲斗应离地面 1 m。长距离行驶时，应采用固定销将回转平台锁定，并将回转制动板踩下后锁定。

㉓ 当在坡道上行走且内燃机熄火时，应立即制动并楔住履带或轮胎，待重新发动后，方可继续行走。

㉔ 作业后，挖掘机不得停放在高边坡附近和填方区，应停放在坚实、平坦、安全的地带，将铲斗收回平放在地面上，所有操纵杆置于中位，关闭操纵室和机棚。

㉕ 履带式挖掘机转移工地应采用平板拖车装运。短距离自行转移时，应低速缓行，每行走 500～1000 m 应对行走机构进行检查和润滑。

㉖ 保养或检修挖掘机时，除检查内燃机运行状态外，必须将内燃机熄火，并将液压系统卸荷，铲斗落地。

㉗ 利用铲斗将底盘顶起进行检修时，应使用垫木将抬起的轮胎垫稳，并用木楔将落地轮胎楔牢，然后将液压系统卸荷，否则严禁进入底盘下工作。

（4）翻斗车的安全使用。

① 现场内行驶机动车辆的驾驶作业人员，必须经专业安全技术培训，考试合格，持特种作业操作证方可上岗作业。

② 未经交通部门考试发证的严禁上公路行驶。

③ 作业前检查燃油、润滑油、冷却水应充足，变速杆应在空挡位置，气温低时应加热水预热。

④ 发动后应空转 5～10 min，待水温升到 40℃以上时方可一挡起步，严禁二挡起步和将油门猛踩到底的操作。

⑤ 开车时精神要集中，行驶中不准载人、吸烟、打闹玩笑。睡眠不足和酒后严禁作业。

⑥ 运输构件宽度不得超过车宽，高度不得超过 1.5 m（从地面算起）。运输混凝土时，混凝土的平面应低于斗口 10 cm；运砖时，高度不得超过斗平面；严禁超载行驶。

⑦ 雨雪天气，夜间应低速行驶，下坡时严禁空挡滑行和下 25°以上的陡坡。

⑧ 在坑槽边缘倒料时，必须在距 0.8～1 m 处设置安全挡掩（20 cm×20 cm 的木方）。车在距离坑槽 10m 处即应减速至安全挡掩处倒料，严禁骑沟倒料。

⑨ 翻斗车上坡道（马道）时，坡道应平整，宽度不得小于 2.3 m 以上，两侧设置防护栏杆，必须经检查验收合格方可使用。

⑩ 检修或班后刷车时，必须熄火并拉好手制动。

（5）潜水泵的安全使用。

① 作业前应进行检查，泵座应稳固。水泵应按规定装设漏电保护装置。

② 运转中出现故障时应立即切断电源，排除故障后方可再次合闸开机。检修必须由专职电工进行。

③ 夜间作业时，工作区应有充足照明。

④ 水泵运转中严禁从泵上跨越。升降吸水管时，操作人员必须站在有护栏的平台上。

⑤ 提升或下降潜水泵时必须切断电源，使用绝缘材料，严禁提拉电缆。

⑥ 潜水泵必须做好保护接零并装设漏电保护装置。潜水泵工作水域 30 m 内，不得有人畜进入。

⑦ 作业后，应将电源关闭，将水泵妥善安放。

2. 桩工机械安全使用技术

（1）安全要求。

① 打桩施工场地应按坡度不大于 3%，地耐力不小于 8.5 N/cm^2 的要求进行平实，地下不得有障碍物。在基坑和围堰内打桩，应配备足够的排水设备。

② 桩机周围应有明显标志或围栏，严禁闲人进入。作业时，操作人员应在距桩锤中心 5 m 以外监视。

③ 安装时，应将桩锤运到桩架正前方 2 m 以内，严禁远距离斜吊。

④ 用桩机吊桩时，必须在桩上拴好围绳。起吊 2.5 m 以外的混凝土预制桩时，应将桩锤落在下部，待桩吊近后，方可提升桩锤。

⑤ 严禁吊桩、吊锤、回转和行走同时进行。桩机在吊有桩和锤的情况下，操作人员不得离开。

⑥ 卷扬钢丝绳应经常处于油膜状态，不得硬性摩擦。吊锤、吊桩可使用插接的钢丝绳，不得使用不合格的起重卡具、索具、拉绳等。

⑦ 作业中停机时间较长时，应将桩锤落下垫好。除蒸气打桩机在短时间内可将锤担在机架

上外，其他的桩机均不得悬吊桩锤进行检修。

⑧ 遇有大雨、雪、雾和6级以上强风等恶劣气候，应停止作业。当风速超过7级时应将桩机顺风向停置，并增加缆风绳。

⑨ 雷电天气无避雷装置的桩机，应停止作业。

⑩ 作业后应将桩机停放在坚实平整的地面上，将桩锤落下，切断电源和电路开关，停机制动后方可离开。

（2）桩机的安装与拆除。

① 拆装班组的作业人员必须熟悉拆装工艺、规程，拆装前班组长应进行明确分工，并组织班组作业人员贯彻落实专项安全施工组织设计（施工方案）和安全技术措施交底。

② 高压线下两侧10 m以内不得安装打桩机。特殊情况下必须采取安全技术措施，并经上级技术负责人同意批准，方可安装。

③ 安装前应检查主机、卷扬机、制动装置、钢丝绳、牵引绳、滑轮及各部轴销、螺栓、管路接头应完好可靠。导杆不得弯曲损伤。

④ 起落机架时，应设专人指挥，拆装人员应互相配合，指挥旗语、哨音准确、清楚。严禁任何人在机架底下穿行或停留。

⑤ 安装底盘必须平放在坚实平坦的地面上，不得倾斜。桩机的平衡配重铁，必须符合说明书要求，保证桩架稳定。

⑥ 振动沉桩机安装桩管时，桩管的垂直方向吊装不得超过4 m，两侧斜吊不得超过2 m，并设溜绳。

（3）桩架挪动。

① 打桩机架移位的运行道路，必须平坦坚实，畅通无阻。

② 挪移打桩机时，严禁将桩锤悬高，必须将锤头制动可靠方可走车。

③ 机架挪移到桩位上，稳固以后，方可起锤，严禁随移位随起锤。

④ 桩架就位后，应立即制动、固定。操作时桩架不得滑动。

⑤ 挪移打桩机架时应距轨道终端 2 m 以内终止，不得超出范围。如受条件限制，必须采取可靠的安全措施。

⑥ 柴油打桩机和振动沉桩机的运行道路必须平坦。挪移时应有专人指挥，桩机架不得倾斜。当遇地基沉陷较大时，必须加铺脚手板或铁板。

（4）桩机施工。

① 作业前必须检查传动、制动、滑车、吊索、拉绳，应牢固有效，防护装置应齐全良好，并经试运转合格后，方可正式操作。

② 打桩操作人员（司机）必须熟悉桩机构造、性能和保养规程，操作熟练方准独立操作。严禁非桩机操作人员操作。

③ 打桩作业时，严禁在桩机垂直半径范围以内和桩锤或重物底下穿行停留。

④ 卷扬机的钢丝绳应排列整齐，不得挤压，缠绕，滚筒上不少于3圈。在缠绕钢丝绳时，不得探头或伸手拨动钢丝绳。

⑤ 稳桩时，应用撬棍套绳或其他适当工具进行。当桩与桩帽接合以前，套绳不得脱套，纠正斜桩不宜用力过猛，并注视桩的倾斜方向。

⑥ 采用桩架吊桩时，桩与桩架之垂直方向距离不得大于 5 m（偏吊距离不得大于 3 m）。

超出上述距离时，必须采取安全措施。

⑦ 打桩施工场地，必须经常保持整洁。打桩工作台应有防滑措施。

⑧ 桩架上操作人员使用的小型工具（零件），应放入工具袋内，不得放在桩架上。

⑨ 利用打桩机吊桩时，必须使用卷扬机的刹车制动。

⑩ 吊桩时要缓慢吊起，桩的下部必须设溜（套）绳，掌握稳定方向，桩不得与桩机碰撞。

⑪ 柴油打桩机打桩时应掌握好油门，不得油门过大或突然加大，防止桩锤跳跃过高，起锤高度不大于 1.5 m。

⑫ 利用柴油机或蒸气锤拔桩筒，在入土深度超过 1 m 时，不得斜拉硬吊，应垂直拔出。若桩筒入土较深，应边震边拔。

⑬ 柴油打桩机或蒸气打桩机拉桩时应停止锤击，方可操作，不得锤击与拉桩同时进行。降落锤头时，不得猛然骤落。

⑭ 在装拆桩管或到沉箱上操作时，必须切断电源后再进行操作，必须设专人监护电源。

⑮ 检查或维修打桩机时，必须将锤放在地上并垫稳，严禁在桩锤悬吊时进行检查等作业。

3.5.5 钢筋机械与焊接设备

1. 钢筋机械

（1）钢筋机械的事故隐患。

① 钢筋加工机械工作时，由于用电不当，造成触电事故。

② 钢筋加工机械由于本身的安装、防护装置不到位，造成工作人员的机械伤害（包括钢筋弹出伤人）。

③ 钢筋加工机械进行高处作业时，易发生坠落事故。

④ 液压设备使用不当，易发生高压液压喷出伤人事故。

（2）安全使用的基本要求。

① 机械的安装应保持水平、稳定、牢固。固定式机械应有可靠的基础；移动式机械作业时应楔紧行走轮。

② 室外作业应设置机棚，机旁应设有堆放原料、半成品的场地。

③ 加工较长的钢筋时，应有专人帮扶，并听从操作人员指挥，不得任意推拉。

④ 作业后，应堆放好成品，清理场地，切断电源，锁好开关箱，做好润滑工作。

（3）钢筋调直机的安全使用。

① 调直机安装必须平稳，料架、料槽应安装平直，并应对准导向筒、调直筒和下切刀孔的中心线。电机必须设可靠接零保护。

② 用手转动飞轮，检查传动机构和工作装宣，调整间隙，紧固螺栓，确认正常后，启动空载运转，并应检查轴承无异响，齿轮啮合良好，待运转正常后，方可作业。

③ 按调直钢筋的直径，选用适当的调直块及传动速度。调直短于 2m 或直径大于 9m 的钢筋应低速进行。经调试合格，方可送料。

④ 在调直块未固定、防护罩未盖好前不得送料。作业中严禁打开各部防护罩及调整间隙。

⑤ 当钢筋送入后，手与曳轮必须保持一定距离，不得接近。

⑥ 送料前应将不直的料头切去。导向筒前应装一根1m长的钢管，钢筋必须先穿过钢管再送入调直前端的导孔内。当钢筋穿入后，手与压辊必须保持一定距离。

⑦ 作业后，应松开调直筒的调直块并回到原来位置，同时预压弹簧必须回位。

⑧ 机械上不准搁置工具、物件，避免振动落入机体。

⑨ 圆盘钢筋放入放圈架上要平稳，乱丝或钢筋脱架时，必须停机处理。

⑩ 已调直的钢筋，必须按规格、根数分成小捆，散乱钢筋应随时清理堆放整齐。

（4）钢筋切断机的安全使用。

① 接送料的工作台面应和切刀下部保持水平，工作台的长度可根据加工材料长度确定。

② 启动前，必须检查，并确认刀片无裂纹，刀架螺栓紧固，防护罩牢靠，然后用手转动皮带轮，检查齿轮啮合间隙，调整切刀间隙。

③ 启动后，应先空载运转，检查各传动部分及轴承运转正常后，方可作业。

④ 机械未达到正常转速时，不得切料。钢筋切断应在调直后进行。切料时，应使用切刀的中、下部位，紧握钢筋对准刃口迅速送入。操作者应站在固定刀片一侧用力压住钢筋，应防止钢筋末端弹出伤人。严禁用两手分在刀片两边握住钢筋俯身送料。

⑤ 不得剪切直径及强度超过机械铭牌规定的钢筋和烧红的钢筋。一次切断多根钢筋时，总截面面积应在规定范围内。

⑥ 剪切低合金钢时，应换高硬度切刀，剪切直径应符合机械铭牌规定。

⑦ 切断短料时，手和切刀之间的距离应保持150 mm以上，如手握端小于400 mm时，应用套管或夹具将钢筋短头压住或夹牢。

⑧ 机械运转中，严禁用手直接清除切刀附近的断头和杂物。钢筋摆动周围和切刀附近，非操作人员不得停留。

⑨ 发现机械运转不正常，有异响或切刀歪斜等情况，应立即停机检修。

⑩ 作业后，应切断电源，用钢刷清除切刀间的杂物进行整机清洁润滑。

（5）钢筋弯曲机的安全使用。

① 工作台和弯曲机台面要保持水平，并在作业前准备好各种芯轴及工具。

② 按加工钢筋的直径和弯曲半径的要求装好芯轴、成型轴、挡铁轴或可变挡架，芯轴直径应为钢筋直径的2.5倍。挡铁轴应有轴套。

③ 挡铁轴的直径和强度不得小于被弯钢筋的直径和强度。不直的钢筋，不得在弯曲机上弯曲。

④ 检查并确认芯轴、挡铁轴、转盘应无损坏和裂纹，防护罩紧固可靠，经空载运转确认正常后，方可作业。

⑤ 操作时，要熟悉倒顺开关控制工作盘旋转的方向，钢筋放置要和挡架、工作盘旋转方向相配合，不得放反。

⑥ 作业时，将钢筋需弯的一头插在转盘固定销的间隙内，另一端紧靠机身固定销，并用手压紧；检查机身固定销确实安放在挡住钢筋的一侧，方可开动。

⑦ 作业中，严禁更换轴芯、销和变换角度以及调速，也不得进行加油和清扫。

⑧ 对超过机械铭牌规定直径的钢筋严禁进行弯曲。在弯曲未经冷拉或带有锈皮的钢筋时，应戴防护镜。

⑨ 弯曲高强度或低合金钢筋时，应按机械铭牌规定换算最大允许直径并调换相应的芯轴。

⑩ 在弯曲钢筋的作业半径内和机身不设固定销的一侧严禁站人。弯曲好的半成品应堆放整齐，弯钩不得朝上。

⑪ 转盘换向时，应待停稳后进行作业后，及时清除转盘及插入座孔内的铁锈、杂物等。

⑫ 作业后，应及时清除转盘及插入座孔内的铁锈、杂物等。

2. 电焊设备

焊接设备分为电焊设备和气焊设备。

（1）电焊设备的事故隐患。

电焊设备可能发生的安全事故，主要是机械伤害、火灾、触电、灼烫和中毒、高空坠落等事故。电焊设备的事故隐患主要包括以下内容。

① 焊接设备作业时，临时用电使用不当。

② 焊接设备自身防护装置不到位。

③ 焊接设备作业时，产生电火花，作业前没有做个人防护、消防准备。

④ 焊接设备作业时，产生有毒气体，作业前没有做个人防护。

⑤ 高空焊接作业时，防范措施不当。

（2）安全使用基本要求。

① 焊接设备上的电机、电器、空压机等应按有关规定执行，并有完整的防护外壳，二次接线柱处应有保护罩。

② 现场使用的电焊机应设有可防雨、防潮、防晒的机棚，并备有消防用品。

③ 焊接时，焊接和配合人员必须采取防止触电、高空坠落、瓦斯中毒和火灾等事故的安全措施。

④ 严禁在运行中的压力管道以及装有易燃、易爆物品的容器和受力构件上进行焊接和切割。

⑤ 焊接铜、铝、锌、锡、铅等有色金属时，必须在通风良好的地方进行，焊接人员应戴防毒面具或呼吸滤清器。

⑥ 在容器内施焊时，必须采取以下措施：容器上必须有进、出风口并设置通风设备，容器内的照明电压不得超过 12 V，焊接时必须有人在场监护，严禁在已喷涂过油漆或塑料的容器内焊接。

⑦ 焊接预热焊件时，应设挡板隔离焊件发生的辐射热。

⑧ 高空焊接或切割时，必须系好安全带，焊件周围和下方应采取防火措施并有专人监护。

⑨ 电焊线通过道路时，必须架高或穿入防护管内埋设在地下，如通过轨道时，必须从轨道下面穿过。

⑩ 接地线及手把线都不得搭在易燃、易爆和带有热源的物品上，接地线不得接在管道、机床设备和建筑物金属构架或轨道上，接地电阻不大于 4Ω。

⑪ 雨天不得露天电焊。在潮湿地带作业时，操作人员应站在铺有绝缘物品的地方，穿好绝缘鞋。

⑫ 长期停用的电焊机，使用时，需检查其绝缘电阻不得低于 0.5Ω，接线部分不得有腐蚀和受潮现象。

⑬ 焊钳应与手把线连接牢固。不得用胳膊夹持焊钳。清除焊渣时，面部应避开焊缝。

⑭ 在载荷运行中，焊接人员应经常检查电焊机的温升，如超过 A 级 60℃、B 级 80℃时，必须停止运转并降温。

⑮ 施焊现场的 10 m 范围内，不得堆放氧气瓶、乙炔发生器、木材等易燃物。

⑯ 作业后，清理场地、灭绝火种、切断电源、锁好电闸箱、消除焊料余热后再离开。

（3）手工弧焊机安全使用。

① 交流电焊机。

Ⅰ. 使用前，应检查并确认初、次级线接线正确，输入电压必须符合电焊机的铭牌规定。接通电源后，严禁接触初级线路的带电部分。

Ⅱ. 次级抽头连接铜板必须压紧，接线柱应有垫圈。合闸前，应详细检查接线螺帽、螺栓及其他部件并确认完好齐全、无松动或损坏。

Ⅲ. 多台电焊机集中使用时，应分接在三相电源网络上，使三相负载平衡。多台焊机的接地装置，应分别由接地极处引接，不得串联。

Ⅳ. 移动电焊机时，应切断电源，不得用拖拉电缆的方法移动焊机。当焊接中突然停电时，应立即切断电源。

Ⅴ. 电焊机应绝缘良好。焊接变压器的一次线圈绕组与二次线圈绕组之间、绕组与外壳之间的绝缘电阻不得小于 1Ω。

Ⅵ. 电焊机的工作负荷应依照设计规定，不得超载运行。

② 旋转式直流电焊机。

Ⅰ. 接线柱应有垫圈。合闸前详细检查接线螺帽，不得用拖拉电缆的方法移动焊机。

Ⅱ. 新机使用前，应将换向器上的污物擦干净，使换向器与电刷接触良好。

Ⅲ. 启动时，应检查转子的旋转方向符合焊机标志的箭头方向。

Ⅳ. 启动后，应检查电刷和换向器，如有大量火花时，应停机查原因，经排除后方可使用。

Ⅴ. 当数台焊机在同一场地作业时，应逐台启动，并使三相载荷平衡。

Ⅵ. 电焊机运行中，当需调节焊接电源和极性开关时，不得在负荷时进行。调节不得过快、过猛。

③ 硅整流直流电焊机。

Ⅰ. 电焊机应在原厂使用说明书要求的条件下工作。

Ⅱ. 使用前，应检查并确认硅整流元件与散热片连接紧固，各接线端头坚固。

Ⅲ. 硅整流元件应进行保护和冷却。当发现整流元件损坏时，应查明原因，排除故障后，方可更换新件。

Ⅳ. 硅整流元件和有关电子线路应保持清洁和干燥。启用长期停用的焊机时，应空载通电一定时间进行干燥处理。

Ⅴ. 使用硅整流电焊机时，必须开启风扇电机，运转中应无异响，电压表指示值应正常。

Ⅵ. 硅整流直流电焊机主变压器的次级线圈和控制变压器的次级线圈严禁用摇表测试。

Ⅶ. 停机后，应清洁硅整流器及其他部件。

（4）点焊机安全使用。

① 作业前，必须清除上、下两电极的油污。通电后，机体外壳应无漏电。

② 启动前，首先应接通控制线路的转向开关和焊接电流的小开关，调整好极数，再接通水源、气源，最后接通电源。

③ 焊机通电后，应检查电气设备、操作机构、冷却系统、气路系统及机体外壳有无漏电现象。电极触头应保持光洁，如有漏电时，应立即更换。

④ 作业时，气路、水冷却系统应畅通。气体必须保持干燥。排水温度不得超过 40℃，排水量可根据气温调节。

⑤ 严禁在引燃电路中加大熔断器。当负载过小使引燃管内电弧不能发生时，不得闭合控制箱的引燃电路。

⑥ 控制箱如长期停用，每月应通电加热 30 min。如更换闸流管亦应预热 30 min。工作时控制箱的预热时间不得少于 5 min。

（5）对焊机安全使用。

① 对焊机应安置在室内，并有可靠的接地（接零）。如多台对焊机并列安装时，间距不得少于 3 m，并应分别接在不同相位的电网上，分别有各自的刀形开关。

② 作业前检查，对焊机的压力机构应灵活，夹具应牢固，气、液压系统无泄漏，确认可靠后，方可施焊。

③ 焊接前，应根据所焊钢筋截面，调整二次电压，不得焊接超过对焊机规定直径的钢筋。

④ 断路器的接触点、电极应定期光磨。二次电路全部连接螺栓应定期紧固。冷却水温度不得超过 40℃，排水量应根据温度调节。

⑤ 焊接较长钢筋时，应设置托架。在现场焊接竖向钢筋时，焊接后应确保焊接牢固后再松开卡具，进行下道工序。

⑥ 闪光区应设挡板，焊接时无关人员不得入内。配合搬运钢筋的操作人员，在焊接时要注意防止火花烫伤。

⑦ 冬季施焊时，室内温度不应低于 8℃。作业后，应放净机内冷却水。

3. 气焊设备及气瓶安全使用技术

气焊设备及气瓶使用乙炔和氧气，因此存在火灾、爆炸、中毒危险性。

（1）气焊设备安全使用。

① 乙炔瓶、氧气瓶及软管、阀、表均应齐全有效，紧固牢靠，不得松动、破损和漏气。氧气瓶及其附件、胶管、工具上均不得沾染油污。软管接头不得用铜质材料制作。

② 乙炔瓶、氧气瓶和焊炬间的距离不得小于 10 m，否则应采取隔离措施。同一地点有两个以上乙炔瓶时，其间距不得小于 10 m。

③ 新橡胶软管必须经压力试验。未经压力试验的或代用胶管变质、老化、脆裂、漏气及沾上油脂均不得使用。

④ 不得将橡胶软管放在高温管道和电线上，将重物或热的物件压在软管上，更不得将软管与电焊用的导线敷设在一起。软管经过车行道时应加护套或盖板。

⑤ 氧气瓶应与其他易燃气瓶、油脂和其他易燃、易爆物品分别存放，也不得同车运输。氧气瓶应有防震圈和安全帽，应平放不得倒置，不得在强烈日光下曝晒，严禁用行车或吊车吊运氧气瓶。

⑥ 开启氧气瓶阀门时应用专用工具，动作要缓慢，不得面对减压器，但应观察压力表指针是否灵敏正常。氧气瓶中的氧气不得全部用尽，至少应留 49 kPa 的剩余压力。

⑦ 严禁使用未安装减压器的氧气瓶进行作业。

⑧ 安装减压器时，应先检查氧气瓶阀门接头，不得有油脂，并略开氧气瓶阀门吹除污垢，然后安装减压器。人身或面部不得正对氧气瓶阀门出气口，关闭氧气瓶阀门时，须先松开减压器的活门螺丝（不可紧闭）。

⑨ 点燃焊（割）炬时，应先开乙炔阀点火，然后开氧气阀调整火焰。关闭时应先关闭乙炔阀，再关闭氧气阀。

⑩ 在作业中，如发现氧气瓶阀门失灵或损坏不能关闭时，应让瓶内氧气自动放尽后，再行拆卸修理。

⑪ 乙炔软管、氧气软管不得错装。使用中，当氧气软管着火时，不得折弯软管断气，要迅速关闭氧气阀门，停止供氧。乙炔软管着火时，应先关熄炬火，可用弯折前面一段软管的办法来将火熄灭。

⑫ 冬季在露天施工，如软管和回火防止器冻结时，可用热水、蒸汽或在暖气设备下化冻。严禁用火焰烘烤。

⑬ 不得将橡胶软管背在背上操作。焊枪内若带有乙炔、氧气时不得放在金属管、槽、缸、箱内。氢氧并用时，应先开乙炔气，再开氢气，最后开氧气，再点燃。熄灭时，应先关氧气，再关氢气，最后关乙炔气。

⑭ 作业后，应卸下减压器，拧上气瓶安全帽，将软管卷起捆好，挂在室内干燥处，并将乙炔发生器卸压，放水后取出电石篮。剩余电石和电石渣，应分别放在指定的地方。

（2）气瓶安全使用。气瓶是指在正常环境下（-40～60℃）下可重复充气使用的，公称工作压力为0～30 MPa（表压），公称容积为0.4～1000 L的盛装永久性气体、液化气体或溶解气体等的移动式压力容器。

建筑施工中，金属焊接和切割广泛使用盛装氧气、乙炔气等压缩气体的气瓶。气瓶属于特种设备。使用时，应根据气瓶的特点，采取相应措施。

① 气瓶使用时必须安装减压器，乙炔瓶应安装回火防止器，并应灵敏可靠。

② 气瓶间安全距离不应小于 5 m，与明火安全距离不应小于 10 m。不能满足安全距离要求时，应采取可靠的隔离防护措施。

③ 气瓶应设置防震圈、防护帽，并应按规定存放。

④ 禁止冲击、碰撞。

⑤ 瓶阀冻结时，不得用火烘烤。

⑥ 瓶内气体不能用尽，必须留有剩余压力，一般不少于 0.05 MPa，并旋紧瓶帽，标上已用完的记号。

⑦ 皮管用夹头紧固。

⑧ 各类气瓶有明显色标和防震圈，并不得在露天曝晒。

3.5.6 混凝土机械

1. 混凝土机械事故隐患

（1）临时施工用电不当，造成触电事故的发生。

（2）机械设备本身的安装、防护装置不完善，造成对操作人员的机械伤害。

（3）施工人员操作不当，造成伤害事故。

2. 安全使用基本要求

（1）施工现场应有良好的排水条件，机械近旁应有水源，机棚内应有良好的通风、采光及防雨、防冻设施，并不得有积水。

（2）固定式机械应有可靠的基础，移动式机械应在平坦坚硬的地坪上用方木或撑架架牢，并应保持水平。

（3）当气温降到5℃以下时，管道、水泵、机内等应采取防冻保温措施。

（4）混凝土机械在使用前，必须经过验收，确认合格方能使用。设备应挂上合格牌。

（5）临时施工用电应做好保护接零，配备漏电保护器，具备三级配电两级保护。

（6）混凝土机械安装处应设防雨棚。若机械设置在塔吊运转作业范围内的，必须搭设双层安全防坠棚。

（7）混凝土机械的传动部位应设置防护罩。

（8）机械安全操作规程应编写明了，明确设备责任人，定期进行安全检查、设备维修和保养。

（9）作业后，应及时将机内、水箱内、管道内的存料、积水放尽，并应清洁、保养机械，清理工作场地，切断电源，锁好开关箱。

（10）装有轮胎的机械，转移时拖行速度不得超过15 km/h。

3. 混凝土机械安全使用技术

（1）混凝土搅拌机。

① 固定式搅拌机应安装在牢固的台座上。当长期固定时，应埋置地脚螺栓；在短期使用时，应在机座上铺设木枕并找平放稳。

② 固定式搅拌机的操纵台应使操作人员能看到各部工作情况。电动搅拌机的操纵台应垫上橡胶板或干燥木板。

③ 移动式搅拌机的停放位置应选择平整坚实的场地，周围应有良好的排水沟渠。就位后，应放下支腿将机架顶起达到水平位置，使轮胎离地。当使用期较长时，应将轮胎卸下妥善保管，轮轴端部用油布包扎好，并用枕木将机架垫起支牢。

④ 对需设置上料斗地坑的搅拌机，其坑口周围应垫高夯实，应防止地面水流入坑内。上料轨道架的底端支承面应夯实或铺砖，轨道架的后面应采用木料加以支承，应防止作业时轨道变形。

⑤ 料斗放到最低位置时，在料斗与地面之间应加一层缓冲垫木。

⑥ 作业前重点检查项目应符合下列要求：

Ⅰ. 电源电压升降幅度不超过额定值的5%。

Ⅱ. 各传动机构、工作装置、制动器等均紧固可靠，开式齿轮、皮带轮等均有防护罩。

Ⅲ. 电动机和电器元件的接线牢固，保护接零或接地电阻符合规定。

Ⅳ. 齿轮箱的油质、油量符合规定。

⑦ 作业前，应先启动搅拌机空载运转。应确认搅拌筒或叶片旋转方向与筒体上箭头所示方向一致。对反转出料的搅拌机，应使搅拌筒正、反转运转数分钟，并应无冲击抖动现象和异常噪音。

⑧ 作业前，应进行料斗提升试验，应观察并确认离合器、制动器灵活可靠。

⑨ 应检查并校正供水系统的指示水量与实际水量的一致性。当误差超过 2%时，应检查管路的漏水点，并校正节流阀。

⑩ 应检查集料规格并应与搅拌机性能相符，超出许可范围的不得使用。

⑪ 搅拌机启动后，应使搅拌筒达到正常转速后再进行上料。上料时应及时加水。每次加入的拌合料不得超过搅拌机的额定容量并应减少物料黏罐现象。

⑫ 进料时，严禁将头或手伸入料斗与机架之间。运转中，严禁用手或工具伸入搅拌筒内扒料、出料。

⑬ 搅拌机作业中，当料斗升起时，严禁任何人在料斗下停留或通过。当需要在料斗下检修或清理料坑时，应将料斗提升后用铁链或插销锁住。

⑭ 向搅拌筒内加料应在运转中进行。添加新料应先将搅拌筒内原有的混凝土全部卸出后方可进行。

⑮ 作业中，应观察机械运转情况，当有异常或轴承温升过高等现象时，应停机检查。当需检修时，应将搅拌筒内的混凝土清除干净，然后再进行检修。

⑯ 加入强制式搅拌机的集料最大粒径不得超过允许值，并应防止卡料。每次搅拌时，加入搅拌筒的物料不应超过规定的进料容量。

⑰ 强制式搅拌机的搅拌叶片与搅拌筒底及侧壁的间隙，应经常检查并确认符合规定。当间隙超过标准时，应及时调整。当搅拌叶片磨损超过标准时，应及时修补或更换。

⑱ 作业后，应对搅拌机进行全面清理。当操作人员需进入筒内时，必须切断电源或卸下熔断器，锁好开关箱，挂上“禁止合闸”标志牌，并应有专人在外监护。

⑲ 作业后，应将料斗降落到坑底，当需升起时，应用链条或插销扣牢。

⑳ 冬季作业后，应将水泵、放水开关、量水器中的积水排尽。

㉑ 搅拌机在场内移动或远距离运输时，应将进料斗提升到上止点，用保险铁链或插销锁住。

（2）插入式振动器

① 插入式振动器的电动机电源上，应安装漏电保护装置，接地或接零应安全可靠。

② 操作人员应经过用电教育，作业时应穿戴绝缘胶鞋和绝缘手套。

③ 电缆线应满足操作所需的长度。电缆线上不得堆压物品或让车辆挤压。严禁用电缆线拖拉或吊挂振动器。

④ 使用前，应检查各部并确认连接牢固，旋转方向正确。

⑤ 振动器不得在初凝的混凝土、地板、脚手架和干硬的地面上进行试振。在检修或作业间断时，应断开电源。

⑥ 作业时，振动棒软管的弯曲半径不得小于 500 mm，且不得多于两个弯，操作时应将振动棒垂直地沉入混凝土，不得用力硬插、斜推或让钢筋夹住棒头，也不得全部插入混凝土中，插入深度不应超过棒长的 3/4，不宜触及钢筋、芯管及预埋件。

⑦ 振动棒软管不得出现断裂，当软管使用过久使长度增长时，应及时修复或更换。

⑧ 作业停止需移动振动器时，应先关闭电动机，再切断电源。不得用软管拖拉电动机。

⑨ 作业完毕，应将电动机、软管、振动棒清理干净，并应按规定要求进行保养作业。振动器存放时，不得堆压软管，应平直放好，并应对电动机采取防潮措施。

（3）附着式、平板式振动器

① 附着式、平板式振动器轴承不应承受轴向力。在使用时，电动机轴应保持水平状态。

② 在一个模板上同时使用多台附着式振动器时，各振动器的频率应保持一致，相对面的振动器应错开安装。

③ 作业前，应对附着式振动器进行检查和试振。试振不得在干硬土或硬质物体上进行。安装在搅拌站料仓上的振动器，应安置橡胶垫。

④ 安装时，振动器底板安装螺孔的位置应正确，应防止底脚螺栓安装扭斜而使机壳受损。底脚螺栓应紧固，各螺栓的紧固程度应一致。

⑤ 使用时，引出电缆线不得拉得过紧，更不得断裂。作业时，应随时观察电气设备的漏电保护器和接地或接零装置并确认合格。

⑥ 附着式振动器安装在混凝土模板上时，每次振动时间不应超过 1 min。当混凝土在模内泛浆流动或成水平状即可停振。不得在混凝土初凝状态时再振。

⑦ 装置振动器的构件模板应坚固牢靠，其面积应与振动器额定振动面积相适应。

⑧ 平板式振动器作业时，应使平板与混凝土保持接触，使振波有效地振实混凝土，待表面出浆、不再下沉后，即可缓慢向前移动，移动速度应能保证混凝土振实出浆。在振的振动器，不得搁置在已初凝的混凝土上。

3.5.7 木工机械

1. 木工机械的事故隐患

（1）木工机械作业时，因用电不当，造成触电事故。

（2）木工机械安装不当，防护装置不当，使工作人员受到机械伤害。

2. 安全使用基本要求

（1）木工机械操作者必须严格遵守木工机械的安全操作规程，并按照木工机械使用说明书和相关安全操作规定使用木工机械。

（2）木工机械操作者在工作前应仔细检查工位是否布置妥当、工作区域有无异物，经确认无误后方可启动木工机械。

（3）木工机械操作者在工作前，应将机器空运转 3～5 min。

（4）木工机械操作者操作之前应检查被加工木材是否有钉子或其他硬物夹入。禁止加工胶合未完全的木材。

（5）不准在木工机械运转中或已切断电源但其仍在惯性运转时，将手伸到刀具刃部取木材、清理机器、剔除木屑木块。

（6）木工机械在启动和运转时需要多人辅助或同时操作辅助设备，在每天工作开始、换班启动及停机后重新启动时，应在机器启动前发启动信号。

（7）木工机械有多人操作时，必须使用多人操作按钮进行工作。

（8）木工机械在检修和刀具调整、拆换时，必须切断电源，在机器启动开关处挂告示牌，并用醒目字体标注“危险、禁止启动”等字样。必要时，应有人监护启动开关。

3. 木工机械安全使用技术

（1）平刨（手压刨）

① 作业前，检查安全防护装置必须齐全有效。

② 刨料时，手应按在料的上面，手指必须离开刨口 50 mm 以上。严禁用手在木料后端送料跨越刨口进行刨削。

③ 刨料时，应保持身体平衡，双手操作。刨大面时，手应按在木料上面；刨小面时，手指应不低于料高的一半，并不得小于 3 cm。

④ 每次刨削量不得超过 1.5 mm。进料速度应均匀，严禁在刨刀上方回料。

⑤ 被刨木料的厚度小于 30 mm，长度小于 400 mm 时，应用压板或压辊推进。厚度在 15 mm，长度在 250 mm 以下的木料，不得在刨上加工。

⑥ 被刨木料如有破裂或硬节等缺陷时，必须处理后再施刨。刨旧料前，必须将料上的钉子、杂物清除干净。遇木槎、节疤要缓慢送料。严禁将手按在节疤上送料。

⑦ 同一台平刨机的刀片和刀片螺丝的厚度、重量必须一致，刀架与刀必须匹配，刀架夹板必须平整贴紧，合金刀片焊缝的高度不得超刀头，刀片紧固螺丝应嵌入刀片槽内，槽端离刀背不得小于 10 mm。紧固螺丝时，用力应均匀一致，不得过松或过紧。

⑧ 机械运转时，不得将手伸进安全挡板里侧去移动挡板或拆除安全挡板进行刨削。严禁戴手套操作。

⑨ 两人操作时，进料速度应配合一致。当木料前端越过刀口 30 cm 后，下手操作人员方可接料。木料刨至尾端时，上手操作人员应注意早松手，下手操作人员不得猛拉。

⑩ 换刀片前必须拉闸断电，并挂“有人操作，严禁合闸”的警示牌。

（2）圆盘锯

① 圆盘锯必须装设分料器，开料锯与料锯不得混用。锯片上方必须安装保险挡板和滴水装置，在锯片后面离齿 10～15 mm 处，必须安装弧形楔刀。锯片的安装，应保持与轴同心。

② 锯片必须锯齿尖锐，不得连续缺齿两个，裂纹长度不得超过 20 mm，裂缝末端应防止裂孔。

③ 被锯木料厚度，以锯片能露出木料 10～20 mm 为限，夹持锯片的法兰盘的直径应为锯片直径的 1/4。

④ 启动后，待转速正常后方可进行锯料。送料时不得将木料左右晃动或高抬，遇木节要缓缓送料。锯料长度应不小于 500 mm。接近端头时，应用推棍送料。

⑤ 如锯线走偏，应逐渐纠正，不得猛扳，以免损坏锯片。

⑥ 操作人员必须戴防护眼镜。操作人员不得站在和面对与锯片旋转的离心力方向操作，手臂不得跨越锯片。

⑦ 必须紧贴靠尺送料，不得用力过猛，遇硬节疤应慢推，防止木节弹出伤人。必须待出料超过锯片 15 cm 方可上手接料，不得用手硬拉。

⑧ 短窄料应用推棍，接料使用刨钩。严禁锯小于 50 cm 长的短料。

⑨ 木料走偏时，应立即切断电源，停机调正后再锯，不得猛力推进或拉出。

⑩ 锯片运转时间过长应用水冷却，直径 60 cm 以上的锯片工作时应喷水冷却。

⑪ 必须随时清除锯台面上的遗料，保持锯台整洁。清除遗料时，严禁直接用手清除。清除

锯末及调整部件，必须先拉闸断电，待机械停止运转后方可进行。

⑫ 严禁使用木棒或木块制动锯片的方法停机。

3.5.8 装修机械与手持电动工具

1. 装修机械

（1）装修机械的事故隐患。

① 装修机械施工时，因用电不当，造成触电事故。

② 装修机械防护装置不合理，使工作人员受到机械伤害。

（2）安全使用基本要求。

① 装修机械上的刃具、胎具、模具、成型辊轮等应保证强度和精度，刃磨锋利，安装稳妥，坚固可靠。

② 装修机械上外露的传动部分应有防护罩，作业时，不得随意拆卸。

③ 装修机械应安装在防雨、防风沙的机棚内。

④ 长期搁置再用的机械，在使用前必须测量电动机绝缘电阻，合格后方可使用。

（3）装修机械安全使用。

① 灰浆搅拌机。

Ⅰ. 固定式搅拌机应有牢靠的基础，移动式搅拌机应采用方木或撑架固定，并保持水平。

Ⅱ. 作业前应检查并确认传动机构、工作装置、防护装置等牢固可靠，三角胶带松紧度适当，搅拌叶片和筒壁间隙在 3～5 mm 之间，搅拌轴两端密封良好。

Ⅲ. 启动后，应先空载运转，检查搅拌叶旋转方向正确，方可加料加水，进行搅拌作业。加入的砂子应过筛。

Ⅳ. 运转中，严禁用手或木棒等伸进搅拌筒内，或在筒口清理灰浆。

Ⅴ. 作业中，当发生故障不能继续搅拌时，应立即切断电源，将筒内灰浆倒出，排除故障后方可使用。

Ⅵ. 固定式搅拌机的上料斗应能在轨道上移动。料斗提升时，严禁斗下有人。

Ⅶ. 作业后，应清除机械内外砂浆和积料，用水清洗干净。

② 柱塞式、隔膜式灰浆泵。

Ⅰ. 灰浆泵应安装平稳。输送管路的布置宜短直、少弯头；全部输送管道接头应紧密连接，不得渗漏；垂直管道应固定牢固；管道上不得加压或悬挂重物。

Ⅱ. 作业前应检查并确认球阀完好，泵内无干硬灰浆等物，各连接件紧固牢靠，安全阀已调整到预定的安全压力。

Ⅲ. 泵送前，应先用水进行泵送试验，检查并确认各部位无渗漏。当有渗漏时，应先排除。

Ⅳ. 被输送的灰浆应搅拌均匀，不得有干砂和硬块，不得混入石子或其他杂物，灰浆稠度应为 80～120 mm。

Ⅴ. 泵送时，应先开机后加料，应先用泵压送适量石灰膏润滑输送管道，然后再加入稀灰浆，最后调整到所需稠度。

Ⅵ. 泵送过程应随时观察压力表的泵送压力，当泵送压力超过预调的 1.5 MPa 时，应反向泵送，使管道内部分灰浆返回料斗，再缓慢泵送。当无效时，应停机卸压检查，不得强行泵送。

Ⅶ. 泵送过程不宜停机。当短时间内不需泵送时，可打开回浆阀使灰浆在泵体内循环运行。当停泵时间较长时，应每隔 3～5 min 泵送一次，泵送时间宜为 0.5 min，应防灰浆凝固。

Ⅷ. 故障停机时，应打开泄浆阀使压力下降，然后排除故障。灰浆泵压力未达到零时，不得拆卸空气室、安全阀和管道。

Ⅸ. 作业后，应采用石灰膏或浓石灰水把输送管道里的灰浆全部泵出，再用清水将泵和输送管道清洗干净。

③ 挤压式灰浆泵。

Ⅰ. 使用前，应先接好输送管道，往料斗加注清水，启动灰浆泵后，当输送胶管出水时，应折起胶管，待升到额定压力时停泵，观察各部位应无渗漏现象。

Ⅱ. 作业前，应先用水，再用白灰膏润滑输送管道后，方可加入灰浆，开始泵送。

Ⅲ. 料斗加满灰浆后，应停止振动，待灰浆从料斗泵送完时，再加新灰浆振动筛料。

Ⅳ. 泵送过程应注意观察压力表。当压力迅速上升、有堵管现象时，应反转泵送 2～3 转，使灰浆返回料斗，经搅拌后再泵送。当多次正反泵仍不能畅通时，应停机检查，排除堵塞。

Ⅴ. 工作间歇时，应先停止送灰，后停止送气，并应防气嘴被灰堵塞。

Ⅵ. 作业后，应对泵机和管路系统全部清洗干净。

④ 高压无气喷涂机。

Ⅰ. 启动前，调压阀、卸压阀应处于开启状态，吸入软管、回路软管接头和压力表、高压软管及喷枪等均应连接牢固。

Ⅱ. 喷涂燃点在 21℃以下的易燃涂料时，必须接好地线，地线的一端接电动机零线位置，另一端应接涂料桶或被喷的金属物体。喷涂机不得和被喷物放在同一房间里，周围严禁有明火。

Ⅲ. 作业前，应先空载运转，然后用水或溶剂进行运转检查。确认运转正常后，方可作业。

Ⅳ. 喷涂中，当喷枪堵塞时，应先将枪关闭，使喷嘴手柄旋转 180°，再打开喷枪用压力涂料排除堵塞物，当堵塞严重时，应停机卸压后，拆下喷嘴，排除堵塞。

Ⅴ. 不得用手指试高压射流，射流严禁正对其他人员。喷涂间隙时，应随手关闭喷枪安全装置。

Ⅵ. 高压软管的弯曲半径不得小于 250 mm，亦不得在尖锐的物体上用脚踩高压软管。

Ⅶ. 作业中，当停歇时间较长时，应停机卸压，将喷枪的喷嘴部位放入溶剂内。

Ⅷ. 作业后，应彻底清洗喷枪。清洗时不得将溶剂喷回小口径的溶剂桶内。应防止产生静电火花引起着火。

2. 手持电动工具

建筑施工中，手持电动工具常用于木材加工中的锯割、钻孔、刨光、磨光、剪切及混凝土浇捣过程的振捣作业等。电动工具按其触电保护分为Ⅰ、Ⅱ、Ⅲ类三种。

Ⅰ. 类工具在防止触电的保护方面不仅依靠基本绝缘，而且它还包含一个附加的安全预防措施，使可触及的可导电的零件在基本绝缘损坏的事故中不成为带电体。

Ⅱ. 类工具在防止触电的保护方面不仅依靠基本绝缘，而且它还提供双重绝缘或加强绝缘的附加安全预防措施和没有保护接地或依赖安装条件的措施。

Ⅲ. 类工具在防止触电保护方面依靠由安全特低电压供电和在工具内部不会产生比安全特

低电压高的高压。其电压一般为36V。

（1）安全隐患。

手持电动工具的安全隐患主要存在于电器方面，易发生触电事故，具体有以下几种情况。

① 未设置保护接零和两级漏电保护器，或保护失效。

② 电动工具绝缘层破损而产生漏电。

③ 电源线和随机开关箱不符合要求。

④ 工人违反操作规定或未按规定穿戴绝缘用品。

（2）安全要求。

① Ⅰ类手持电动工具应单独设置保护零线，并应安装漏电保护装置。

② 使用Ⅰ类手持电动工具应按规定戴绝缘手套、穿绝缘鞋。

③ 手持电动工具的电源线应保持出厂状态，不得接长使用。

④ 必须按三类手持式电动工具来设置相应的二级漏电保护，而且对于末级漏电动作电流分别有以下规定：Ⅰ类手持式电动工具（金属外壳）为30 mA（绝缘电阻≥2 mΩ,）；Ⅱ类手持式电动工具（绝缘外壳）为15 mA（绝缘电阻7 mΩ）；Ⅲ类手持式电动工具（采用安全电压36 V以下）为15 mA。

⑤ 电动工具不适宜在含有易燃、易爆或腐蚀性气体及潮湿等特殊环境中使用，并应存放于干燥、清洁和没有腐蚀性气体的环境中。对于非金属壳体的电机、电器，在存放和使用时应避免与汽油等溶剂接触。

（3）预防措施。

① 手持电动工具在使用前，必须经过建筑安全管理部门验收，确定符合要求，发给准用证或有验收手续方能使用。设备挂上合格牌。

② 一般场所选用Ⅱ类手持式电动工具，并装设额定动作电流不大于15mA，额定漏电动作时间小于0.1s的漏电保护器。若采用Ⅰ类手持电动工具还必须作保护接零。

露天、潮湿场所或在金属构架上操作时，必须选用Ⅱ类手持电动工具，并装设防溅的漏电保护器。严禁使用Ⅰ类手持电动工具。

狭窄场所（锅炉、金属容器、地沟、管道内等），宜选用带隔离变压器的Ⅲ类手持电动工具；若选用Ⅱ类手持电动工具，必须装设防溅的漏电保护器，把隔离变压器或漏电保护器装设在狭窄场所外面，工作时应有人监护。

③ 手持电动工具的负荷线必须采用耐气候型的橡皮护套铜芯软电缆，并不得有接头。

④ 手持电动工具的外壳、手柄、负荷线、插头、开关等必须完好无损。使用前必须作空载试验，运转正常方可投入使用。

⑤ 电动工具在使用中不得任意调换插头，更不能不用插头，而将导线直接插入插座内。当电动工具不用或需调换工作头时，应及时拔下插头，但不能拉着电源线拔下插头。插插头时，开关应在断开位置，以防突然启动。

⑥ 使用过程中要经常检查，如发现绝缘损坏、电源线或电缆护套破裂、接地线脱落、插头插座开裂、接触不良以及断续运转等故障时，应立即修理，否则不得使用。移动电动工具时，必须握持工具的手柄，不能用拖拉橡皮软线来搬动工具，并随时注意防止橡皮软线擦破、割断和轧坏现象，以免造成人身事故。

⑦ 长期搁置未用的电动工具，使用前必须用500 V的兆欧表测定绕阻与机壳之间的绝缘电

阻值，应不得小于 7 mΩ，否则须进行干燥处理。

3.6 职业卫生工程安全技术

3.6.1 建筑施工过程中造成职业病的危害因素

由生产性有害因素引起的疾病，统称为职业病。与建筑行业有关的职业病，主要有尘肺病、职业中毒、物理因素职业病、职业性皮肤病、职业性眼病、职业性耳鼻喉疾病、职业性肿癌等。造成这些建筑职业病的危害因素，大致有以下几类。

1. 生产性粉尘

建筑行业在施工过程中会产生多种粉尘，主要包括矽（游离二氧化硅原称矽）尘、水泥尘、电焊尘、石棉尘以及其他粉尘等。如果工人在含粉尘浓度高的场所作业，吸人肺部的粉尘量就多，当粉尘达到一定数量时，就会引起肺组织发生纤维化病变，使肺组织逐渐硬化，失去正常的呼吸功能，称为尘肺病。

产生这些粉尘的作业主要有以下几方面。

（1）矽尘：挖土机、推土机、刮土机、铺路机、压路机、打桩机、钻孔机、凿岩机、碎石机设备作业；挖方工程、土方工程、地下工程、竖井工程和隧道掘进作业；爆破作业；除锈作业；旧建筑的拆除和翻修作业。

（2）水泥尘：水泥运输、储存和使用。

（3）电焊尘：电焊作业。

（4）石棉尘：保温工程、防腐工程、绝缘工程作业；旧建筑的拆除和翻修作业。

（5）其他粉尘：木材料加工产生木尘；钢筋、铝合金切割产生金属尘；炸药运输、储存和使用产生三硝基甲苯粉尘；装饰作业使用腻子粉产生混合粉尘；使用石棉代用晶产生人造玻璃纤维、岩棉、渣棉粉尘。长期吸入这样的粉尘可发生矽肺病。

2. 有毒物品

许多建筑施工活动可产生多种化学毒物，主要有：

（1）爆破作业产生氮氧化物、一氧化碳等有毒气体；

（2）油漆、防腐作业产生苯、甲苯、二甲苯、游离甲苯二异氰酸酯以及铅、汞等金属毒物；防腐作业产生沥青烟气；

（3）涂料作业产生甲醛、苯、甲苯、二甲苯、游离甲苯二异氰酸酯以及铅、汞等金属毒物；

（4）建筑物防水工程作业产生沥青烟、煤焦油、甲苯、二甲苯等有机溶剂，以及石棉、阴离子再生乳胶、聚氨酯、丙烯酸树脂、聚氯乙烯、环氧树脂、聚苯乙烯等化学品；

（5）电焊作业产生锰、镁、铁等金属化合物、氮氧化物、一氧化碳、臭氧等。

这些毒物主要经过呼吸道或皮肤进入人体。

3. 弧光辐射

弧光辐射的危害对建筑施工来说主要是紫外线的危害。适量的紫外线对人的身体健康是有益的，但长时间受焊接电弧产生的强烈紫外线照射对人的健康是有一定危害的。手工电弧焊、氩弧焊、二氧化碳气体保护焊和等离子弧焊等作业，都会产生紫外线辐射。其中二氧化碳气体保护焊弧光强度是手工电弧焊的 2～3 倍。紫外线对人体的伤害是由于光化学作用，主要造成对皮肤和眼睛的伤害。

4. 放射线

建筑施工中常用放射线进行工业探伤、焊缝质量检查等。放射线的伤害，主要是可使接受者出现造血障碍、白细胞减少、代谢机能失调、内分泌障碍、再生能力消失、内脏器官变形、胎儿畸形等。

5. 噪声

施工及构件加工过程中，存在着多种无规律的音调和使人听之生厌的杂乱声音。

（1）机械性噪声：即由机械的撞击、摩擦、敲打、切削、转动等而发生的噪声。如风钻、风镐、混凝土搅拌机、混凝土振动器，木材加工的带锯、圆锯、平刨等发生的噪声。

（2）空气动力性噪声：如通风机、鼓风机、空气压缩机、铆枪、空气锤打桩机、电锤打桩机等发出的噪声。

（3）电磁性噪声：如发电机、变压器等发出的噪声。

（4）爆炸性噪声：如爆破作业过程中发出的噪声。

以上噪声不仅损害人的听觉系统，造成职业性耳聋、爆炸性耳聋，严重者可致鼓膜出血，而且可能造成神经系统及植物神经功能紊乱、胃肠功能紊乱等。

6. 振动

建筑行业产生振动危害的作业主要有：风钻、风铲、铆枪、混凝土振动器、锻锤打桩机、汽车、推土机、铲运机、挖掘机、打夯机、拖拉机、小翻斗车等。

振动危害，分为局部症状和全身症状。局部症状主要是手指麻木、胀痛、无力、双手震颤，手腕关节骨质变形，指端坏死等；全身症状，主要是脚部周围神经和血管的改变，肌肉触痛，以及头晕、头痛、腹痛、呕吐、平衡失调及内分泌障碍等。

7. 高温作业

在建筑施工中露天作业，常可遇到气温高、湿度大、强热辐射等不良气象条件。如果施工环境气温超过 35℃或热辐射强度超过 6.3J/(cm^2 · min)，或气温在 30℃以上、相对湿度超过 80 %的作业，称为高温作业。

高温作业可造成人体体温和皮肤温度升高、水盐代谢改变、循环系统改变、消化系统改变、神经系统改变以及泌尿系统改变。

3.6.2 职业卫生工程安全技术措施

1. 防尘技术措施

（1）水泥除尘措施。

① 搅拌机除尘。在建筑施工现场，搅拌机流动性比较大，因此，除尘设备必须考虑其特点，既要达到除尘目的，又要做到装、拆方便。

搅拌机上有 2 个粉尘源:一是向料斗上加料时飞起的粉尘；二是料斗向拌筒中倒料时，从进料口、出料口飞起的粉尘。

搅拌机除尘的措施是采用通风除尘系统，即在搅拌筒出料口安装活动胶皮护罩，挡住粉尘外扬；在拌筒上方安装吸尘罩，将拌筒进料口飞起的粉尘吸走；在地面料斗侧向安装吸尘罩，将加料时扬起的粉尘吸走，通过风机将空气粉尘送入旋风滤尘器，再通过滤尘器内水浴将粉尘降落，流入沉淀池。

② 搅拌站除尘。水泥制品厂搅拌站多采用混凝土搅拌自动化。由计算机控制混凝土搅拌、输送全系统，这不仅提高了生产效率，减轻了工人劳动强度，同时在进料仓上方安装水泥、沙料粉尘除尘器，就可使料斗作业点粉尘降为零，从而达到彻底改善职工劳动条件的目的。

（2）木屑除尘措施

可在每台加工机械尘源上方或侧向安装吸尘罩，通过风机作用，将粉尘吸入输送管道，再送到蓄料仓内。

（3）金属除尘措施

钢、铝门窗的抛光(砂轮打磨)作业中，一般是采用局部通风除尘系统。或在打磨台工人操作的侧方安装吸尘罩，通过支道管、主道管，将含金属粉尘的空气输送到室外。

2. 防中毒技术措施

（1）在职业中毒的预防上，管理和生产部门应采取以下方面的措施。

① 加强管理，搞好防毒工作。

② 严格执行劳动保护法规和卫生标准。

③ 对新建、改建、扩建的工程，一定要做到主体工程和防毒设施同时设计、施工及投产使用。

④ 依靠科学技术，提高预防中毒的技术水平。包括：a. 改革工艺；b. 禁止使用危害严重的化工产品；c. 加强设备的密闭化；d. 加强通风。

（2）对生产工人应采取下面的预防职业中毒的措施。

① 认真执行操作规程，熟练掌握操作方法，严防错误操作。

② 穿戴好个人防护用品。

（3）防止铅中毒的技术措施。

防止铅中毒要积极采取措施，改善劳动条件，降低生产环境空气中铅烟浓度，达到国家 规定标准(0.03 mg/m^3)。铅尘浓度在 0.05 mg/m^3 以下，就可以防止铅中毒。具体措施如下。

① 清除或减少铅毒发生源。

② 改进工艺，使生产过程机械化、密闭化，减少与铅烟或铅尘接触的机会。

③ 加强个人防护及个人卫生。

（4）防止锰中毒的技术措施。

预防锰中毒，最主要的是应在那些通风不良的电焊作业场所采取措施，使空气中锰烟浓度降低到 0.2 mg/m^3 以下。

预防锰中毒主要应采取下列具体防护措施。

① 加强机械通风，或安装锰烟抽风装置，以降低现场锰浓度。

② 尽量采用低尘低毒焊条或无锰焊条，用自动焊代替手工焊等。

③ 工作时戴手套、口罩，饭前洗手漱口，下班后全身淋浴，不在车间内吸烟、喝水、进食。

（5）预防苯中毒的措施。建筑企业使用油漆、喷漆的工人较多，施工前应采取综合性预防措施，使苯在空气中的浓度下降到国家卫生标准的标准值（苯为 40 mg/m^3，甲苯、二甲苯为 100 mg/m^3）以下。

主要应采取以下措施。

① 用无毒或低毒物代替苯。

② 在喷漆上采用新的工艺。

③ 采用密闭的操作和局部抽风排毒设备。

④ 在进入密闭的场所，如地下室等环境工作时，应戴防毒面具。

⑤ 在通风不良的地下室、防水池内涂刷各种防腐涂料、环氧树脂或玻璃钢等作业时，必须根据场地大小，采取多台抽风机把苯等有害气体抽出室外，以防止急性苯中毒。

⑥ 施工现场油漆配料房，应改善自然通风条件，减少连续配料时间，防止发生苯中毒和铅中毒。

⑦ 在较小的喷漆室内进行小件喷漆，可以采取水幕隔离的防护措施，即工人在水幕外面操纵喷枪，喷嘴在水幕内喷漆。

3. 弧光辐射、红外线、紫外线的防护措施

生产中的红外线和紫外线主要采源于火焰和加热的物体，如气焊和气割等。

（1）为了保护眼睛不受电弧的伤害，焊接时必须使用镶有特制防护眼镜片的面罩。可根据焊接电流强度和个人眼睛情况，选择吸水式滤光镜片或是反射式防护镜片。

（2）为防止弧光灼伤皮肤，焊工必须穿好工作服、戴好手套和鞋帽。

4. 防止噪声危害的技术措施

各建筑、安装企业应重视噪声的治理，主要应从三个方面着手：消除和减弱生产中噪声源，控制噪声的传播和加强个人防护。

（1）控制和减弱噪声。从改革工艺入手，以无声的工具代替有声的工具。

（2）控制噪声的传播。

① 合理布局。

② 从消声方面采取措施，如消声、吸声、隔声、隔振、阻尼。

（3）做好个人防护。及时戴耳塞、耳罩、头盔等防噪声用品。

（4）定期进行预防性体检。

5. 防止振动危害的技术措施

（1）隔振，就是在振源与需要防振的设备之间，安装具有弹性性能的隔振装置，使振源产生的大部分振动被隔振装置所吸收。

（2）改革生产工艺，是防止振动危害的根本措施。

（3）有些手持振动工具的手柄包扎泡沫塑料等隔振垫，工人操作时戴好专用的防振手套，也可减少振动的危害。

6. 防暑降温措施

（1）为了补偿高温作业工人因大量出汗而损失的水分和盐分，最好的办法是供给含盐饮料。

（2）对高温作业工人应进行体格检查，凡有心血管器质性疾病者不宜从事高空作业。

（3）炎热季节医务人员要到现场巡查，发现中暑，要立即抢救。

技能训练

一、判断

1. 塑料安全帽的有效期限为 2 年半，超过有效期的安全帽应报废。（ ）

2. 架子工使用的安全带绳长限定在 2.5～3 m。（ ）

3. 使用 3 m 以上长绳应加缓冲器。（ ）

4. 阳台、楼板、屋面等临边防护的横杆长度大于 2 m 时，必须加设栏杆柱。（ ）

5. 进行建筑施工高处作业时，建筑物出入口应搭设长 6 m，且宽于出入通道两侧各 0.5 m 的防护棚。（ ）

6. 可采用钢管作为栏杆柱在基坑四周固定，钢管离边口距离的最小值为 40 cm。（ ）

7. 挡脚板与挡脚笆上如有孔眼，不应大于 10 mm。（ ）

8. 楼板面等处边长为 25～50 cm 的洞口、安装预制构件时的洞口以及缺件临时形成的洞口，可用竹、木等做盖板盖住洞口。（ ）

9. 悬空安装门、窗、油漆及玻璃时，严禁操作人员站在樘子、阳台栏板上操作。（ ）

10. 为了预防雨期施工触电，特别潮湿的场所以及金属管道和容器内的照明灯不超过 36 V。（ ）

11. 塔式起重机轨道，一般只设一组接地装置。（ ）

12. 在施高大建筑工程的脚手架的防雷引下线不应少于两处。（ ）

13. 塔吊等施工机具的接地电阻应不大于 10 Ω。（ ）

14. 高温作业工人（包括新工人、临时工）应进行就业前和入暑前的健康检查。（ ）

15. 温度很高的产品和半成品要尽快运到室外主导风向的下风侧。（ ）

16. 冬季取暖炉的防煤气中毒设施必须齐全、有效，建立验收合格证制度，经验收合格发证后，方准使用。（ ）

17. 在脚手架上，堆放普通砖不得超过 3 层。（ ）

18. 拆除前检查吊运机械是否安全可靠，吊运机械可以搭设在脚手架上。（ ）

19. 高度在 24 m 以上的双排脚手架应在外侧立面的两端各设置一道剪刀撑，并应由底至顶连续设置。（ ）

20. 高度在 24 m 以下的封闭型双排脚手架可不设横向斜撑。（ ）

21. 门式钢管脚手架的通道洞口高不宜大于 2 个门架，宽不宜大于 1 个门架跨距。（ ）

22. 机械设备开机前，应认真检查开关箱内的控制开关设备是否齐全有效，漏电保护器是否可靠，发现问题及时向工长汇报，由工长进行处理。（ ）

23. 在金属容器中用手灯照明应把电压调在 36 V。（ ）

24. 每台用电设备必须有各自专用的开关箱，严禁用同一个开关箱直接控制 2 台及 2 台以上用电设备（含插座）。（ ）

25. 配电箱、开关箱的进、出线口应配置固定线卡，进出线应加绝缘护套并成束卡固在箱体上，不得与箱体直接接触。（ ）

26. 《施工现场临时用电安全技术规范》（JGJ 46—2005）规定，动力配电箱与照明配电箱宜分别设置。当合并设置为同一配电箱时，动力和照明应分路配电；动力开关箱与照明开关箱必须分设。（ ）

27. 可以用一个漏电保护器保护两台或多台用电设备。（ ）

28. 当施工现场与外电线路共用同一供电系统时，应该一部分设备做保护接零，另一部分设备做保护接地。（ ）

29. 在一个施工现场中，重复接地不能少于 3 处。（ ）

30. 土石方机械设备可以靠近架空输电线路作业，并应按照规定留出安全距离。（ ）

31. 使用单斗挖掘机进行作业场地平整时，不得使用铲斗进行横扫或用铲斗对地面进行夯实。（ ）

32. 轮胎式挖掘机使用前应支好支腿并保持水平位置，转向驱动桥应置于作业面的方向，支腿应置于作业面的后方。（ ）

33. 挖掘机正铲作业时，除松散土壤外，其最大开挖高度和深度，不应超过机械本身性能规定。（ ）

34. 推土机填沟作业驶近边坡时，铲刀不得越出边缘。后退时，应先换挡，方可提升铲刀进行倒车。（ ）

35. 在铲土或利用推土机助铲时，自行式铲运机可以在转弯情况下铲土。（ ）

36. 在平整不平度较大的地面时，应先用平地机平整，再用推土机推平。（ ）

37. 潜孔钻机的钻头磨钝应立即更换，换上的钻头的直径可以大于原钻头的直径。（ ）

38. 夯实机作业移动时，应将电缆线移至夯机后方，不得隔机抢扔电缆线，当转向倒线困难时，应停机调整。（ ）

39. 起重机钢丝绳绳卡滑鞍（夹板）应在钢丝绳的尾端，“U”螺栓应在钢丝绳承载时受力的一侧，不得正反交错。（ ）

40. 汽车、轮胎式起重机的起重臂伸出后，当出现后节臂杆的长度大于前节伸出长度时，必须进行调整。（ ）

41. 风力在 4 级时，可以进行起重机塔身升降作业。（ ）

42. 塔式起重机的操纵室内可以两人操作，但必须听从指挥信号。 ( )

43. 塔式起重机的内爬升作业应在白天进行。 ( )

44. 新安装或转移工地重新安装以及经过大修后的升降机在使用中，每隔 4 个月应进行一次坠落试验。 ( )

45. 施工升降机运行到最上层或最下层时，严禁用行程限位开关作为停止运行的控制开关。 ( )

46. 钢筋切断机启动后，应在检查各传动部分及轴承运转正常后，立即工作，不可空运转。 ( )

47. 钢筋冷拉场地在两端地锚外侧设置警戒区，装设防护栏杆及警告标志，严禁无关人员在此停留。操作人员在作业时必须离开钢筋至少 3 m 以外。 ( )

48. 混凝土泵在垂直向上泵送中断后再次泵送时，应先进行反向推送，使分配阀内的混凝土吸回料斗，经搅拌后再正向泵送。 ( )

二、单项选择题

1. 《高处作业分级》（GB/T 3608—2008）规定：在坠落高度基准面（ ），有可能坠落的高处进行的作业称为高处作业。

A. 1 m 以上 B. 2m 或 2 m 以上 C. 2.8 m 以上 D. 3 m 以上

2. 坡度大于 1:2.2 的屋面的防护栏杆高应设置为（ ）。

A. 1 m B. 1.2 m C. 1.3 m D. 1.5 m

3. 建筑工程外脚手架外侧采用的全封闭立网，其网目密度不得低于（ ）。

A. 800 目/100 cm^2 B. 1000 目/100 cm^2 C. 1500 目/100 cm^2 D. 2000 目/100 cm^2

4. 安全带的报废年限为（ ）。

A. 2 年 B. 3 年 C. 4 年 D. 5 年

5. 安全带使用（ ）后，按批量抽验，以 80 kg 重量做自由坠落试验，不破断为合格。

A. 1 年 B. 2 年 C. 3 年 D. 4 年

6. 电梯井内每隔两层（不大于 10 m）应设置一道安全平网，平网内无杂物，网与井壁间隙不大于（ ）。

A. 10 cm B. 11 cm C. 12 cm D. 13 cm

7. 按照《建筑施工高处作业安全技术规范》（JGJ 80—1991）规定，对水平孔洞短边尺寸大于（ ）的，竖向孔洞高度大于（ ）的孔洞口都要进行防护。

A. 15 cm，65 cm B. 25 cm，75 cm C. 15 cm，60 cm D. 20 cm，55 cm

8. 阳台、楼板、屋面的防护栏杆应由上、下两道横杆及栏杆柱组成，上杆离地高度为（ ），下杆离地高度为（ ）。

A. 1.0～1.2 m，0.5～0.6 m B. 1.5～1.8 m，0.6～0.8 m

C. 1.2～1.5 m，0.7～0.9 m D. 1.0～1.5 m，0.4～0.5 m

9. 阳台、楼板、屋面的防护栏杆必须自上而下用密目网封闭，或在栏杆下边设置严密固定的高度不低于（ ）的挡脚板。

A. 18 cm B. 17 cm C. 16 cm D. 15 cm

10. 因作业需要临时拆除或变动安全防护设施时，必须经（ ）同意，采取相应的可靠措施，作业后应立即恢复。

A. 安全员　　B. 技术员　　C. 班长　　D. 施工负责人

11. 施工现场中，工作面边沿无围护设施或围护设施高度低于（　　）时的高处作业称为临边作业。

A. 90 cm　　B. 80 cm　　C. 70 cm　　D. 60 cm

12. 进行攀登作业时，梯脚底部应坚实，不得垫高使用。梯子的上端应有固定措施。立梯不得有缺档。立梯工作角度以（　　）为宜，踏板上下间距以（　　）为宜。

A. 45° ± 5°，20 cm　　B. 60° ± 5°，30 cm　　C. 75° ± 5°，30 cm　　D. 55° ± 5°，20 cm

13. 洞口作业施工现场因工程和工序需要而产生洞口，不属于这类洞口的是（　　）。

A. 楼梯井　　B. 电梯井　　C. 井架通道口　　D. 预留窗口

14. 下列选项中，不属于建设“三宝”的是（　　）。

A. 安全帽　　B. 安全带　　C. 安全阀　　D. 安全网

15. 电梯井口防护应设置固定栅门，门栅高度不低于（　　），网格的间距不应大于（　　）。

A. 1.0 m，16 cm　　B. 1.2 m，15 cm　　C. 1.5 m，15 cm　　D. 1.8 m，14 cm

16. 临边作业的回转式楼梯间应支设首层水平安全网，每隔（　　）设一道水平安全网。

A. 1 层　　B. 2 层　　C. 3 层　　D. 4 层

17. 临边作业中，当在基坑四周固定时，栏杆柱可采用钢管且打入地面的深度为（　　）。

A. 40～60 cm　　B. 45～65 cm　　C. 50～70 cm　　D. 55～75 cm

18. 防护栏杆必须自上而下用安全立网封闭，或在栏杆下边设置严密固定的高度不低于（　　）的挡脚板或 40cm 的挡脚笆。

A. 14 cm　　B. 16 cm　　C. 18 cm　　D. 20 cm

19. 洞口作业，是指洞与孔边口旁的高处作业，包括施工现场及通道旁深度在（　　）及以上的桩孔、人孔、沟槽与管道、孔洞等边沿上的作业。

A. 1 m　　B. 2 m　　C. 3 m　　D. 4 m

20. 电梯井口必须设防护栏杆或固定栅门；电梯井内应每隔两层并最多隔（　　）设一道安全网。

A. 8 m　　B. 9 m　　C. 10 m　　D. 12 m

21. 边长为（　　）洞口，必须设置以扣件扣接钢管而成的网格，并在其上满铺竹笆或脚手板。

A. 50～150 cm　　B. 100～180 cm　　C. 40～100 cm　　D. 40～120 cm

22. 边长超过（　　）的洞口，四周设防护栏杆，洞口下张设安全平网。

A. 130 cm　　B. 150 cm　　C. 180 cm　　D. 200 cm

23. 墙面等处的竖向洞口，凡落地的洞口应加装开关式、工具式或固定式的防护门，门栅格的间距不应大于（　　），也可采用防护栏杆，下设挡脚板（笆）。

A. 13 cm　　B. 14 cm　　C. 15 cm　　D. 16 cm

24. 支设高度在（　　）以上的柱模板，四周应设斜撑，并应设立操作平台。

A. 2 m　　B. 2.5 m　　C. 3 m　　D. 3.5 m

25. 混凝土浇筑时的悬空作业，如无可靠的安全设施，必须系好安全带并（　　），或架设安全网。

A. 戴好安全帽　　B. 扣好保险钩　　C. 穿好防滑鞋　　D. 戴好手套

26. 悬空进行各项窗口作业时，操作人员的重心应位于（　　），不得在窗台上站立，必要时应系好安全带进行操作。

A. 室内　B. 室外　C. 窗口　D. 窗外

27. 下边沿至楼板或底面低于 80 cm 的窗台等竖向洞口，如侧边落差大于 2 m 时，应加设（　）高的临时护栏。

A. 0.8 m　B. 0.9 m　C. 1.2 m　D. 1.5 m

28. 悬挑式钢平台的搁支点与上部拉结点，必须位于（　）上。

A. 脚手架　B. 建筑物　C. 钢模板　D. 施工设备

29. 雨天和雪天进行高处作业时，必须采取可靠的防滑、防寒和（　）措施。

A. 防霜　B. 防水　C. 防尘　D. 防冻

30. 在施高大建筑工程的脚手架，沿建筑物四角及四边利用钢脚手本身加高 2～3 m 做接闪器，下端与接地板相连，接闪器间距不应超过（　）。

A. 24 m　B. 23 m　C. 22 m　D. 21 m

31. 雨期到来前，应检查手持电动工具漏电保护装置是否灵敏。工地临时照明灯、标志灯的电压不超过（　）。

A. 12 V　B. 24 V　C. 36 V　D. 220 V

32. 吊篮式脚手架的电动提升机构宜配两套独立的制动器，每套制动器均可使带有额定荷载（　）的吊篮平台停住。

A. 99%　B. 102%　C. 110%　D. 125%

33. 在脚手架主节点处必须设置一根（　），用直角扣件扣紧，且严禁拆除。

A. 剪刀撑　B. 连墙件　C. 竖向水平杆　D. 横向水平杆

34. 双排脚手架横向水平杆的靠墙一端至墙装饰面的距离不宜（　）。

A. 大于 100 mm　B. 大于 200 mm　C. 大于 300 mm　D. 大于 400 mm

35. 纵向水平杆（大横杆）的对接扣件应交错布置，两根相邻杆的接头，在不同步或不同跨的水平方向错开的距离应（　）。

A. 不小于 300 mm　B. 不小于 400 mm　C. 不小于 500 mm　D. 不大于 500 mm

36. 脚手架各类杆件端头伸出扣件盖板边缘的长度（　）。

A. 不应小于 50 mm　B. 不应小于 80 mm　C. 不应小于 100 mm　D. 不应小于 200mm

37. 金属脚手架应设避雷装置，遇有高压线时，必须在保持大于（　）或相应的水平距离内搭设隔离防护架。

A. 5 m　B. 4 m　C. 3 m　D. 2 m

38. 脚手架搭至两步及以上时，必须在脚手架外立杆内侧设置（　）高的防护栏杆。

A. 1.0 m　B. 1.2 m　C. 1.5 m　D. 2.0 m

39. 脚手架架体外侧必须用密目式安全网封闭，网体与操作层不应有大于（　）的缝隙，网间不应有（　）的缝隙。

A. 10 mm，25 mm　B. 8 mm，15 mm　C. 9 mm，20 mm　D. 10 mm，20 mm

40. 脚手架施工操作层及以下连续三步应铺设脚手板和（　）高的挡脚板。

A. 150 mm　B. 180 mm　C. 200 mm　D. 220 mm

41. 脚手架施工操作层以下每隔（　）应用平网或其他措施封闭隔离。

A. 10 mm　B. 12 mm　C. 14 mm　D. 15 mm

42. 施工操作层脚手架部分与建筑物之间应用平网、竹笆等实施封闭，当脚手架立杆与建筑物之间的距离大于（　　）时，还应自上而下做到四步一隔离。

A. 150 mm　　B. 160 mm　　C. 180 mm　　D. 200 mm

43. 扣件式钢管脚手架的垫板宜采用长度不少于（　　），厚度不小于（　　）的木板，也可采用槽钢，底座应准确放在定位位置上。

A. 2跨，5 cm　　B. 3跨，6 cm　　C. 3跨，10 cm　　D. 4跨，8 cm

44. 扣件式钢管脚手架安装时，在主节点处固定横向水平杆、纵向水平杆、剪刀撑、横向斜撑等用的直角扣件、旋转扣件的中心点的相互距离不应大于（　　）。

A. 130 mm　　B. 140 mm　　C. 150 mm　　D. 160 mm

45. 当脚手架下部暂不能设连墙件时可搭设抛撑。抛撑应采用通长杆件与脚手架可靠连接，连接点中心至主节点的距离不应大于（　　）。抛撑应在连墙件搭设后方可拆除。

A. 300 mm　　B. 320 mm　　C. 340 mm　　D. 350 mm

46. 附着升降脚手架要严格按设计规定控制各提升点的同步性，相邻提升点间的高差不得大于（　　），整体架最大升降差不得大于（　　）。

A. 30 mm，80 mm　　B. 20 mm，70 mm　　C. 20 mm，80 mm　　D. 20 mm，60 mm

47. 脚手架中的钢管采用外径（　　）、壁厚（　　）的管材。

A. 40～45 mm，2～2.5 mm　　B. 42～48 mm，2～3.5 mm

C. 48～51 mm，3～3.5 mm　　D. 45～50 mm，2～3 mm

48. 安全网宽度不得小于3 m，长度不得大于6 m，网眼直径不得大于（　　）。

A. 7 cm　　B. 8 cm　　C. 9 cm　　D. 10 cm

49. 《施工现场临时用电安全技术规范》（JGJ 46—2005）规定：临时用电设备在（　　）和设备总容量在（　　）者，应制定安全用电技术措施及电气防火措施。

A. 4台以下，40 kW以下　　B. 5台以下，50 kW以下

C. 5台以上，50 kW以上　　D. 10台以上，100 kW以上

50. 在建工程（含脚手架）周边与10 kV外电架空线路的边线之间的最小安全操作距离应是（　　）。

A. 4.0 m　　B. 6.0 m　　C. 8.0 m　　D. 10.0 m

51. 临时用电工程必须经（　　）共同验收，合格后方可投入使用。

A. 编制、审核部门　　B. 审核、批准部门

C. 编制、审核、批准部门　　D. 编制、审核、批准部门和使用单位

52. 临时用电施工组织设计必须在开工前（　　）报上级主管部门审核，批准后方可进行临时用电施工。

A. 10日内　　B. 15日内　　C. 20日内　　D. 25日内

53. 配电室的建筑物和构筑物的耐火等级应不低于（　　），室内应配置砂箱和可用于扑灭电气火灾的灭火器。

A. 1级　　B. 2级　　C. 3级　　D. 4级

54. 配电室内设置值班或检修室时，该室边缘距配电柜的水平距离大于（　　），并采取屏障隔离。

A. 1 m　　B. 1.5 m　　C. 2 m　　D. 2.5 m

55. 架空线路的线间距不得小于（　　），靠近电杆的两导线的间距不得小于（　　）。

A. 0.2 m，0.4 m　B. 0.3 m，0.5 m　C. 0.4 m，0.6 m　D. 0.5 m，0.7 m

56. 施工现场的机动车道与220/380 V架空线路交叉时的最小垂直距离应是（　　）。

A. 4 m　B. 5 m　C. 6 m　D. 7 m

57. 埋地电缆与附近外电电缆和管沟的平行间距不得小于（　　），交叉间距不得小于（　　）。

A. 2 m，1 m　B. 2.5 m，2 m　C. 3 m，1.5 m　D. 3.5 m，1 m

58. 室内非埋地明敷主干线距地面高度不得小于（　　）。

A. 1.5 m　B. 2.0 m　C. 2.5 m　D. 3.0 m

59. 固定式配电箱、开关箱的中心点与地面的垂直距离应为（　　）。

A. 1.0～1.3 m　B. 1.2～1.4 m　C. 1.4～1.6 m　D. 1.6～1. 8 m

60. 施工现场停止作业（　　）以上时，应将动力开关箱断电上锁。

A. 30 min　B. 40 min　C. 50 min　D. 60 min

61. 建筑施工用的安全电压不包括（　　）。

A. 12 V　B. 24 V　C. 36 V　D. 220 V

62. （　　）是低压配电网络中非常重要的一种保护电器，也可作为操作不频繁电路中的控制电器。

A. 万能转换开关　B. 按钮　C. 刀开关　D. 自动开关

63. 携带式变压器的一次侧电源线应采用橡皮护套或塑料护套软电缆，中间不得有接头，长度不宜超过（　　）。

A. 3 m　B. 5 m　C. 10 m　D. 15 m

64. 外电架空线路电压等级为35 kV时，施工现场的机动车道与架空线路交叉时的最小垂直距离为（　　）。

A. 6.0 m　B. 7.0 m　C. 8.0 m　D. 9.0 m

65. 外电线路电压等级为220 kV时，防护设施与外电线路之间的最小安全距离为（　　）。

A. 2.5 m　B. 4.0 m　C. 5.0 m　D. 6.0 m

66. 对小车变幅的塔式起重机，起重力矩限制器应分别由（　　）进行控制。

A. 起重量和起升速度　B. 起升速度和幅度　C. 起重量和起升高度　D. 起重量和幅度

67. 多塔作业时，处于高位的塔机（吊钩升至最高点）与低位塔机的垂直距离在任何情况下不得小于（　　）。

A. 1 m　B. 1.5 m　C. 2 m　D. 3 m

68. 当爬梯设于结构内部时，如爬梯与结构的间距（　　）时，可不设护圈。

A. <1.2 m　B. <1.4 m　C. >1.2 m　D. >1.4 m

69. 下列选项中，（　　）不属于塔机事故的主要类型。

A. 整机倾覆　B. 塔机出轨　C. 雷击　D. 机构损坏

70. 作业完毕后，塔式起重机应停放在轨道中间位置，起重臂应转到顺风方向，并松开回转制动器，小车及平衡臂应置于非工作状态，吊钩宜升到离起重臂顶端（　　）处。

A. 1 m　B. 1.5 m　C. 2～3 m　D. 3～4 m

71. 当同一施工地点有两台以上塔式起重机时，应保持两机间任何接近部位（包括吊重物）距离不得小于（　　）。

A. 2 m　　B. 2.5 m　　C. 3 m　　D. 3.5 m

72. 塔式起重机提升重物做水平移动时，应高出其跨越的障碍物（　　）。

A. 0.3 m 以上　　B. 0.4 m 以上　　C. 0.5 m 以上　　D. 0.6 m 以上

73. 塔式起重机工作时，风速应低于（　　）级。

A. 4　　B. 5　　C. 6　　D. 7

74. 起重机与 220 kV 架空输电导线的最小距离为：沿垂直方向（　　），沿水平方向（　　）。

A. 1.5 m，1.0 m　　B. 2.5 m，1.5 m　　C. 3.0 m，1.5 m　　D. 3.5 m，2.0 m

75. 起重机使用的钢丝绳与卷筒应连接牢固，放出钢丝绳时，卷筒上应至少保留（　　）。

A. 2 圈　　B. 3 圈　　C. 4 圈　　D. 5 圈

76. 起重机钢丝绳上最后一个绳卡距绳头的长度不得小于（　　）。

A. 110 mm　　B. 120 mm　　C. 130 mm　　D. 140 mm

77. 下列选项中，属于钢丝绳报废情况的是（　　）。

A. 钢丝绳表面锈蚀量或磨损量为 10%　　B. 钢丝绳表面锈蚀量或磨损量为 20%

C. 钢丝绳表面锈蚀量或磨损量为 30%　　D. 钢丝绳表面锈蚀量或磨损量为 45%

78. 当起重机制动器的制动鼓表面磨损达（　　）时，应更换制动鼓。当起重机制动器的制动带磨损超过厚度（　　）时，应更换制动带。

A. 15～20 mm，50%　　B. 10～15 mm，30%　　C. 10～14 mm，40%　　D. 12～14 mm，35%

79. 施工升降机梯笼周围（　　）范围内应设置稳固的防护栏杆，各楼层平台通道应平整牢固，出入口应设防护栏杆和防护门。

A. 2.5 m　　B. 2.6 m　　C. 2.8 m　　D. 3.0 m

80. 施工升降机操作按钮中，（　　）必须采用非自动复位型。

A. 上升按钮　　B. 下降按钮　　C. 停止按钮　　D. 急停按钮

81. 土石方机械设备安全操作基本要求规定，严禁在离电缆（　　）距离以内作业。

A. 1 m　　B. 2 m　　C. 3 m　　D. 4 m

82. 在作业中，履带式挖掘机作短距离行走时，主动轮应在后面，斗臂应在正前方与履带平行，制动住回转机构，铲斗应离地面（　　）。

A. 0.5 m　　B. 0.6 m　　C. 0.8 m　　D. 1 m

83. 当挖掘装载机停放时间（　　）时，应使后轮离地，并应在后悬架下面用垫块支撑。

A. 超过 1 小时　　B. 超过 2 小时　　C. 超过 1 天　　D. 超过 2 天

84. 推土机在深沟、基坑或陡坡地区作业时，应有专人指挥，其垂直边坡高度不应大于（　　）。

A. 2 m　　B. 2.5 m　　C. 3 m　　D. 3.5 m

85. 两台以上推土机在同一地区作业时，前后距离应大于（　　），左右距离应大于（　　）。

A. 6.0 m，1.0 m　　B. 6.5 m，1.5 m　　C. 7.0 m，1.0 m　　D. 8.0 m，1.5 m

86. 推土机转移行驶时，铲刀距地面宜为（　　），不得用高速挡行驶和进行急转弯。

A. 200 mm　　B. 300 mm　　C. 400 mm　　D. 500 mm

87. 桩机周围应有明显标志或围栏，严禁闲人进入。打桩机作业时，操作人员应在距桩锤中心（　　）以外监视。

A. 3.5 m　　B. 4 m　　C. 4.5 m　　D. 5 m

88. 振动沉桩机安装桩管时，桩管的垂直方向吊装不得超过（ ），两侧斜吊不得超过（ ），并设溜绳。

A. 3 m，1 m　　B. 4 m，2 m　　C. 4 m，1 m　　D. 3 m，2 m

89. 桩机作业结束后，应将桩锤落下，切断（ ）和电路开关，停机制动后方可离开。

A. 电源　　B. 水源　　C. 气源　　D. 油路

90. 使用钢筋切断机切断短料时，手和切刀之间的距离应保持（ ）以上，如手握端小于400 mm时，应用套管或夹具将钢筋短头压住或夹牢。

A. 100 mm　　B. 130 mm　　C. 140 mm　　D. 150 mm

91. 钢筋切断应在调直后进行，切料时必须使用切刀的（ ），紧握钢筋对准刃口迅速送入。

A. 中、上部位.　　B. 中、下部位　　C. 固定刀片一侧　　D. 活动刀片一侧

92. 钢筋弯曲机弯钢筋时，严禁在弯曲钢筋的作业半径内和机身不设（ ）的一侧站人。弯曲好的半成品应堆放整齐，弯钩不得朝上。

A. 防护装　　B. 漏电保护器　　C. 固定销　　D. 活动销

93. 当多台对焊机并列安装时，相互间距不得小于（ ），应分别接在不同相位的电网上，并应分别有各自的刀型开关。

A. 3 m　　B. 3.5 m　　C. 4 m　　D. 4.5 m

94. 混凝土搅拌输送车行驶在不平路面或转弯处应降低车速15 km/h及以下时，应（ ）搅拌筒旋转。

A. 暂停　　B. 加快　　C. 减慢　　D. 正常

95. 混凝土泵工作时，当油温超过（ ）时，应停止泵送，但仍应使搅拌叶片和风机运转，待降温后再继续运行。

A. 55℃　　B. 60℃　　C. 65℃　　D. 70℃

96. 插入式振动器作业时，振动棒软管的弯曲半径不得小于（ ），并不得多于两个弯。

A. 500 mm　　B. 550 mm　　C. 580 mm　　D. 600 mm

97. 混凝土振动器的工作停止，需要移动振动器时，应首先（ ）。

A. 关闭电动机　　B. 暂停电动机转动　　C. 直接搬动　　D. 切断电源

98. 高压无气喷涂机高压软管的弯曲半径不得小于（ ），亦不得在尖锐的物体上用脚踩高压软管。

A. 250 mm　　B. 240 mm　　C. 230 mm　　D. 220 mm

99. 对新建、改建、扩建的工程，一定要做到主体工程和防毒设施（ ）。

A. 同时设计，同时投入生产　　B. 同时设计，同时施工

C. 同时设计，同时施工，同时投入生产使用　　D. 同时投入生产，同时使用

三、多项选择题

1. 施工中对高处作业的安全技术设施发现有缺陷和隐患时，应当做出的处置有（ ）。

A. 进行安全技术交底　　B. 必须及时解决　　C. 悬挂安全警告标志

D. 危及人身安全时，必须停止作业　　E. 追究原因

2. 安全带应正确悬挂，悬挂的要求包括（ ）。

A. 架子工使用的安全带绳长限定在2.5～4 m

B. 不应将绳打结使用，以免绳结受力剪断

C. 当做水平位置悬挂使用时，要注意摆动碰撞

D. 应做垂直悬挂，高挂低用较为安全

E. 不应将钩直接挂在不牢固物体或直接挂在非金属墙上，防止绳被割断

3. 在“三宝”、“四口”防护检查评分表中，关于楼梯口、电梯井口防护的扣分标准，叙述正确的有（　　）。

A. 每一处无防护措施，扣6分

B. 每一处防护措施不符合要求或不严密，扣5分

C. 防护设施未形成定型化、工具化，扣6分

D. 电梯井内每隔两层（不大于10 m）少一道平网，扣6分

E. 每一处防护措施不符合要求或不严密，扣6分

4. 在建筑施工中，属于高处作业的有（　　）。

A. 临边作业　B. 洞口作业　C. 悬空作业　D. 梯架作业　E. 攀登作业

5. 进行高处作业前，应逐级落实所有（　　），未经落实时不得进行施工。

A. 安全思想教育　B. 安全技术教育　C. 安全技术交底

D. 安全技术措施　E. 人身防护用品

6. 高处作业中的（　　），必须在施工前进行检查，确认其完好，方可投入使用。

A. 安全标志　B. 工具　C. 仪表　D. 电气设施　E. 手套

7. 攀登和悬空高处作业人员以及搭设高处作业安全设施的人员，必须经（　　）合格，持证上岗。

A. 专业考试　B. 体格检查　C. 专业技术培训

D. 思想教育　E. 技术教育

8. 遇到（　　）等恶劣气候，不得进行露天攀登与悬空高处作业。

A. 6级以上强风　B. 大雪　C. 雨天

D. 零下5℃以下天气　E. 浓雾

9. 暴风雪及台风暴雨后，应对高处作业安全设施逐一加以检查，发现有（　　）现象应立即修理完善。

A. 老化　B. 松动　C. 变形　D. 损坏　E. 脱落

10. 在下列部位中，（　　）进行高处作业时必须设置防护栏杆。

A. 基坑周边　B. 雨篷与挑檐边　C. 水箱与水塔周边

D. 无外脚手架防护的屋面与楼层周边

E. 已经安装栏杆或栏板的阳台、料台与挑平台周边

11. 下列选项中，关于坡度大于1:2.2的屋面临边防护栏杆的设置，叙述正确的是（　　）。

A. 由上、下两道横杆及栏杆柱组成　B. 下杆离地高度为0.3～0.4 m

C. 上杆离地高度为1.5 m　D. 上杆离地高度为1.0～1.2 m

E. 下杆离地高度为0.5～0.6 m

12. 建设施工安全“三宝”，是指建设施工防护使用的（　　）。

A. 安全网　B. 安全帽　C. 安全阀　D. 安全带　E. 安全灯

13. 《建筑施工安全检查标准》中的“四口”防护，“四口”指的是（　　）。

A. 通道口　　B. 管道口　　C. 预留洞口　　D. 楼梯口　　E. 电梯井口

14. 当临边栏杆所处位置有发生人群拥挤、车辆冲击或物件碰撞等可能时，应采取的措施有（　　）。

A. 设置双横杆　　B. 加密栏杆柱距　　C. 加大横杆截面

D. 加设密目式安全网　　E. 增设挡脚板

15.《建筑施工高处作业安全技术规范》(JGJ 80—1991)中，关于孔、洞的定义，正确的是(　　)。

A. 孔是指楼板、屋面、平台等面上，短边尺寸小于 25 cm 的孔洞

B. 孔是指墙上，高度小于 75 cm 的孔洞

C. 洞是指楼板、屋面、平台等面上，短边尺寸大于或等于 25cm 的孔洞

D. 洞是指墙上，高度大于或等于 75 cm，宽度大于 45 cm 的孔洞

E. 洞是指墙上，高度小于 75 cm，宽度小于 45 cm 的孔洞

16. 板与墙的洞口必须设置的防护设施或其他防坠落的防护设施有（　　）。

A. 警戒　　B. 牢固的盖板　　C. 防护栏杆

D. 安全网　　E. 警戒线

17. 下列选项中，属于高处作业中的不安全行为的是（　　）。

A. 工具、仪表、电器设备和各种设施，在施工前加以检查

B. 高处作业人员不需要专业培训　　C. 及时解决发现的安全设施缺陷

D. 雨天作业必须采取防滑措施　　E. 防护棚撤除时，可以上下同时拆除

18. 下列选项中，关于落地竖向洞口的防护措施，叙述正确的是（　　）。

A. 加装开关式的安全门　　B. 加装工具式的安全门

C. 使用防护栏杆，下设挡脚板　　D. 使用密目式安全网封闭

E. 加装固定式的安全门

19. 悬空作业处应有牢靠的立足处，并必须视具体情况配置（　　）或其他安全设施。

A. 立网　　B. 栏杆　　C. 防护栏网

D. 安全警告标志　　E. 安全钢丝绳

20. 进行模板支撑和拆卸时的悬空作业必须遵守的规定有（　　）。

A. 严禁在连接件和支撑上攀登上下

B. 严禁在上下同一垂直面上装、拆模板

C. 支设高度在 3 m 以下的柱模板，四周应设斜撑，并应设立操作平台

D. 模板上留有预留洞时，应在安装后将洞口覆盖

E. 拆模的高处作业，应配置登高用具或搭设支架

21. 进行交叉作业时，（　　）严禁堆放任何拆下物件。

A. 基坑内　　B. 楼层边口　　C. 脚手架边缘

D. 电梯井口　　E. 通道口

22. 冬期施工主要制定的职业健康安全措施包括（　　）。

A. 防滑　　B. 防水　　C. 防冻　　D. 防中毒　　E. 防火

23. 雨期施工应考虑施工作业的（　　）措施。

A. 防雨　　B. 排水　　C. 防雷　　D. 防坍塌　　E. 防滑

24. 炎热季节施工现场宿舍应当有（　　）措施，保证施工人员有充足睡眠。

A. 通风消暑　　B. 防煤气中毒　　C. 防蚊虫叮咬　　D. 防粉尘　　E. 防噪声

25. 雨期施工防触电措施包括（　）。

A. 雨期施工到来之前，应对现场所有配电箱、用电设备、外敷电线、电缆进行一次彻底的检查，采取相应的防雨、防潮保护

B. 配电箱必须防雨、防水，电器布置要符合规定，电器元件不应破损，严禁带电明露。机电设备的金属外壳，必须采取可靠的接地或接零保护

C. 外敷电线、电缆不得有破损，电源线不得使用裸导线和塑料线，也不得沿地面敷设，防止因短路造成起火事故

D. 雨期到来前，应检查手持电动工具漏电保护装置是否灵敏

E. 工地临时照明灯、标志灯的电压不超过 12 V

26. 雨期施工防雷措施包括（　）。

A. 雨期到来前，高大设施以及在施工的高层建筑工程等应安装可靠的避雷设施

B. 塔式起重较长的轨道应每隔 20 m 补做一组接地装置

C. 高度在 20 m 及以上的井字架、门式架等垂直运输的机具金属构架上，应将一侧的中间立杆接高，高出顶端 1 m 作为接闪器

D. 塔吊等施工机具的接地电阻应不大于 10 Ω

E. 雷雨期拆除烟囱、水塔等高大建（构）筑物脚手架时，应待正式工程防雷装置安装完毕并已接地之后，再拆除脚手架

27. 下列选项中，关于脚手架的防护要求，叙述正确的有（　）。

A. 搭设过程中必须严格按照脚手架专项安全施工组织设计和安全技术措施交底要求，设置安全网和采取安全防护措施

B. 脚手架搭至两步及以上时，必须在脚手架外立杆内侧设置 200 mm 高的防护栏杆

C. 脚手架施工操作层及以下连续三步应铺设脚手板和 180 mm 高的挡脚板

D. 脚手架施工操作层以下每隔 10 mm 应用平网或其他措施封闭隔离

E. 施工操作层脚手架部分与建筑物之间应用平网、竹笆等实施封闭，当脚手架立杆与建筑物之间的距离大于 200 mm 时，还应自上面下做到四步一隔离

28. 脚手架工程中使用旧扣件时，应遵守的有关规定有（　　）。

A. 有裂缝、变形的严禁使用　　B. 有裂缝但不变形的可以使用

C. 有变形但无裂缝的可以使用　　D. 出现滑丝的必须更换

E. 螺栓锈蚀、弯曲变形可以使用

29. 下列选项中，关于连墙件设置位置的要求，叙述正确的有（　　）。

A. 偏离主节点的距离不应大于 300 mm　　B. 偏离主节点的距离不应大于 600 mm

C. 宜靠近主节点设置　　D. 应从脚手架底层第一步纵向水平杆处开始设置

E. 应在脚手架第二步纵向水平杆处开始设置

30. 对外电线路防护的基本措施是（　　）。

A. 保证安全操作距离　　B. 搭设安全防护设施　　C. 迁移外电线路

D. 停用外电线路　　E. 施工人员主观防范

31. 潮湿或特别潮湿的场所宜选用的照明器为（　　）。

A. 密闭型防水照明器　B. 配有防水灯头的开启式照明器
C. 防尘型照明器　D. 防爆型照明器　E. 耐酸碱型照明器

32. 电源电压不应大于 36 V 的场所条件有（　　）。
A. 高温　B. 有导电灰尘　C. 比较潮湿
D. 易触及带电体　E. 灯具离地面高度低于 2.5 m

33. 电源电压不应大于 24 V 的场所条件有（　　）。
A. 导电良好的地面　B. 潮湿场所　C. 易触及带电体场所
D. 锅炉　E. 金属容器

34. 设置防雷装置应符合的规定有（　　）。
A. 机械设备上的避雷针（接闪器）长度应为 1～2 m
B. 塔式起重机可不另设避雷针（接闪器）
C. 安装避雷针（接闪器）的机械设备，所用固定的动力、控制、照明、信号及通信路线不宜采用钢管敷设
D. 施工现场内所有防雷装置的冲击接地电阻不得大于 80 Ω
E. 做防雷接地机械上的电气设备，所连接的 PE 线不能同时做重复接地

35. 起重机的吊钩和吊环严禁补焊。当出现下列的情况之一时应更换（　　）。
A. 表面有裂纹、破口　B. 危险断面及钩颈永久变形
C. 挂绳处断面磨损超过高度 10%　D. 吊钩衬套磨损超过原厚度 30%
E. 心轴（销子）磨损超过其直径的 3%～5%

36. 起重机启动前需要重点检查的项目包括（　　）。
A. 各安全保护装置和指示仪表齐全完好　B. 钢丝绳及连接部位符合规定
C. 燃油、润滑油、液压油及冷却水添加充足　D. 各连接件无松动
E. 液压系统无泄漏现象

37. 下列选项中，关于起重机械设备安全操作的基本要求，叙述正确的有（　　）。
A. 起重臂下可以有人停留
B. 重物吊运时，严禁从人上方通过
C. 重物不得超越驾驶室上方
D. 可以利用限制器和限位装置代替操纵机构
E. 在露天有 6 级及以上大风或大雨、大雪、大雾等恶劣天气时，可以起重吊装作业

38. 起吊荷载达到起重机额定起重量的 90%及以上时，应先将重物吊离地面 200～500 mm 后，检查（　　），确认无误后方可继续起吊，对易晃动的重物应拴拉绳。
A. 重物的质量　B. 起重机的稳定性　C. 制动器的可靠性
D. 重物的平稳性　E. 绑扎的牢固性

39. 下列选项中，不属于钢丝绳报废情况的有（　　）。
A. 钢丝绳表面锈蚀量或磨损量为 15%　B. 钢丝绳表面锈蚀量或磨损量为 25%
C. 钢丝绳表面锈蚀量或磨损量为 30%　D. 钢丝绳表面锈蚀量或磨损量为 40%
E. 钢丝绳表面锈蚀量或磨损量为 50%

40. 钢丝绳的破坏原因主要有（　　）。
A. 截面积减少　B. 连接过长　C. 变形

D. 突然损坏　　　　E. 质量发生变化

41. 起重机的拆装作业应在白天进行，当遇有（　　）天气时应停止作业。

A. 潮湿　　B. 大风　　C. 浓雾　　D. 雨雪　　E. 高温

42. 下列选项中，属于塔机检查评分表中的保证项目的是（　　）。

A. 力矩限制器　　B. 路基与轨道　　C. 保险装置

D. 电气安全　　E. 附墙装置与夹轨钳

43. 下列选项中，关于塔机评分表的扣分标准，叙述正确的有（　　）。

A. 无超高、变幅、行走限位，每项扣 5 分　　B. 吊钩无保险装置，扣 5 分

C. 有夹轨钳不用，每一处扣 2 分　　D. 未制定安装拆卸方案，扣 10 分

E. 指挥无证上岗，扣 3 分

44. 下列选项中，属于塔机检查评分表中的项目的是（　　）。

A. 限位器　　B. 塔机指挥　　C. 安装与拆卸

D. 多塔作业　　E. 安装验收

45. 土石方机械设备施工过程中需立即停工的情况有（　　）。

A. 填挖区土体不稳定，有发生坍塌危险时

B. 气候突变，发生暴雨、水位暴涨或山洪暴发时

C. 在爆破警戒区内发出爆破信号时

D. 施工标志、防护设施有轻微损害时

E. 工作面净空不足以保证安全作业时

46. 打桩机工作时，严禁（　　）等动作同时进行。

A. 吊送桩器　　B. 行走　　C. 回转　　D. 吊桩　　C. 吊锤

47. 用切断机切料时，不得剪切（　　）钢筋。

A. 直径超过铭牌额定　　B. 强度超过铭牌额定

C. 多根　　D. 烧红的　　E. 单根

48. 钢筋冷拉机作业前，应对（　　）进行检查，确认良好后，方可作业。

A. 冷拉夹具　　B. 滑轮　　C. 拖拉小车

D. 拉钩、地锚及防护装置　　E. 电气装置

49. 使用钢筋调直机时，应按调直钢筋的直径，选用适当的调直块及传动速度。调直（　　）应低速进行。经调试合格，方可送料。

A. 长度短于 2 m 的钢筋　　B. 长度为 4 m 的钢筋

C. 长度为 6 m 的钢筋　　D. 长度为 7 m 的钢筋　　E. 直径大于 9 m 的钢筋

50. 下列选项中，关于钢筋调直机的安全操作，叙述正确的是（　　）。

A. 调直机安装必须平稳，料架、料槽应安装平直，并应对准导向筒、调直筒和下切刀孔的中心线

B. 电动机必须设可靠接零保护

C. 在调直块未固定、防护罩未盖好前不得送料

D. 圆盘钢筋放入放圈架上要平稳，乱丝或钢筋脱架时，可以不用停机立即处理

E. 当钢筋送入后，手与曳轮必须保持一定距离，不得接近

51. 混凝土泵泵送时，不得进行的动作有（　　）。

A. 开启任何输送管道　　B. 开启任何液压管道

C. 调整正在运转的部件　　D. 修理正在运转的部件

E. 更换磨损超过规定的管子、卡箍、密封圈

52. 混凝土振动器操作人员应经过用电教育，作业时应穿戴（　　）。

A. 胶鞋　　B. 防护服　　C. 绝缘手套

D. 工作服　　E. 绝缘胶鞋

53. 混凝土振动器不得在（　　）上进行试振。

A. 松软的土层　　B. 初凝的混凝土　　C. 地板

D. 脚手架　　E. 干硬的地面

54. 可采取以下（　）措施采控制噪声的传播。

A. 消声　　B. 吸声　　C. 隔声　　D. 隔振　　E. 阻尼

四、案例分析题

1. 某高层住宅工程正在装修，外脚手架已经拆到了五层楼板处。三个班组做了分工，一组贴面砖，二组负责剪断脚手架的连墙件，三组拆除脚手架。当五层面砖刚完成一半时，二组已经将 15 m 高的脚手架的连墙件全部拆除。当一组拟转移到下层作业时，脚手架向外倒塌，架上人员全部坠落。

根据以上情况，请分析事故原因。

2. 北方某大城市一开发区工地（该地区 11 月已进入冬期施工），3 名作业人员在自己办公室内砌筑暖墙取暖，当晚由于雾大，气压低，办公室门窗紧闭，导致室内人员一氧化碳中毒，造成 3 人死亡。

根据以上情况，请回答下面问题：

（1）判断引起此起事故的原因。

（2）简述冬期施工防中毒的安全措施。

（3）简述冬期施工的防冻要求有哪些?

3. 某钢屋架工程进行现场补焊工作，焊工在 10 m 高处进行焊接操作时触电坠地受伤。事故后检查发现，该焊接把线漏电，所用安全带有明显烧损的痕迹。

请问：操作中存在哪些违反安全操作规定的行为?

4. 某汽车厂二期扩建工程，施工单位加夜班安排浇筑混凝土，安排电工将混凝土搅拌机棚的 3 个照明灯接亮。当电工将照明灯接完线推闸试灯时，听见有人大喊“电人了”，立即将闸拉掉。可是，在手扶搅拌机外倒混凝土的杨某倒地，经医院抢救无效死亡。经检查工地使用的是四芯电缆，在线路上的工作零线已断掉，这个开关箱照明和动力线路混设。

请根据以上情况，判断事故原因。

5. 某工程建筑面积 150 000 m^2，地下 3 层，地上 18 层，建筑安装工程综合有商场、超市、办公楼和商品住宅，临时用电设 3 台箱式变压器。

根据以上情况，请回答下列问题：

（1）临时用电工程安装完毕，由安全部门组织检查验收，参加人员有哪些?

（2）临时用电检查验收检查的主要内容包括哪些方面?

参考文献

[1] 周和荣. 安全员专业管理实务［M］. 北京：中国建筑工业出版社，2007.

[2] 王洪德. 安全员［M］. 武汉：华中科技大学出版社，2009.

[3] 王洪德. 毕业就当安全员［M］. 北京：中国电力出版社，2011.

[4] 陈晖. 安全员专业管理实务［M］. 北京：中国电力出版社，2011.

[5] 王东升. 建筑工程安全生产技术与管理［M］. 徐州：中国矿业大学出版社，2010.

[6] 李林. 建筑工程安全技术与管理［M］. 北京：机械工业出版社，2010.

[7] 李钰. 建筑施工安全［M］. 北京：中国建筑工业出版社，2012.

[8] 于春林. 建筑工程安全员［M］. 南京：江苏科学技术出版社，2012.

[9] 朱建军. 建筑安全工程［M］. 北京：化学工业出版社，2007.

[10] 廖亚立. 建筑工程安全员培训教材［M］. 北京：中国建材工业出版社，2010.

[11] 建设部干部学院. 建筑施工安全技术与管理［M］. 武汉：华中科技大学出版社，2009.

[12] 罗凯. 建筑工程施工项目专职安全指导手册［M］. 北京：中国建筑工业出版社，2007.

[13] 蔡中辉. 安全员［M］. 武汉：华中科技大学出版社，2008.

[14] 宋健，韩志刚.建筑工程安全管理［M］. 北京：北京大学出版社，2011.

[15] 颜剑锋，武田艳，柯翔西.建筑工程管理［M］. 北京：中国建筑工业出版社，2013.

[16] 曹进. 建筑工程施工安全与计算［M］. 北京：化学工业出版社，2008.

[17] 杜雪海. 建筑工程安全员入门与提高［M］. 长沙：湖南大学出版社，2012.

[18] 周连起，刘学应. 建筑工程质量与安全管理［M］. 北京：北京大学出版社，2010.